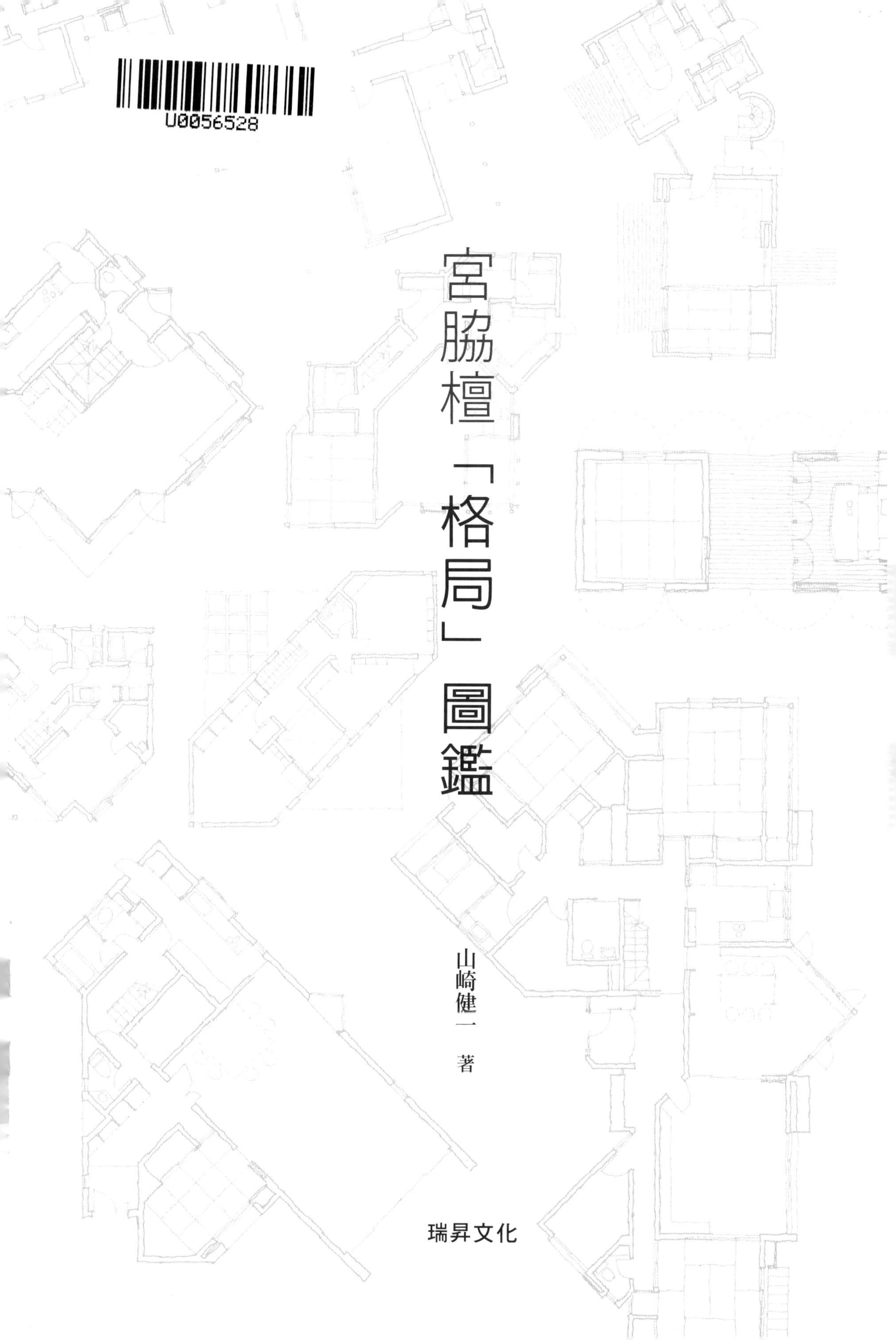

宮脇檀「格局」圖鑑

山崎健一 著

瑞昇文化

在跟住宅設計的委託人進行協商時，宮脇先生總是會先進行以下的說明。

◎設計一個家的作業，就算是由一個團隊來進行，但最後還是由負責人自己來做決定。就結果來說，屬於個人行為。因此首要條件是委託人與設計師之間是否能彼此信賴。

◎打造一個家的方法，是這個家族所有成員的自傳。一個家庭的生活方式，會全方位的反應在家的設計上面。

◎關於一個家的建設地點，絕對性的條件，是遵循這塊土地原本就擁有的秩序。每一塊土地都會發出自己的「聲音」，這點絕對不可以被忽視。

◎打造一個家的作業，分成屬於設計師的領域，跟屬於委託人的領域。對各自的領域互不侵犯，是非常重要的一點。讓我們一起來尊重、珍惜他人的尊嚴。

◎設計這項作業，最好是慢工出細活，一項又一項的確實下工夫去琢磨。為了達到這點，必須要有充分的時間。

◎讓一個家得到實體的素材，希望盡可能的去堅持。物體有它們自己的生命存在，會各自說出自己的主張。

◎住宅設備的機能，是為了從幕後支撐居住者的生活。位在它們所被需要的地點，並且不會太過顯眼，這是首要條件。

這是宮脇所謂的「居家建築的七大守則」。

宮脇先生另外也說「每個家庭都有自己的格局，沒有任何一間是相同」。因為打造家的場所，是位於「地球上的特定一點」，只存在於此處，這樣的條件會反映到這個家的格局上。我們必須以這種思考為基本，來進行設計的作業。宮脇先生同時也很自豪的說「自己在腦中記住了學長們所設計之各種住宅的格局」。因此只要完成基本性的調查，將透寫紙在桌上攤開，就可以畫出一張又一張的格局用素描。

要將一間住宅表現出來，必需要有統稱為建築設計圖書的完工圖、規格表、平面圖（這張將是格局圖）、立面圖、截面圖、部分詳細圖、設備圖、家具圖等各種圖表跟資料。而在各種圖表之中，「格局圖」所擁有的重要性，遠超過其他的資料。所有資訊的基本要素都在這張「格局圖」內，從這單一的圖表之中，可以看出委託人想要過什麼樣的生活，設計師以什麼樣的方式來回答這份委託。仔細觀察本書，應該可以從宮脇檀與宮脇檀建築研究室所經手的「格局圖」得到各式各樣的情報。宮脇先生說「一張完成的格局圖，可以讓我們看到居住者在做什麼樣的事情、有著什麼樣的動作」。在看「格局圖」的時候，必須讓自己進入這張圖內，比方說試著去想像從早上起來到洗手間洗臉，然後到餐桌攤開報紙並享用早餐等一連串的動作。每個房間在位置上的關係，門在開關上的方便性，窗戶跟方位的關係等等，意識到這幾點來進行觀察，就可以某種程度的掌握到這間房子的舒適性。

本書所有的「格局圖」，都是配合特定家庭的生活方式所設計出來的結果。若是用自己的動作跟習慣去想像的話，或許會遇到「為什麼會這樣」而感到不可思議的部分。出現這種狀況的時候，請試著去想像這個家庭可能會擁有的生活方式。

宮脇先生在進行住宅設計的時候，都會以可以讓這個家庭「舒適」生活之住宅為原則，來思考格局。希望本書可以將宮脇先生精心設計的「舒適」也傳遞給您。

山崎　健一

宮脇 檀 PROFILE

1936 年，出生於愛知縣／在東京藝術大學建築系向吉田五十八、吉村順三學習，東京大學工學部建築系大學院碩士課程，修畢／1964 年，創設宮脇檀建築研究室／此後，一邊在法政大學、東京大學、廣島大學等建築系課程擔任講師，一邊致力於「住宅與居住之相關性」等教養相關之啟蒙活動，以一般大眾為對象來進行演講跟發表文章／1971 年，擔任日本建築師協會理事／1978 年，以「松川 BOX」得到日本建築學會獎／1991 年，擔任日本大學生產工學部建築工學科教授／1998 年，辭世，享年 62 歲。

【主要之住宅作品】
Moby Dick
明之屋
BLUE BOX
松川 BOX
GREEN BOX
木村 BOX
其他，BOX 系列等多數

【建築相關之主要著作】
『如何跟住家交往』
『想要建設的家』
『父親們 回家吧』
『宮脇檀住宅設計之 Know-how』

目次 CONTENTS

第2章 思考格局的「各個部位」 073

●封面設計／米倉英弘(細山田設計事務所) ●主文設計／佐久間裕子 ●編輯／尾崎史郎(更畫社)

第1章

構想整體的格局

「格局圖」是用俯視的觀點來看建築與用地的平面圖，聽起來似乎很單純，但這同時也是設定各種房間之用途的配置圖。房間跟建築物所附屬之各個部分的位置，是決定這棟房子的方便性，也就是居住起來舒不舒適的關鍵性因素。因此雖然只是張格局圖，但一直到完成為止都得費很大的功夫，設計者所費的苦心隨處可見。觀看「格局圖」的同時，也可看清設計者的心思及所留下的各種蛛絲馬跡。

要用一張格局圖來觀察這棟建築物居住起來是否舒適，有幾個重點存在。一開始得去注意的是，「方位」。哪個房間面向東西南北的哪個方向，開口處又在哪個方位等等，這些可以告訴我們一個房間通風與日曬的狀況。另外，觀察這個房間與道路的距離，可以推測這個房間是否足以保護居住者的隱私。再來則是這個房間的大小，以及它在整個格局之中佔多少的比例。透過這幾點，我們可以掌握這個房間的使用人數、使用方式，以及重要到什麼樣的程度。思考格局的時候，首先得像這樣用較高的視點來進行觀察。

第1章我們將會思考，從整體的格局圖之中所能得到的情報。

決定家的外型

「4間×4間」是住宅的基本型 1

在規劃一棟住宅的時候，要為每個人準備多少空間，才能讓他們滿足呢？每當有人提出這個問題時，總是很難說出具體的數字，在其他各種因素的影響之下，更是讓人難以一概論之。就算如此，若是硬要說個大概，則是每人30～40㎡左右是被認為最適當的。

宮脇先生說「住宅的基本型可由4間×4間*來構成」。4間×4間的建坪是16坪（7.2m×7.2m大約是52㎡），2層樓的住宅則會有32坪（約104㎡）大，能創造出可以容納3～4人之家庭的格局。

在4間×4間的鋼筋混凝土的空間之中，以木造方式來進行隔間，比方說1樓是客廳、餐廳、客房以及浴室或廚房。2樓則是兩個單人房跟挑高設計，要是能實現這樣的格局，就足以讓一家3口充分使用。將大的挑高設計去除，則也可以在這4間×4間的框架之中，實現4人家庭也能充分使用的格局。

在此所介紹的案例，會有些從正方形的方塊中凸出來，但基本上全部都是4間×4間的尺寸。

隨著用地形狀的變化、所能建造之建物規模的限制，當然不是每個案例都能實現4間×4間的方型格局，不過這種造型，可以在思考住宅的時候當作一種基準，記在腦中一定可以派上用場。

*1間=6尺（約1.818公尺）

玄關
小孩房
父母房
廚房
壁櫥*
客廳
臥房

1F
1:150

這間住宅是4間×4間的平房，但卻擁有小型住宅的標準格局。用地的形狀會隨著道路跟地形而改變，但就如同這棟住宅一樣，只要規劃出來的土地細分達到約200㎡的規模（約60坪），就可以實現4間×4間的格局分配。

*壁櫥：日文為押入，在日式臥房內收納寢具的空間。

壁櫥
廚房
和室
客廳
玄關
中庭
玄關
茶室

壁櫥
臥房
小孩房
挑高

2F

1F
1:200

這棟住宅的基本形狀為正方形，每邊長度約4間，不論1樓還是2樓都可以讓兩個房間併排。在兩個正方形之中，一邊為公共的空間，一邊為個人空間，這正是住宅採用4間×4間來當作基本型的理由。

1F
1:200

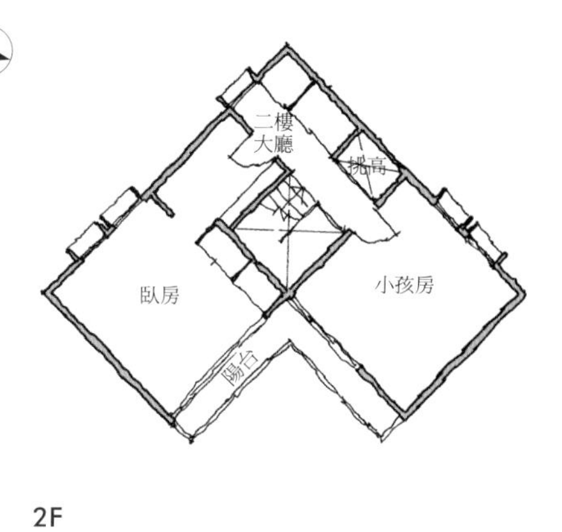

2F

這份格局圖，是讓4間×4間的基本型傾斜45度，來配合用地的形狀。在1樓西側的部分，追加兩份4疊蓆半的空間，但2樓則是少了4分之1個正方形，整體為97㎡的小型住宅。

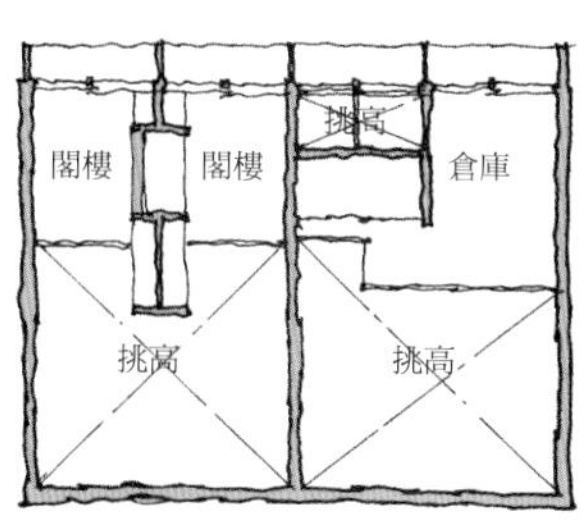

屋頂內

4間×4間的規模，可以形成基本的居住空間，但如果要更進一步的擴充，就得像這個案例一樣，積極的利用建物與用地邊緣之間稱為外構的空間。

*Service-yard：廚房外的戶外空間，大多用來曬衣服或放置垃圾

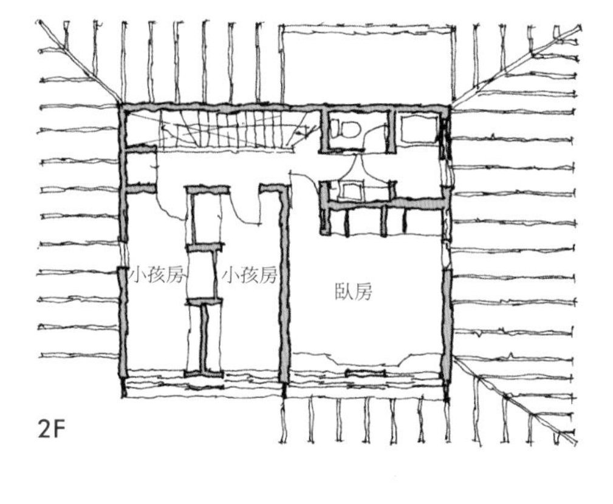

2F

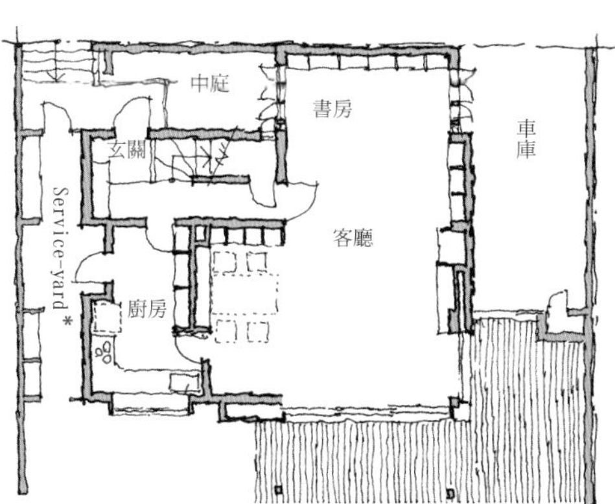

1F
1:200

在思考4間×4間的2層樓建築時，地板面積大多為32坪(約104㎡)，這在日本是超出平均範圍的規模，就1間住宅來說已經十分足夠。在這個案例之中，去掉挑高的面積總共有96.8㎡，足以讓3個人的家族使用。

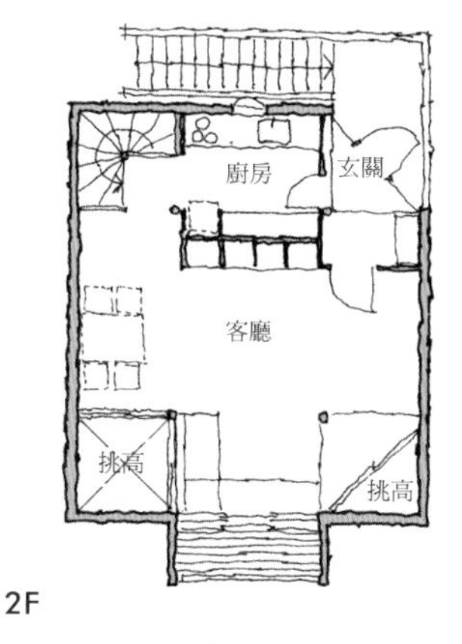

2F

1F
1:200

格局的規劃必須忠於「人的動作」 2

在設計、打造一棟建築物的時候，用來當作基準的，是水平、垂直、直角以及直線。確實遵守這些指標，是建築工程的基本工法。因此不管是什麼樣的住宅，走廊轉角大致上都會是直角，而房間4個角落呈現直角的造型，也是理所當然的事情。

反過來看，人的動作模式又是如何呢？仔細思考一下可以發現，在人的行動之中，幾乎沒有以直角彎曲的動作存在，就連走路也是一樣，通常我們自以為是筆直的前進，實際上卻是以些微的弧形方式往左或往右前進。

既然如此，要是能夠配合「人類動作的特徵」來規劃格局，那住起來必然可以更加舒適。在此所要介紹的案例，就是以此思考為出發點。思考這些格局的時候，主要會檢討玄關大廳通往家中各個空間時，是否符合人類動作的特徵。形成的結果不是直角也不是45度，而是以微妙的角度來彎曲的走廊，把動線壓到最短且容易行動的距離，而走廊面積也跟著減少。

只是這種造型的通道雖然可以讓行動變得比較方便，但因為不是直角，視覺上呈現出來的感覺比較不穩定，在某些案例之中讓人看起來有不舒服的感覺。請注意凡事都要適可而止。

小孩房
和室
中庭
臥房
1F

一進入玄關，就看到饒富變化的大廳，此處可以用最短的距離前往1樓的各個空間，在結構方面實現了最短的動線。

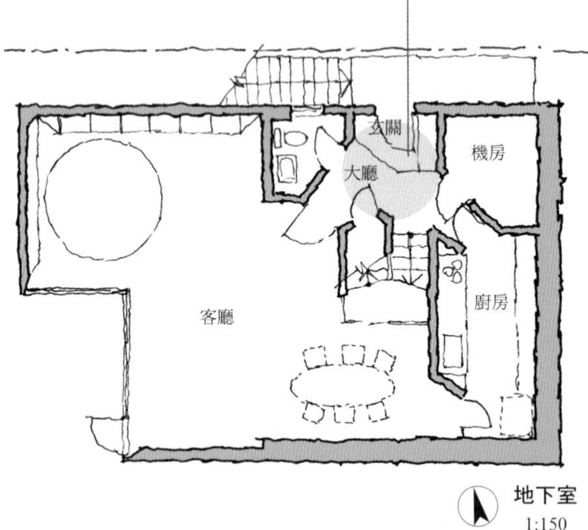

地下室
1:150

直角彎曲的動線，對人的行動會產生壓迫感。圖中可以看出，這份格局沒有使用任何直角彎曲的走廊，是忠於人類動作的結構，提升了居住的舒適性。

3 讓格局擁有「中心點」

一邊檢查居住者的動線，一邊確認居住空間的劃分(Zoning)來將必要的房間排列起來，就可以完成一份「格局」。但光是這樣，卻算不上是具有魅力的格局。

讓格局「富有魅力」的方法相當多元。稍後將會提到的「創造路線」就是其中一種。另外則可以像挑高構造或裝設天窗一樣，以立體性的觀點來進行檢討。

在此所要介紹的，是讓格局擁有一個「中心點」，也就是中心位置，或是足以成為核心的場所。藉此來提升格局的魅力。

在1樓格局的中央，讓餐廳的空間轉動45度並往客廳突出。餐廳的地板比客廳要高出1公尺，因此坐在餐桌可以瞭望整個內部，一眼就掌握到自己家中的現況。用船來比喻的話，就像是操舵室一般，是用來指揮每天生活的「核心」地點。以四方形為基本的格局中，只有此處是以45度傾斜，這同時也傳遞出「與眾不同的場所」、「此處有著特別的意義」的訊息。

光坐在椅子上就能掌握家中的狀況，這樣不但可以讓人感到舒適，就算長時間坐在此處也不覺得厭煩。

關於這棟住宅，只要一看格局圖馬上就能得知，1樓傾斜的用餐部位就是「中心點」。挑高的構造加上地板高度的變化，不論上下都處於中央部位，是個將「中心點」設計得宜的案例。

2F
挑高
書房
小孩房
臥房

1F
1:150
家事區
廚房
餐廳
玄關
小孩房
客廳

一踏進這個家中，馬上就能看出餐廳是這間房子的「中心點」。只要把房子中央的區塊扭轉個45度，就能創造出不小的存在感。

打造「基本」的造型 4

「基本(Primary)的造型」指的是立方體或長方體、圓筒型等各種「形狀」之中，盡可能接近原始或是簡單、單純的造型。

宮脇先生基本上不大欣賞裝飾過度、造型奇特的建築，常常會說「將設計好的造型做整理，精簡成基本的形狀，這樣才合我意」。宮脇先生同時也將這一系列的建築物，命名為「BOX系列」。

在此舉出的這些案例，都是擁有基本造型的建築物，展現了強而有力的表現手法，就算規模不大也容易識別，就算是在建築密集的市中心，也能明確的展示出自己的存在感。

要創造出清爽、不過度裝飾的造型，首先要注意外牆不可以有凹凸線條，並且在規劃時注意外牆開口處的大小、位置、數量跟形狀等等。開口處基本上不可以太多，但卻可以加大尺寸，這樣搭配起來通常會比較順利。

另外，限制外牆的開口部位，然後用天窗來彌補不足的光線，也是基本造型常常使用的手法之一。天窗所能得到的採光效果，是牆上窗戶的3倍，應該要盡可能的利用才是。

但直接照射的日光會造成不小的影響，必須要下功夫來控制光量才行。

基本的造型，指的是立方體或長方體等單純的幾何學造型，因為單純，可以實現強而有力的表現能力。追求基本造型的住宅時，木造的房子，要盡可能整理成山形屋頂的「住家造型」。

*Utility:Utility Space，位在廚房與後院之間，用來擺洗衣機或做家事用的空間

挑高
臥房
書房
挑高
2F

廚房
餐廳
客廳
玄關
1F
1:200

把鋼筋混凝土的建築物整理成基本造型的原則是，創造一個立方體。但根據建築物的規模，立方體有可能形成太過沉重的印象，必須檢討要切割哪些部分。

內玄關
玄關
收納
廚房
客廳
備用房
Utility*
和室
餐廳
露台
和室
小屋
1F
1:200

5 「4尺Module」的住宅

思考格局時，用來當作基準的單位是「模組(Module)」。而在各種Module之中，日本最習慣使用的莫過於「疊蓆」的尺寸。

1張疊蓆，也就是「1疊」的基本尺寸為3尺×6尺(約90 cm×約180 cm)。因此用疊蓆當作基準，也被稱為「用3尺Module來思考」的格局。這個3尺Module是目前最為普遍的模組單位，其他還有以1m為基準的「Meter Module」。

話說回來，宮脇檀建築研究室在某一時期所使用的，卻是以4尺為基準的「4尺Module」。以此當作基準，可以讓走廊或廁所等較為狹窄的部分，得到比較容易伸展的空間。以此排出3個單位，即可成為住宅方便使用的「2間」大小，這也等於是4個「3尺Module」的單位，使用起來相當方便。另外，若是用4尺Module來製作和室，鋪上疊蓆的周圍會留下一些「木製地板」的部分，擺放廚櫃非常的好用。

但是跟3尺Module相比，1個單位增加33%，使用時若不小心，很可能會超出用地範圍。另外，建材所對應的尺寸大多是3尺Module，若使用4尺Module會多出額外的部分，為了找到適當的材料很可能會讓成本增加，所以已經不再使用。

*1間(1.818m)=6尺
*1尺=30.303cm

用4尺Module來規劃格局的最大特徵是，可以讓走廊變得比較寬廣。寬度較為充分，所以在玄關大廳等希望比較寬敞的部分就可以直接使用，其他則可以裝設收納小型物品的櫃子。

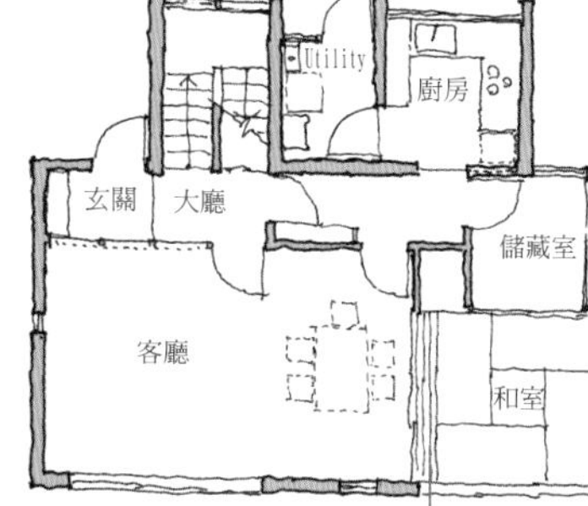

以4尺Module為單位所創造出來的是，比一般更為寬廣的走廊。進入玄關之後馬上就是這道走廊，成為兼顧走道與玄關大廳的空間。

使用4尺Module時，在長邊為6尺疊蓆的和室內，會出現這種多餘的邊緣空間。在這個部分鋪上木板，成為可以多樣變化的寬廣和室。

就如同這棟住宅的格局，把4尺當作單位時，2個單位為2400mm、3個單位為3600mm，讓木造結構使用起來迎刃有餘，還可以得到寬敞的感覺。

用思考「構造」的方式來決定格局 

支柱與牆壁是用來支撐一棟建築的重要結構，以格局的觀點稍微觀察一下，就能大致了解這棟建築所採用的構造方式。

打造一棟建築的時候，一般會用水平、垂直、直角來當作基準，房間也是以四角形為基本。因此在一般的情況下，建築物本身的重量(自重)、風或地震所造成的力量(外力)、積雪或家具所造成的重量(負荷)等，施加在建築身上的各種「力量」，會透過支柱或牆壁傳遞到水平或垂直的方向。但是在左邊這個案例之中，格局所採用的牆壁為曲線型。這不光只是用造型來表現第二間房子所能帶來的樂趣，而是忠實反應出牆壁與支柱之力量傳遞方向的計算結果。這棟建築的屋頂相當特殊，屋脊的高度起伏不定，但垂直剖面不論哪裡都是單純的倒V字型，屬於山形屋頂的一種。在一般用混凝土牆來支撐屋頂的構造之中，屋頂下端與牆壁上端相接的部分，會維持一定的寬度，並且以直線形來持續下去。但這個屋頂的屋脊有高低起伏存在，讓屋頂的角度也跟著忽起忽落，形成連續性的變化。屋頂傳遞給牆壁的力道，在角度變化較緩的部位會像八字型一樣往外開，較為傾斜的部分則是幾乎垂直往下。為了讓這份力道可以順利的傳遞，按照力量傳遞的方向來改變牆壁的角度，結果在屋頂角度較緩的部分，將牆壁傾斜的角度加大，地板也跟著擴展出去，形成這種曲線的外牆。這是用住宅的結構來決定格局的案例之一。

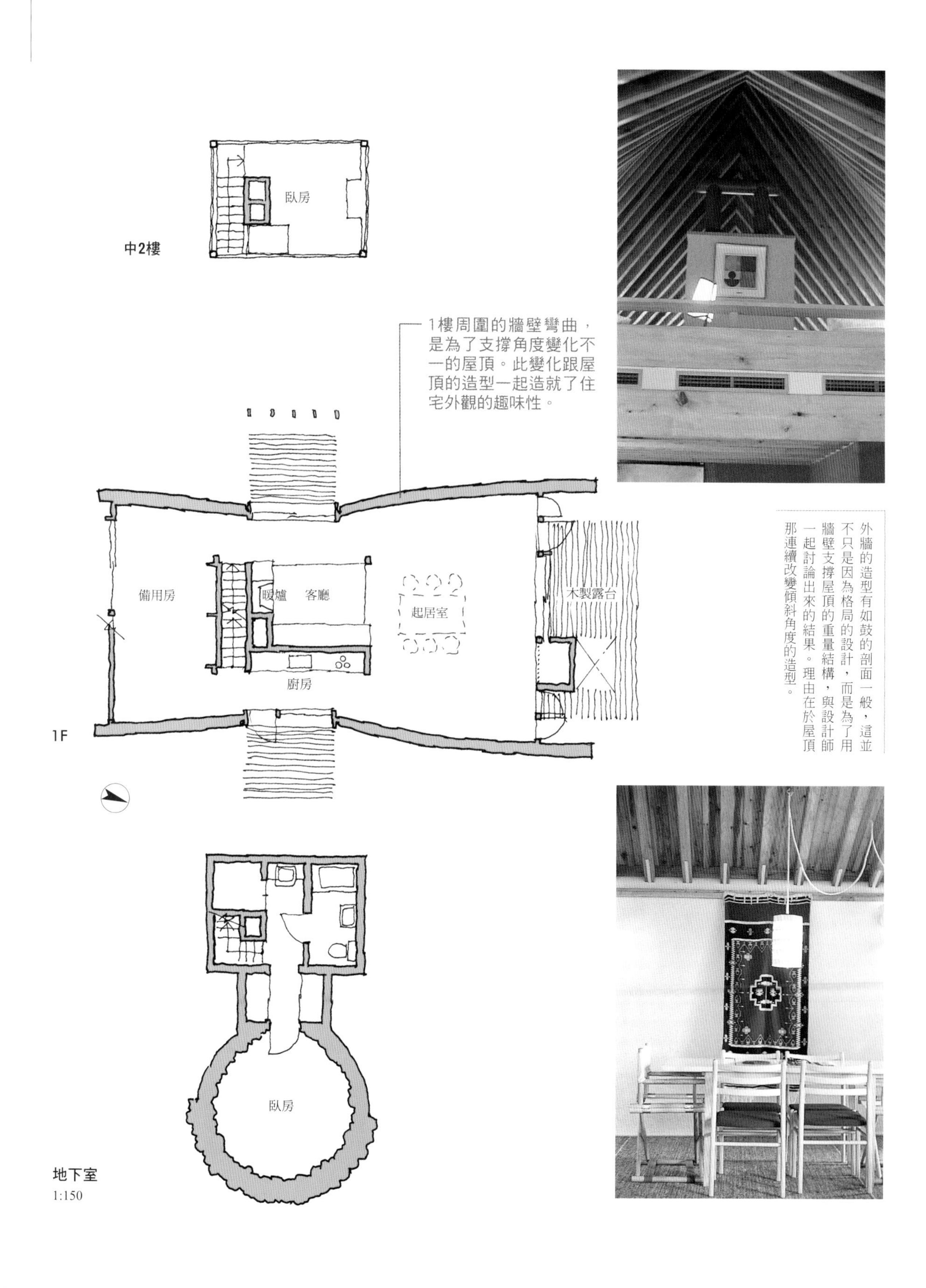

1樓周圍的牆壁彎曲，是為了支撐角度變化不一的屋頂。此變化跟屋頂的造型一起造就了住宅外觀的趣味性。

外牆的造型有如鼓的剖面一般，這並不只是因為格局的設計，而是為了用牆壁支撐屋頂的重量結構，與設計師一起討論出來的結果。理由在於屋頂那連續改變傾斜角度的造型。

「最低限度住宅」的形態 7

講到「最低限度住宅」，第一個讓人想到的是1950年完工的池邊陽先生的「立體最小限住居」，以及1952年增澤洵先生的宅第。這兩者都是以3人家庭為對象，且規模低於50㎡的住宅。增澤先生的住宅後來於1999年，由Living Design Center OZONE進行復原，再直接交由其他家庭使用，因而引起不小的話題。現在則是重新以「9坪House」來創造商機。

在宮脇檀建築研究室「最低限度之住宅」中，除了度假屋(Second house)以外，全都是地板面積60～69㎡，給2～3人之家庭居住的規模，格局的特徵是客廳大多位在2樓，單一LDK*的構造。

之所以選擇2樓當作客廳，是因為用地規模較小，1樓庭院大多無法得到充分的光照，就算把客廳擺在1樓，也看不到良好的景觀。再加上把客廳這個開放性較高的空間放置在1樓，保全上可能會有問題等等。

在一般規模的格局之中，會盡可能設置2個廁所。1個是家族專用，另1個則是兼具化妝室的機能，讓訪客也能夠使用。但此處所介紹的小規模住宅，空間有限，光是在臥房的樓層設置1間廁所就已經相當勉強，成為不得不妥協的項目之一。

*LDK＝Living Dining Kitchen，客廳、餐廳、廚房一體的空間

以單人套房為主軸所設計的格局，面積為64㎡，是日本住宅每人平均地板面積的大約2倍，嚴格來說算不上是最低限度之住宅，但生活所須的要素為最低限度。

暖爐　書房　客廳　W.I.C　玄關　廚房

1F
1:150

由父母讓出土地的一部分來建設住宅，如果是在都市的話，用地面積會相當有限。由夫妻兩人來使用的話，屬於最低限度的規模。這是用地面積74㎡，地板面積不達72㎡的都市建案。

餐廳　客廳　廚房

2F

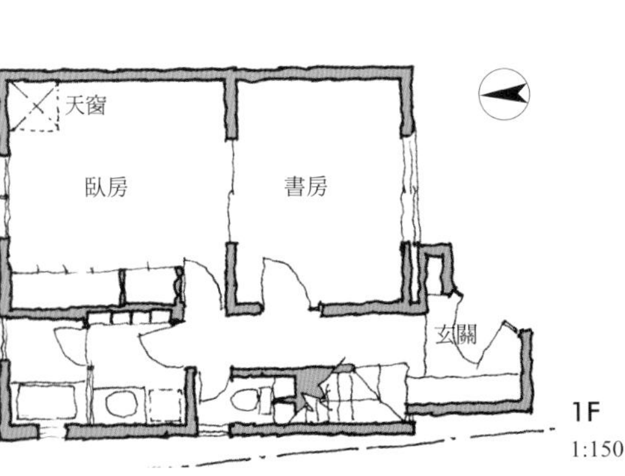

地板面積60.5㎡，只有夫妻兩人居住的小型住宅。規模雖小，在2樓仍有約16疊蓆的LDK，與4邊的開放構造，實現了明亮又舒適的空間。

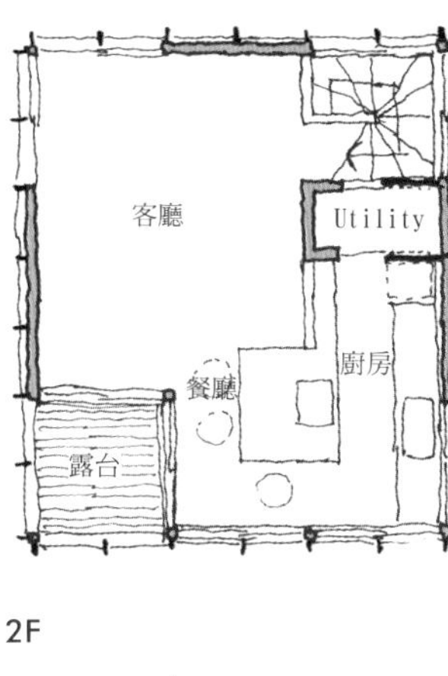

2F

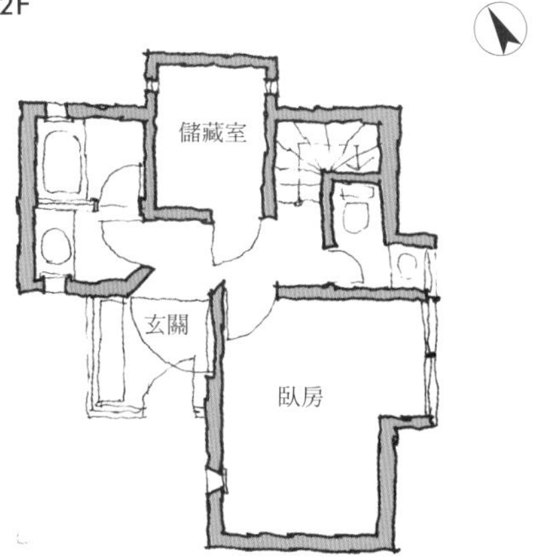

1F
1:150

假設這一個家庭只有夫妻兩人，而此格局為住家最低限度之案例之一。1樓是以臥房為中心的私人空間，2樓則是公共空間的LDK。

＊休閒區（Lounge-pit）：客廳內把地板挖低一層的圓形休閒空間

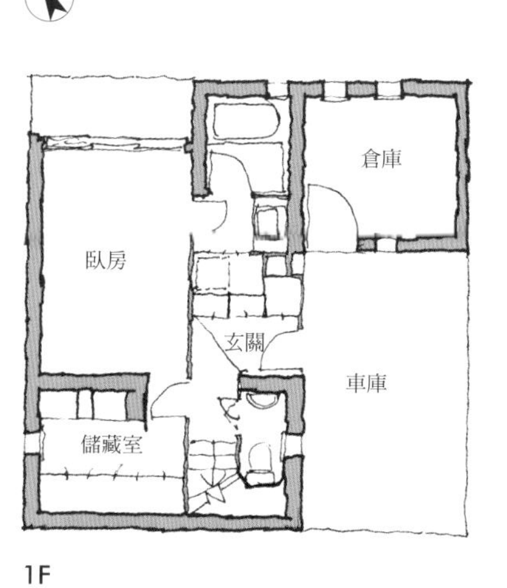

1F
1:150

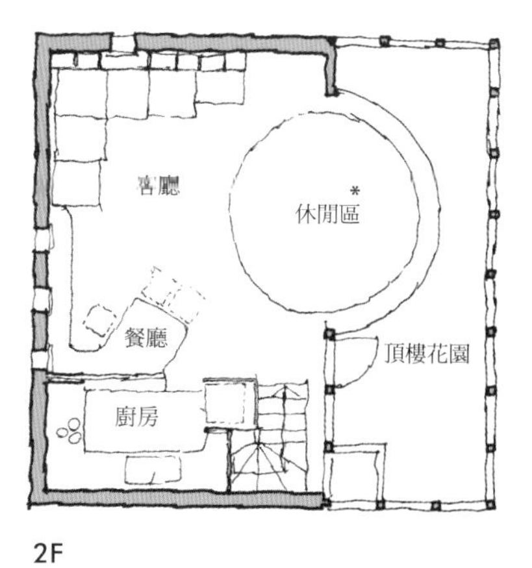

2F
1:150

麻雀雖小五臟俱全 8

汽車這種工具，不論是輕型汽車還是大型轎車，基本構造跟規格並無不同。因此輕型汽車的體型雖然嬌小，內部卻是相當緊湊，應有的設備樣樣齊全。

住宅的情況也是一樣，不論是小型住宅還是大型住宅，生活所需要之機能與設備，基本上都是一樣。在小型住宅中，越是希望擁有充份的格局，有限的體積內就會變得越是擁擠。

此案例，是地板面積比60㎡（約20坪）多出一點的小型住宅，內部格局非常的充實。在有限的空間內，不但實現了必要的衛浴設備與收納空間，且盡可能保有寬廣的客廳，在格局方面下了不少的功夫。

比方說廁所跟浴室等衛浴設備。儘管建築物的規模較小，還是擁有最低限度的空間，為了實現這點，設計者盡可能減少牆壁的厚度。混凝土牆的部分也是，按照結構上的需求來改變各個部位的厚度，利用厚度的落差使房間變得寬廣一些，或是當作收納空間來使用，將所能利用之空間發揮到淋漓盡致。請比較一下這張格局圖的1樓跟2樓，同樣的手法在上下兩層樓都有被活用。

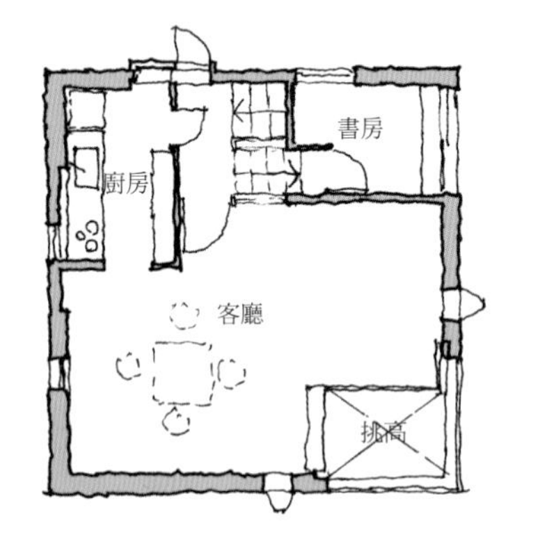

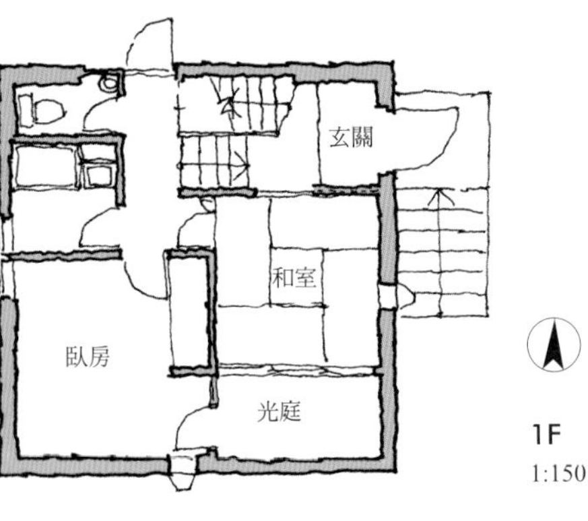

格局的規模雖然不大，但住宅所需要的所有機能，幾乎全部收納在這個有限的空間內。宮脇先生說規劃這種小型住宅時，要當作是在「設計潛水艇」。

在小規模的住宅之中，精簡的重現生活所需要之機能的案例。為了確保在2樓有寬廣的客廳，把個人的房間移到1樓，甚至還有光庭。

9 「視線的阻隔」與「通風、採光」

臥房、廁所、更衣間、浴室等，必須確保隱私的房間，要擺在哪個位置比較好呢？不光是隱私權，採光與通風也要充分，最好還有不錯的景觀。再加上用地與周圍狀況等條件，各個房間最合適的地點在哪裡呢？這些問題，在思考格局的時候得花上充分的時間來慢慢檢討。

有關隱私的問題，只要在窗戶周圍裝上軟百葉窗、捲簾式百葉窗或是窗簾，就可以得到解決。但光是這樣能否讓人安心，卻又是另一個難題。

在這種時候，宮脇先生常常會採用的臥房設計，是在床頭加裝「凸窗型的天窗」。這在右圖西北方的臥房也有採用，以現場打造的鋼筋混凝土製造，從外牆看來有L型的板狀物突出。這是具有天窗機能的凸窗，可以讓充分的光線從上方照入，但正面卻是牆壁，完全阻隔來自外面的視線，確保使用者的隱私。就算臥房的位置接近鄰地的境界或道路，也能安心裝設採光用的開口。左右兩邊為單向開啟的窗戶，可以得到通風的效果。

只是這種構造雖然可以保護隱私，卻無法讓人享受景觀。

想要阻擋來自外面的視線，又想得到採光與通風，裝設這種開口的手法，在臥房相當好用。天窗面可以得到採光機能，往外突出去的牆壁正面可以掛上繪畫或海報，用途相當多元。

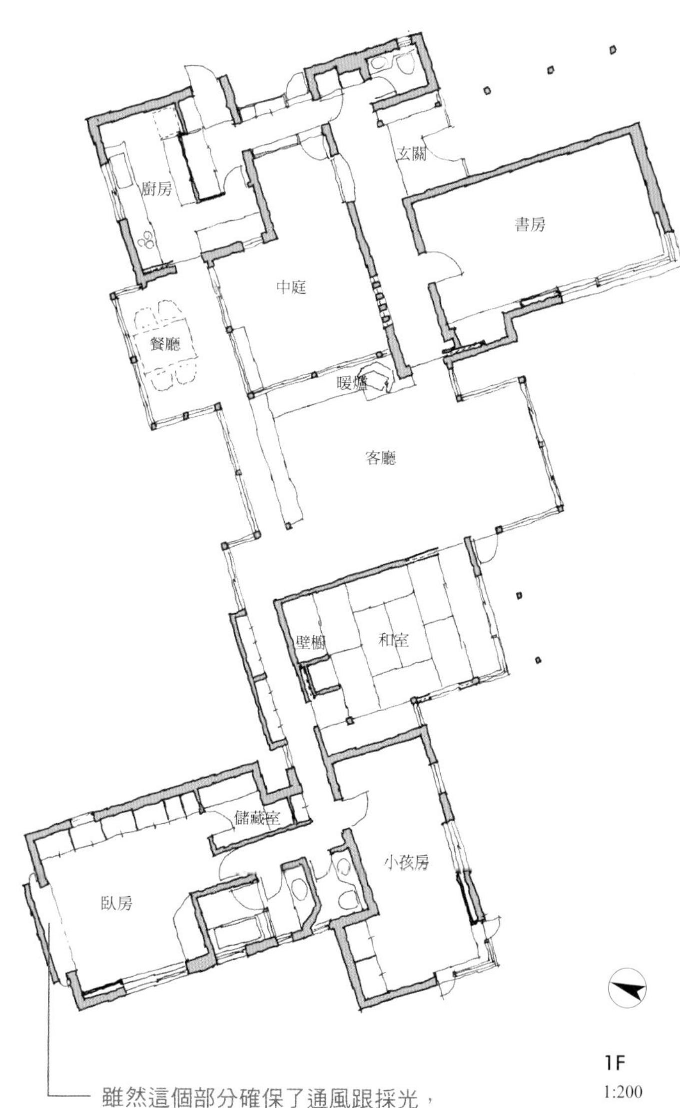

雖然這個部分確保了通風跟採光，但正面牆壁阻擋了來自外面的視線。只讓光線從上方進入，在格局圖中成為這種形狀。

為將來的「改建」做好準備的格局 10

決定一棟住宅的「規模」時，有幾種因素會造成影響。首先，由委託人說出「希望是什麼樣的住宅、想過什麼樣的生活」，再來則是「能夠準備多少資金」，這些都是決定住宅規模的主要原因。另外還有「建蔽率」跟「容積率」等，法律對建築物規模的限制。

若是接下來想要興建住宅，卻又因為資金或未來生活的不確定性等等，想留下部分土地以備將來擴建之需要時，有哪些項目必須去注意呢？

首先必須檢討將來擴建的方式，是往橫向擴展，還是往上堆積，又或者是兩者都有，並且在用地內計劃好現在與將來的位置。在建築物之結構與建築工法的影響之下，擴建工程會產生容易預測與不容易預測的部分，下一步就是考慮這些條件來設計格局。

此處所介紹的案例，是以鋼筋混凝土的牆壁來設計結構的住宅。將來為了擴建而打掉部分的牆壁，執行起來將會非常的費功夫。因此，已經事先決定好將來的擴建工程要往哪個方向發展，並在興建工程之中留下開口。如果是木造的軸組工法，等到實際擴建的時候再來思考，也都還來得及。

和室
臥房
小孩房
2F

玄關
廚房
起居室
客廳
餐廳
露台
1F
1:150

建築物的結構為鋼筋混凝土，將來就算進行擴建，牆壁也維持現狀不會改變。因此在一開始就為1樓準備了寬敞的空間。

一開始就預定將來有要擴建的打算時，必須事先檢討擴建的地點與規模。在這份格局之中，預定會從露台往南讓房間延伸出去，因此已經在該部分的牆壁準備好容易施工的位置。

11 「跟水有關的設施」集中在單側

在思考格局的時候，廚房、浴室、廁所等跟水有關的設施，要盡可能的讓它們集中在一起。這份格局選擇集中在1樓的北邊，創造出施工與維修管理上的優勢。

在日本，住宅內跟水有關的部分，會統稱為「水周圍(水まわり)」。跟水相關的設施，可分為廚房、Utility等「服務(Service)相關設施」，跟廁所、浴室、盥洗間等「衛生(Sanitary)相關設施」這兩大類。「服務相關設施」與客廳等公共場所相接，使用起來會比較方便，「衛生相關設施」則是跟臥房等私人空間相鄰，使用起來比較方便。

但，另一方面也有說法是：「跟水有關的設施」集中在一起會比較好。這是因為在水設施的周圍有排水設備跟電力設備的管線集中，將這些設備整理在一起，可以減少管線的總量、提高工程效率，也讓日後的維修作業變得更加輕鬆。另外，則是將這些部位集中在一起，可以讓水設施的房間集中在特定範圍之內，增加牆壁的結構密度，形成較為有利的構造(耐震牆的集中化)。從使用上的方便性來看，集中在一起也沒有任何問題。

在此介紹的案例，是東西7.2m(4間)、南北6.3m(3.5間)的2層樓木造建築，這份格局，把「跟水有關的設施」集中在1樓東北側的半邊。此處包含有樓梯跟走廊等移動用的空間。因此，其他房間可以用最短的距離前往廁所或洗手間，使用起來的方便性也相當不錯。這個格局成功的活用有限的空間，創造出面向南邊的LDK。

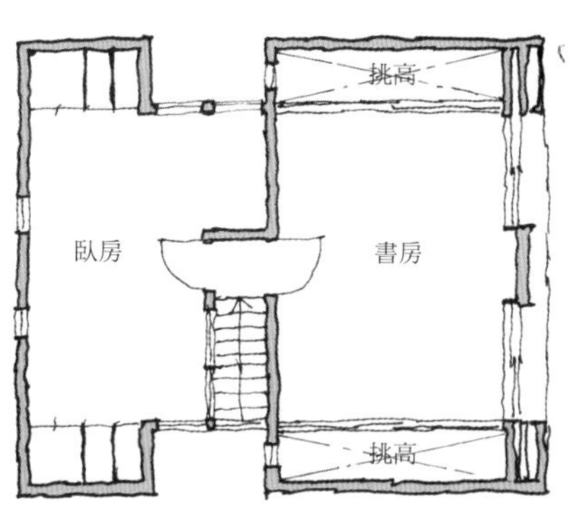

2F

跟水相關的設施集中在建築物的北邊，廚房、浴室、洗手間、廁所整齊的排列在一起。

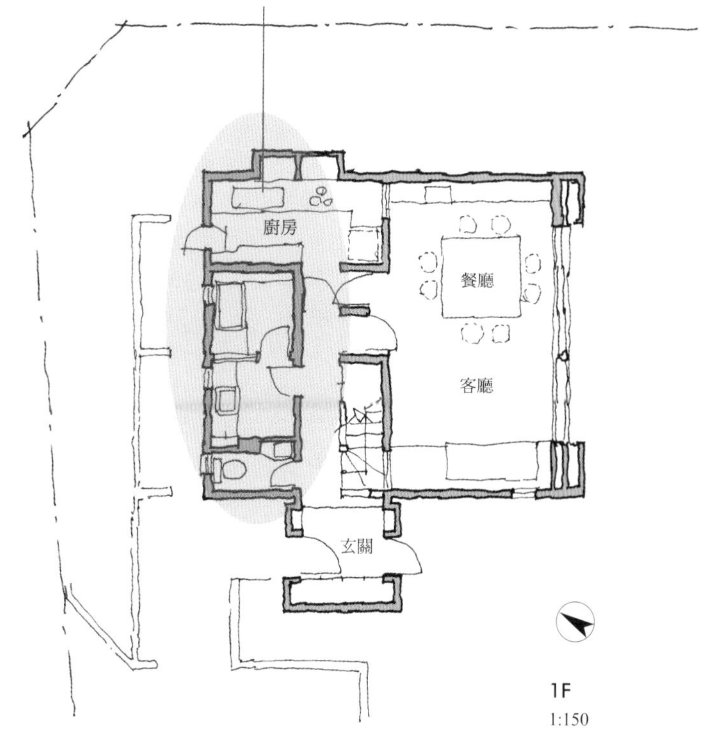

1F
1:150

延續「中廊規格」12

「中廊(走廊在中)規格」是昭和(1926~1989)初期以日本關東地區為中心，所發展出去的一種中流住宅的格局，它可以說是戰前日式住宅的完成形態。其基本上的格局，是從玄關筆直延伸出去的走廊，在這條走廊的南側擺上西式的會客室、客房、客廳，在北側擺上傭人房與廚房、浴室等跟水有關的設施。

以這種方式整理出來的動線，可以讓用餐與睡眠分開，成為使用起來相當方便的格局。

讓主要動線的主軸(走廊)穿過格局的正中央，這種「中廊規格」容易創造出精簡小巧的格局，就算到了現代，仍舊是一種有效的設計。

在此舉出的幾個案例之中，除了將「走廊」擺在中央當作動線的主軸之外，也有實際上並不存在「走廊」這個空間，只是將主要動線的軸心擺在格局中央的類型。

但反過來看，使用中廊規格的時候，有些部分是必須經過充分的檢討。那就是如何讓充分的光線，進入被房間所包圍的走廊。做為一個家的主要動線，若是整天都得使用人工光源的話，多少讓人感到惋惜。要讓走廊得到來自外面的自然光線，一般會使用天窗或挑高的構造，若是執行起來有所困難，則可以在跟走廊相接的房間之間，夾上一條通往外部的開口，或是使用透光性的材料，來當作走廊相接之房間的牆壁等等。

讓走廊穿過格局的中央，南側擺上客廳與和室，北側擺上廁所跟收納的中廊規格。2樓的格局一樣擁有這種設計，走廊的南方是臥房跟小孩房，北方是廁所跟浴室。

1F
1:200

在建築中央延伸出去的走廊。這棟住宅可以用這道走廊來環繞家中各個地點，居住起來相當方便。

進入玄關，從大廳連接筆直的走廊。利用長廊的壁面來製作收納空間，也是這道格局的特徵之一。

這棟住宅的1樓跟2樓，都採用中廊樣式的格局。圖中1樓的北側沒有設計成跟水有關的設施，而是擺上和室，但在2樓走廊的北側則是擺上跟水相關的設施，成為典型的中廊規格。

1F
1:200

從玄關進入之後，連接筆直的中央走廊一直到盡頭的兩個房間為止。擁有適當的長度，讓各個房間保有獨立性。

這棟住宅的格局一樣是將走廊擺在中央，不過兩側的房間（和室、書房、跟水相關的設施等）幾乎以均等方式排列。昭和初期，日常生活是以鋪上疊蓆的房間為中心，這種在中流住宅廣為流行的中廊，就算到了現代，日常生活轉變成以西式的椅子為主，仍舊有充分的空間可以拿來應用。

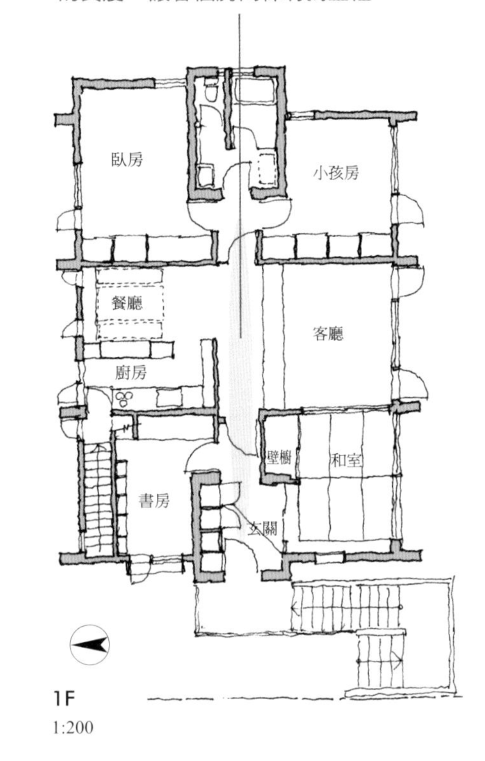

進入玄關之後是長長的走廊，這是日本住宅常見的構造。但是在這棟住宅中，走廊是所有動線的中心，使用起來相當方便。

這份格局範例是，位在1樓正中央有長長的中廊。從圖內看起來會覺得走廊得不到充分的光線，但走廊的正上方為挑高構造，北方高處的窗戶可讓太陽光直接照進來。

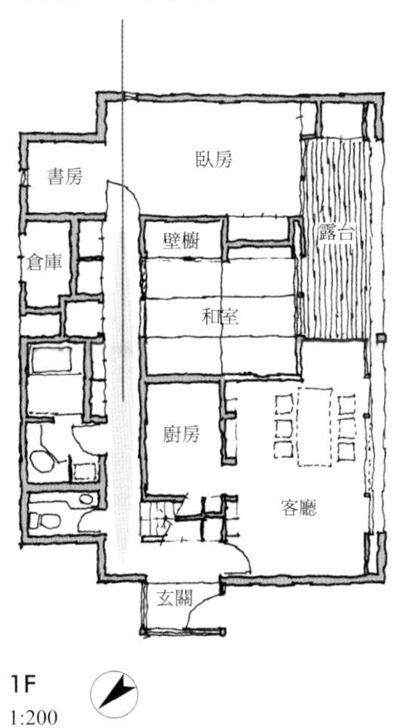

設置「核心設備」13

「Core」是代表中央核心的英文，思考格局的時候使用這一詞，代表將某種要素集中設置在一起。

在住家若是講到「核心設備」，意思是將廚房、家事房、浴室、盥洗間、廁所等「跟水有關的設施」集中在同一處。採用「核心設備」的結構，可以讓「設備管線」集中在一起，在施工中與事後維修方面得到優勢。具體來說，可以成為降低成本的主因。另外，核心設備集中在比較小的房間內，防震牆也容易規劃，擁有框體結構上的優勢。

集合性住宅，大多會用核心設備的想法來設計格局，不過就算是獨棟的住宅，以這種方法來進行設計，仍舊有利於格局的整理。這點在小規模住宅尤其明顯。

左邊的案例，是用鋼筋混凝土所建造的小型住宅。各位可以看到，在建物1樓中央的部分有浴室、廁所、洗手間，在正上方2樓的部分則是疊上廚房成為「核心設備」。從格局圖中可以看出，用水泥牆所包圍起來的這個核心部位，同時也是構造上的重鎮。另外在這個家中，把樓梯也裝設在核心Core的位置，藉此將動線集中，實現家中每個部位都很容易行動的構造。也就是說「核心設備」具有讓格局得到整合的機能。

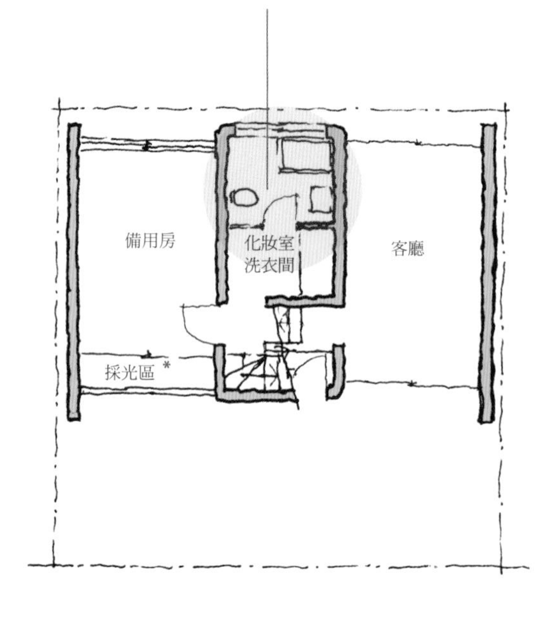

這棟建築物，是以鋼筋混凝土的牆壁來規劃結構。用鋼筋混凝土牆來將跟水有關的設施包圍，並設置在建築物的正中央，形成結構穩定且堅固的住宅。

*採光區(Dry Area)：位於地下室外面，將地面挖深所創造出來的開放空間，主要用來改善地下室的採光或通風

14 讓「核心設備」成對

一棟建築有兩個「核心設備」，這是辦公大樓等規模較大的建築物才會出現的作法，對一般小型住宅來說可算是天方夜譚。

但此處所介紹的案例，在東西兩端分別設有1個「核心設備」。

這個家庭在早期的規劃，是用鋼筋混凝土來構成「門字型」的箱子構造，然後把木造的框架組裝到這裡面。「門字型」的左右腳部分，就成為「構造核心」。以此來思考格局的時候，就想到不如把這兩個部分也當作「核心設備」來利用。

一棟住宅「跟水有關之設備」的這個部分，基於設備的內容跟使用方式，總是擺脫不了濕氣的困擾，這對建築物的耐久性也造成很大的影響。因此就算是木造建築，在與水相關之設施附近的腰牆，常常會用耐濕性較強的混凝土來圍起來。所以在鋼筋混凝土所構成的「構造核心」之中放入「核心設備」，其實是相當合理的手法。

跟水相關的設施所使用的機器跟管線，雖然也得看使用方式跟保養狀況，但大多每15～20年就得更換。在用鋼筋混凝土的結構將跟水有關的設施圍起來的時候，要盡可能避免將管線也埋在水泥之中，以免將來的更換作業太過麻煩。

用鋼筋混凝土的牆壁結構，分別將廁所跟浴室的設備、廚房的設備圍起來，在2處設置核心設備(兼任構造核心)的案例。配置在小型建築的兩端，因此構造體有兩處，形成門字型的形狀。

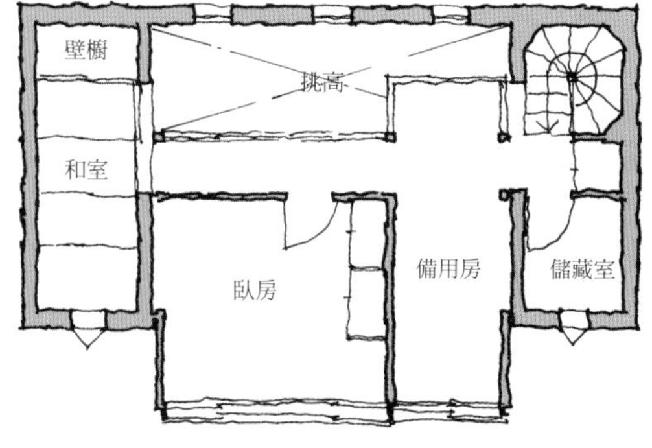

2F

在建築物兩端設置「核心」，將各種機能集中在此處的構造。跟水相關的機能全部都配置在1樓。

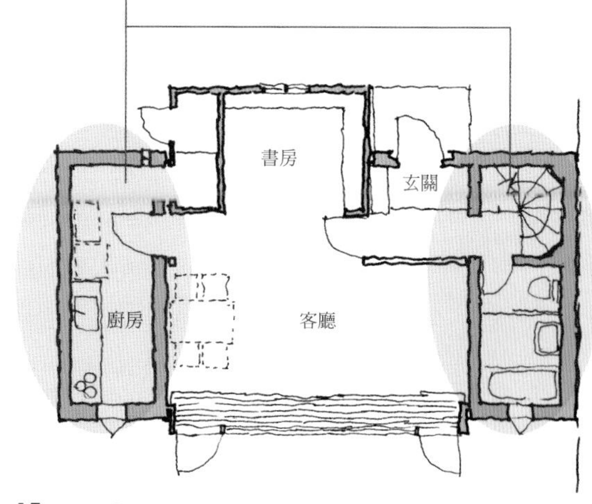

1F
1:150

將來可以移動的部分 15

就一般來說，家族成員跟生活方式，大約會在5年左右產生變化。入學、畢業、就職等小孩的成長或是冠婚喪祭，都有可能成為改變的契機。

住宅必須隨著「家族」的變化，來改變格局或是進行改建(擴大或縮小)。另外，若是以10年、20年為單位來看，也必須進行整建來更新設備，或是對老舊或損傷之機械、管線進行維修與汰換。

設備的更新與機械或管線的汰換，在傳統工法(木造軸組工法)所建造之住宅的場合，比較可以自由的對應。但就算是木造，如果採用板狀工法，甚至是鋼筋混凝土的牆壁結構，那牆壁的部分將無法簡單的被破壞。因此在使用特定工法的場合，一開始思考格局的時候，最好為了將來的改建而準備好「可以變更的部位」。

宮脇先生所提倡的「混合構造」與適才適用相似，是在適當的部位使用適當的結構。在必須防火、耐久的部分使用鋼筋混凝土來製作外殼(掩體)，在將來可能改建的部分使用木造結構，也就是以混合的方式來打造1棟住宅的結構體。就如同此處介紹的案例，在鋼筋混凝土牆所製造的掩體之中，插入木造軸組工法的部份，這些木造的部分，就是將來可以移動或改建的部位。

周圍都很牢固的構造，在某種程度可以自由變更格局。比方說2樓小孩房的附近，將來可以把隔板去除。

挑高
書房
小孩房
臥房
2F

家事區
廚房
餐廳
玄關
小孩房
客廳
1F
1:200

這間住宅的規模並不會太大，一開始就讓房間太過細分化，很可能會失去柔軟性。再加上小孩的年齡不大，因此在規劃格局的時候，將1樓的小孩房跟客廳設定成將來可以變更的部分。

兩個「核心」的部分在結構上無法變更，因此把在這之間的部分當作較為寬廣的客廳，以便將來改變用途。

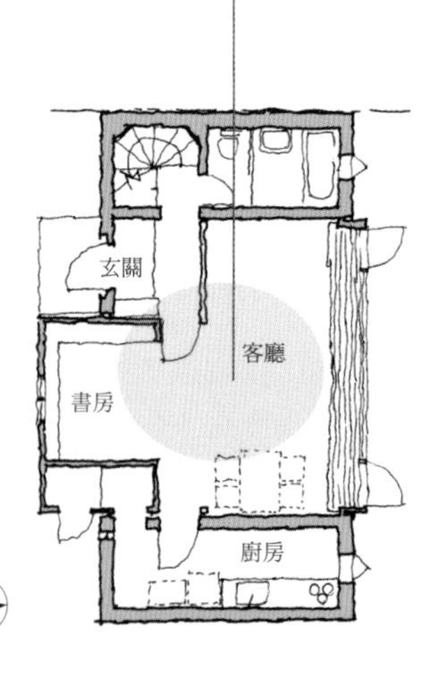

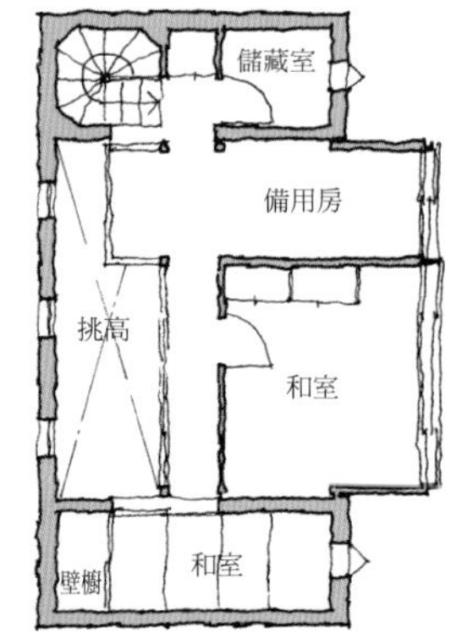

在上一個項目也有介紹過這棟建築，結構體像門一樣，空白的部分以木造來填補。木造結構的部分跟鋼筋混凝土並沒有相連，可以為了將來的需求而改建。

16 「鋼結構」才能實現的優勢

這棟住宅是用重鋼結構打造，減少建築本身所需要的支柱。支柱所造成的影響較低，提高了格局在設計上的自由度。重鋼結構最大的優勢，在於增加支柱之間的距離。

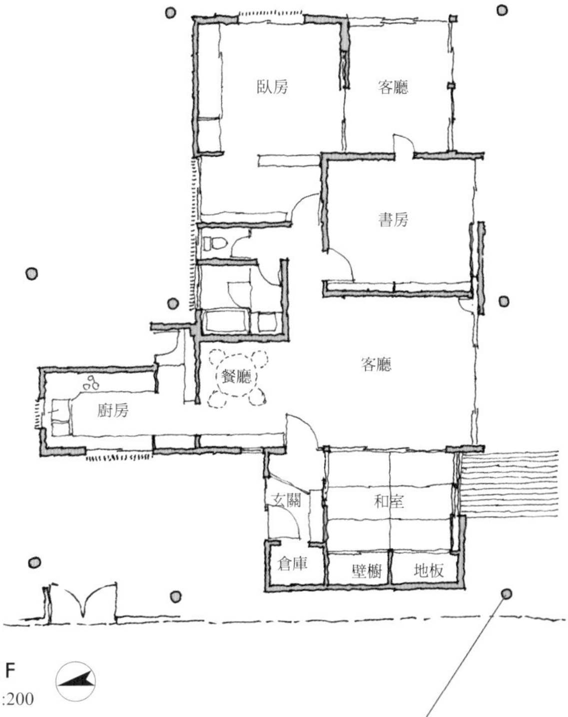

用H型鋼(剖面為H字型的鋼材)或方鋼(方型的鋼材或鋼管)等鋼材來打造一棟建築之骨架的手法，稱為「鋼結構」。而鋼結構又隨著使用的鋼材，分成「輕鋼結構」與「重鋼結構」，其中住宅所採用的，絕大多數是輕鋼結構，以此來進行設計，可以實現跟木造住宅幾乎相同的格局。

另一方面，重鋼結構大多是由規模中等以上的辦公大樓的結構體所採用，因為使用較粗重的鋼材，可以讓樑的跨距(柱子與柱子之間的間隔、指距)加長，得到支柱數量較少的寬廣空間。

在此介紹的案例，就是利用這個特徵來進行設計。在思考住宅的格局時，支柱數量較少，可以提高結構體所擁有的自由度，也比較容易實現有彈性的格局。格局圖所顯示的雖然是平房的案例，但是只用6根支柱來支撐約138㎡的屋頂，在配置格間牆時，完全不用去考慮到柱子。以這種方式來建造的住宅，將來如果家族成員或生活方式產生變化，格局必須改變時，可以不用動到建築的骨架，移動格局的牆壁即可對應。

能夠實現這點，全都得歸功於重鋼骨架的結構體。不光是辦公大樓，住宅也應該盡可能的採用這種方式才對。

1F
1:200

小小圓點的部分是鋼材的支柱。整體採用鋼骨結構，讓支柱之間的距離比一般還要長，確保內部寬廣的空間。

考慮到「家相」 17

「家相」與中國的風水類似，是設計一棟住宅時必須考慮的項目之一。關於這點，有各式各樣的說法存在，有人非常的在意，也有人完全不去理會。用建築學的觀點來思考「家相」，分別可以看到合理的論調、雖然合理但設備進步的現代已經不用再去遵循的論調、完全屬於迷信等各種不同的說法，內容的好壞也是參差不齊。

家相的判斷基準雖然是建築物的中心，但卻有好幾種不同的計算方式存在，讓判斷的結果也跟著不同。況且就算結果是否定的，也有變通的方法可以使用。基於這幾點，可以判斷宮脇先生本身並不相信家相。但如果使用這間房子的人願意相信，那就應該給予尊重。

家相在格局之中影響最大的是，「鬼門」的存在。特別是玄關跟廁所的位置，會因為鬼門而改變。但有時也會遇到無論如何都無法變更的狀況。此時可以像此處所介紹的案例一樣，削減牆壁來改變形狀，或是把牆壁錯開，避開被認為是不好的方位。另外，若是真的無法避開不好的方位，那就必須使用方便法門。比方說玄關一定會接觸到鬼門的時候，在南天的方位種樹。日文中南天的發音跟難轉相同，意喻可以讓「災難轉移」。

宮脇先生對於家相的意見是「有合理的部分跟不合乎道理的部分」，在思考格局的時候並沒有特別去重視。但如果使用這棟建築的人有他們的堅持，那就必須給予尊重，像這個案例一樣在溝通之後進行特殊的處理。

更衣間 浴室 備用房 書房 化妝室 洗手間 挑高 父母房 臥房

2F

決定家相的主要因素，在於房間等結構要面向哪個方位，因此這棟住宅讓廁所傾斜來避開鬼門。

玄關 和室 大廳 Utility 廚房 客廳 餐廳

1F
1:150

克服用地條件

堅持住在「都市」 18

住在「都市」的魅力，莫過於方便性。交通方便、醫院設備充實，也不乏博物館、美術館等文化設施，商店街也充滿人潮跟活力…。

但是以建造住宅之地點來看的話，首先，一般所能取得的土地面積都不會太大。再來則是周圍被其他建築所環繞，很難得到充分的採光與通風，綠色的自然環境稀少、日常生活充滿噪音與振動、隱私也可能會被他人所看到等等，很難稱得上是理想的環境。就算如此，市中心這個位置所擁有的魅力，仍舊是讓想要在此建造住家的人源源不絕。

此處所介紹的案例，是在新宿第二市中心附近所建設的住宅，為了克服市中心負面的條件，在格局上下了許多功夫。首先是將客廳擺在2樓，把最佳的條件，分配給使用時間最長的空間。結果，雖然得將臥房移到1樓，但可以用天窗來確保充分的光線，隱私權也可以得到保障。跟2樓客廳相接的是屋頂花園，這是為了回應委託人希望可以看到「綠色自然」的要求，並不是用來享受戶外生活的庭園。為了避免被外人「偷窺」，屋頂花園用網格狀的框架圍起來，並在外圍蓋上「竹簾」。所以主要的採光必須依賴樓梯上的天窗。

住在大都會的市中心，最大的好處在於方便性。但同時也避免不了狹窄、採光不佳、會被其他高樓所窺探、噪音等缺點。但，就算如此也還是想住在都市，這份案例就是回應這種要求所提出的方案之一。

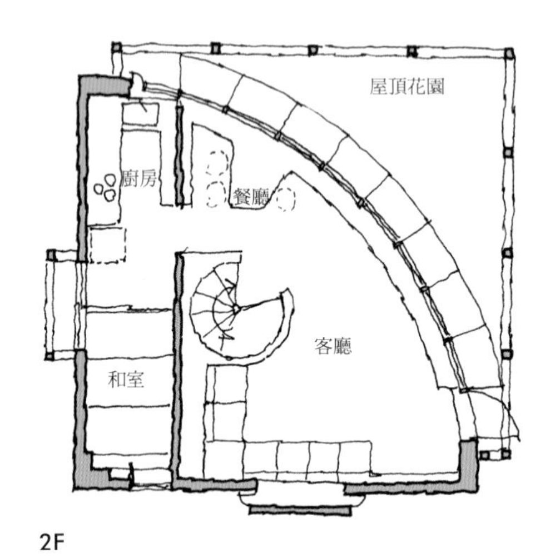

2F

小孩房
小孩房
玄關
臥房

1F
1:150

19 刻意只使用最低限度的「窗戶」

在首都地區的市中心尋求新的住宅建地，一年比一年來得困難。費盡苦心好不容易找到候補的地點，但符合預算的，都被其他住宅包圍的密密麻麻，土地面積也很狹窄，這種案例已經是屢見不鮮。在這種先決條件之下，要蓋出何種建築物，才能實現讓人滿意的生活呢？打開窗戶，映入眼簾的總是鄰居的窗戶，在這種狀況下，確保居住者的隱私權可說是第一考量。雖然也可以乾脆像江戶時期的長屋一般，打開窗戶就讓路上行人看得一清二楚，但這畢竟不是常道。

這棟建築的主人，為了在住宅的密集地區維護自己的隱私，向設計師提出這種「沒有窗戶」的住宅計劃。這份要求執行起來並不容易，把一棟建築的窗戶拿掉乍看之下不是件難事，但根據法律規定，一定要有某種程度的開口來確保採光與通風。

對此，這份格局以最低限度的開口來確保通風，採光則是全面性的倚賴天窗。讓居住者可以得到充分的隱私。建築物的四個角落設有總共4坪(約13㎡)的天窗跟挑高構造，利用這些設備來彌補家中的採光。這份建案雖然如同計劃所預料的，得到充分的採光跟隱私，但是對於夏天的炎熱卻沒有充分的對策，成為日後需要檢討的地方。

一般對2樓的牆壁，都會思考如何增加開口處面積，但這棟住宅，如同照片所示，2樓幾乎沒有開口存在。

挑高
玄關
客廳
廚房
挑高
2F

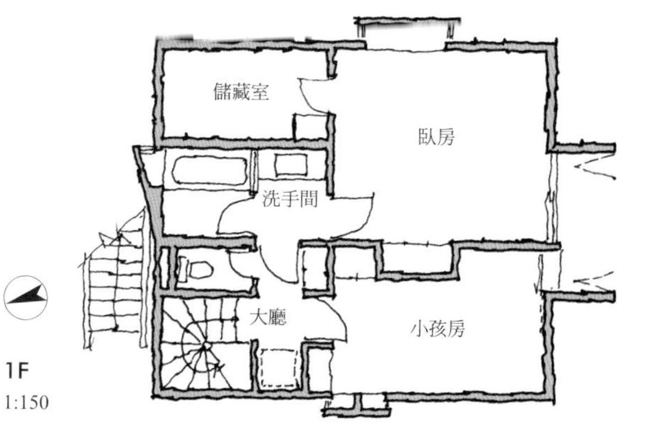

這間住宅的格局圖有個很大的特徵，各位是否有看出來呢？請注意它的外牆，可以發現找不到「窗戶」的存在，以居住者的隱私為第一優先，所以採用這種與眾不同的格局。

與鄰家共享「自然景觀」 20

設計格局時的想法，會受到建物土地(用地)的狀況、居住者的條件與狀態、這塊土地所存在之地區的相關法律與規定等方面的影響。

此處所介紹的格局，在規劃之初，受到建設地點與周圍環境很大的影響。此處為市中心的住宅用地，前後左右的住宅屋簷高度都相當低，庭園有著許多花草樹木存在。在近期是相當難得的環境。遇到這種狀況時，應當採取跟這份環境相對應的特殊手段。

格局的南側跟北側，裝上規模較大的開口，並採用全開式的拉門，讓自家的樹木可以跟南邊住宅的花草，以及北邊平房庭園的樹木融合在一起，讓大家可以一起享受「自然景觀」。

像這樣把其他場所的一部分，融入自家景觀之中的手法稱為「借景」。是日本建築傳統的手法之一。當用地狹窄或是在密集的住宅區，無法在自家設置充分的庭園時，不妨環顧一下周圍，若有公園或學校的綠地，或是街道所種植的植物，則可以積極的借用，納入自家的格局之中。就算是鄰家縫隙間所能看到的小小綠色景觀，只要用窗框圍起來，也能成為自家專用的「自然風景圖」。

「借景」是日本建築傳統的手法之一，附近若是有優美的環境存在，沒有理由不去利用。此處南北兩端有豐富的自然景觀，因此將南北打通，設計成可以共通享有的構造。

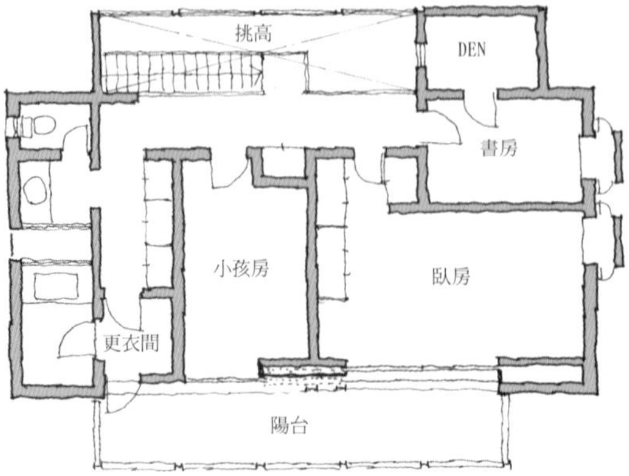

2F

北側跟南側，是鄰家植物較多的部分。設計格局時，在此裝設較大的開口來享受自然，成為跟鄰家共享綠色景觀的庭園。

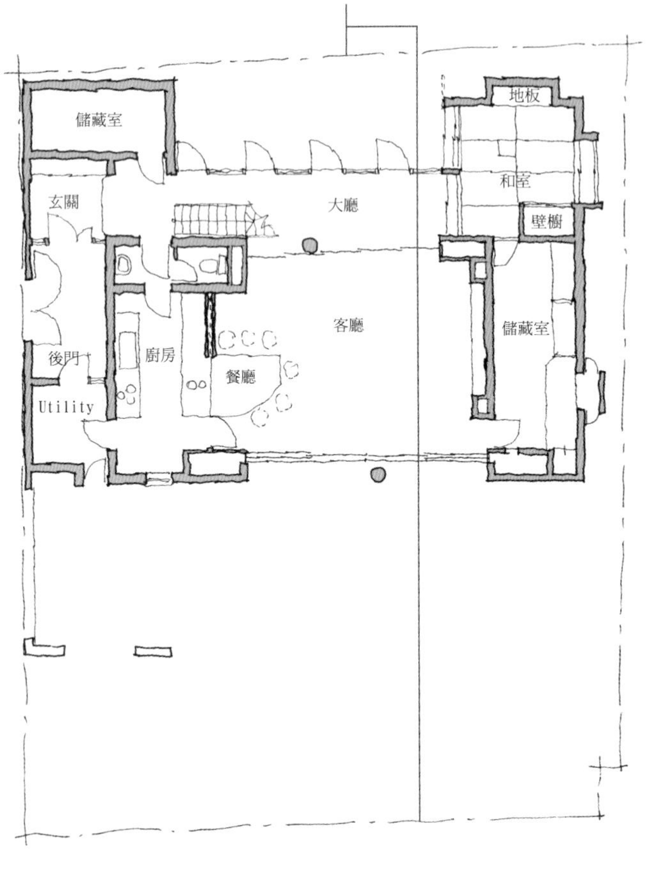

1F
1:200

21 把「Service-yard」也融入格局之中

在郊區所規劃的住宅用地，大多可以維持良好的居住環境，但這種地區的建蔽率跟容積率的上限被設定的比較低，況且還會被指定「牆面線」，要求建築物往內退縮，跟用地的境界線維持一定的距離。

這份制約，是要讓各個住宅在留下的用地種植植物，讓整體形成綠意盎然的住宅環境，但如果較小的地也被迫遵守這項規定的話，那麼要達成委託人所要求的格局，就會變得相當困難。

這份案例的住宅正是位在這種地區，建築物的外牆跟用地的境界線必須維持一定以上的距離。結果在圍牆與住宅之間出現多餘的空間，於是拿來當作Service-yard使用。在這個空間搭上屋頂型的蔓棚(Pergola)，這樣看起來就像是從主建築延伸出來的子母型屋頂，讓人在此處做家事時，感覺也像是在屋頂下方一樣，形成地板面積增加似的錯覺。

但必須注意的是，此處所採用的手法在分類上雖然屬於室外，不算在地板面積內，但如果為了遮雨把蔓棚換成玻璃屋頂的話，那就會被當作建築物的一部分，得算在地板面積內。這樣會違反牆面線的規定，要多加小心才行。

此格局把西側圍牆與建築之間的細長空間，當作Service-yard來使用。架上蔓棚來跟建築一體化，不光是垃圾分類跟曬衣服，還可以當作工作室或收納空間。

西側境界線的圍牆與建築之間所形成的細長空間，此處被當作Service-yard，也就是做各種家事的室外空間。

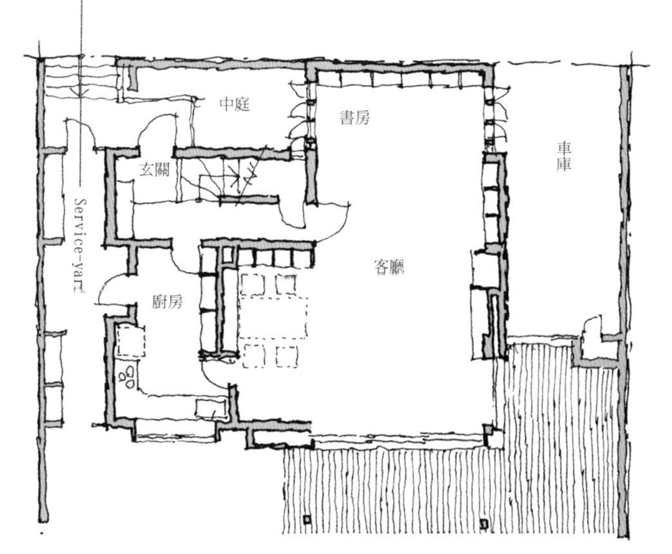

1F
1:150

南北細長「從南進入」之用地的格局 22

當一塊住宅用地南北細長、東西較窄的時候，將無法隨心所欲的配置「面向南邊的房間」，讓格局設計起來額外的困難。若是道路位於用地南方，而必須「從南進入」時，則更是雪上加霜。為了設置進入的路線，必須佔用原本就已經很窄的東西距離，而玄關的位置也可能得面向南邊，更進一步增加格局設計上的難度。要是用地本身高於一般地面的話，或許可以考慮將入口(Approach)＊設在地下……。

此處所介紹的案例，雖然不是東西距離極端狹窄，卻一樣很難配置兩個向南房間的格局。在這種狀況下，格局必須配合用地的形狀，某種程度拉得細長，玄關位置將是讓格局得到整合的重點。若是因為距離道路較近，把玄關設置在南端，會讓內部的動線變長，使格局的整合性變差。

對此所思考出來的解決方案，是順著用地的邊緣來設置寬度為最低限度的入口，並將玄關的位置調整到細長格局之中央。這樣做，可以讓格局內部的動線長度減到最低，得到面向南邊的舒適房間。

在這個時候，外部的自然光線比較不容易抵達格局中央，必須讓格局雁行或是設置天窗，在採光與通風方面另外下功夫。

＊入口(Approach)：從圍牆大門通往住宅玄關的通道

用地的南北較長，且入口在南端時的格局。首先將玄關設置在西側中央較深的位置，然後再擺上通往玄關有如小徑一般的通道，以這種手法來增加面向南邊的房間。

為了讓南側有足夠的空間，理所當然的會把住宅配置在北端，另外還要盡可能加長從南端道路延伸出去的入口。

南北較長、東西較窄的用地，而且還是從南進入，為了盡可能增加面向南邊的房間，而設計出這種格局。就跟Court House＊一樣，把用地之境界線的圍牆當作住宅的一部分來確保足夠的空間。

＊Court House：用建築物或圍牆來圍出中庭的住宅

在住宅的東側，刻意將從南進入的入口拉到如此的長度。想像一下如果玄關位在南側，應該就能理解這樣做的意義。

東西較窄、南北較長，且從南進入的住宅用地，設計格局時最好將玄關擺在中央，因此拉長入口的距離。此格局為了在1樓設置工作室，用小徑一般的長距離入口來通往玄關。

從南方延伸出去的入口，此舉不光是確保採光良好的庭園，同時也是通往玄關的誘導路線。

23 「南面開口」的面積不多時

用地的形狀若是允許的話，希望可以擁有的條件不勝枚舉。基本上的理想條件，是東西擁有相當的寬度、設計格局時有可以配置3個以上面南的房間。可是現實卻很難達到，許多住宅用地都是東西較窄，放上兩個面南的房間就已經相當勉強。

此處所介紹的用地，跟理想條件相差甚遠，再加上其他條件也不夠好，設置1間面南的房間就已經達到極限。用地的形狀為L型，整體面積雖然不小，而L字其中一端雖然面向南邊，寬度卻相當的窄。在這種情況下，就算建築物南端的寬度較窄，也可以將南方開口增加到2層樓的高度，並連同較深的空間也一起成為挑高構造，來實現1樓深處也能得到明亮光照的房間。可是這種構造必須犧牲2樓的面積，無法得到理想的整體面積跟房間數量。

此處所採取的對策，是順著用地來設計成L字型的格局，在轉折的部分配置挑高構造與天窗，讓1樓深處也能得到明亮的光線。面向這個挑高構造的2樓房間，會在挑高的那邊設置窗戶，分享天窗所帶進來的光線。

挑高正下方的1樓，則可以透過天窗來看到當天天氣的變化，位在明亮且較深的位置，實現條件良好又沉穩的用餐空間。

這個案例的用地為L字的形狀，南邊相接的住宅把外牆推到用地的境界線上，能夠得到充分採光的只有1間房間。為了彌補這點，採用這種組合天窗與挑高構造的格局。

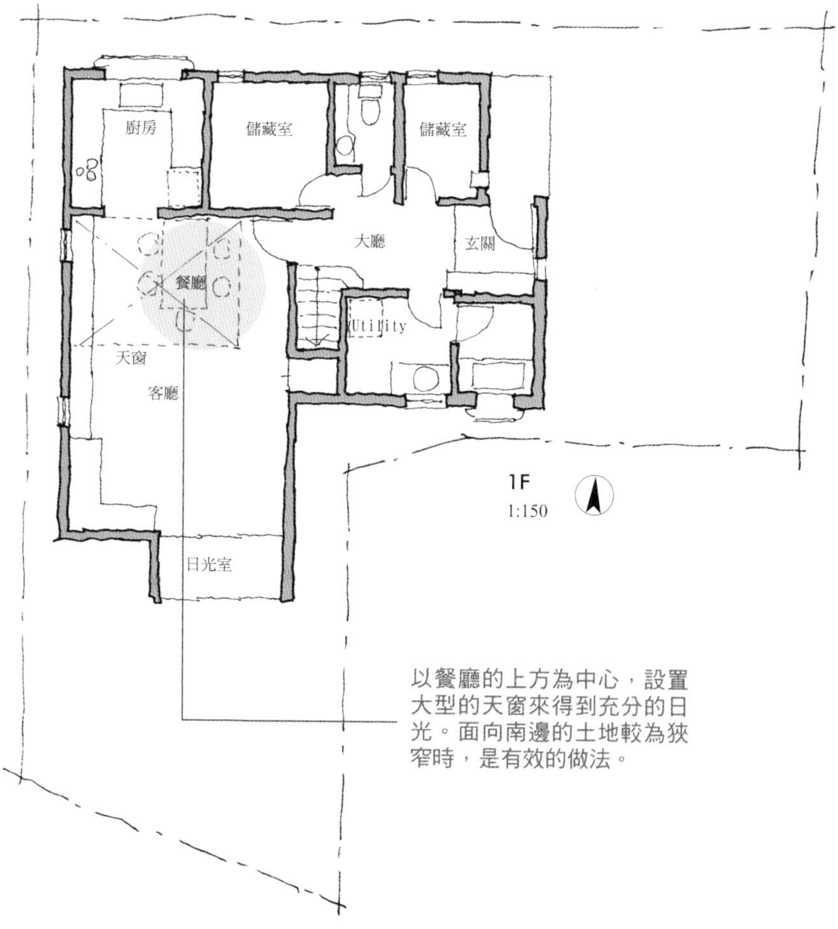

以餐廳的上方為中心，設置大型的天窗來得到充分的日光。面向南邊的土地較為狹窄時，是有效的做法。

盡可能降低「斜面地」的接地部分 24

受人歡迎的住宅用地，一般指的是地面平坦的正方形，高度比正面道路要稍微高一些(不可過高)，馬路的位置在東、西、北其中一方等，滿足這所有條件的用地。

遇到這種用地時，格局設計起來比較輕鬆(容易套用建商現有的方案)，再加上施工方便，成為降低成本的主要因素。建設公司，會盡可能的增加這種用地，因此四處都可以看到一層一層有如檀狀一般的住宅用地。

另一方面，斜坡地則是不受歡迎(慢慢往南傾斜的坡地例外)。尤其是傾斜角度特別陡峭的土地，地價大多遠低於一般(但別墅用地反而是平地較少，斜坡地為主)。

若是要將住宅蓋在斜坡地上，跟平地相比，在進行基礎工程時，大多需要臨時結構與額外的材料，讓費用變得相當昂貴。因此若是沒有好好去構思，好不容易才取得的廉價土地，卻因為基礎工程的成本過高，而無法運用這項優勢。

要降低斜坡地基本工程的費用成本，最有效的方法，是將工程必須接觸到的地面「面積」降到最低。因此在思考格局的時候，會盡可能減少與地面相接的1樓部分。

在此所介紹的案例，是委託人的度假屋，建設在相當陡峭的地點。就格局來看，1樓的部分幾乎只有玄關存在。

壁櫥
和室
單人房
餐廳
客廳
長板凳
2F

1F
1:150

蓋在斜坡地上的建物，設計格局時會像這樣把1樓的面積減到最小。讓住宅主要的部分集中在2樓，藉此降低基本工程的費用。

在尋找住宅用地時，斜坡地一般會比平地要便宜許多。但建造住宅時若是沒有好好思考結構，很有可能會讓基本工程的費用增加。必須以整體的觀點來進行考量。

活用空間

賦予「洄遊性」 25

「可以讓人感到舒適，帶有寬鬆感的空間」面對一個良好的格局，往往會出現這種形容。房間大小跟天花板的高度處於良好的比例，整體也相當的均衡，對居住者來說，這確實是一件很舒服的事情。

但實際上考慮到用地規模、地形、跟道路相接的條件(高低差與方位)、周圍的環境，再加上法律跟預算等各種因素的影響，能夠實現理想格局的住宅其實不多。反而是像「真希望各個房間可以再大一點…」這種無法確保當初所預定的空間，讓人感到美中不足的案例，才是佔絕大多數。

因此在設計的時候，可以避免讓各個房間變成有如死胡同一般的造型，反過來將它們連在一起，形成可以在房間之間移動的格局。以「環狀」的方式來形成這條移動路線，可以讓人在家中無限的環繞下去，就算是50㎡左右的小型住宅，也會覺得家中好像無限的寬廣，在精神上得到放鬆的感覺。

這條路線也可以將走廊或玄關大廳包含在內，思考這種具有環狀動線的設計，會比較容易創造出「具有洄遊性的格局」。

但在思考「洄遊性」的時候，有可能因為通過房間的路線，讓一個空間失去「沉穩的氣氛」，必須多加注意才行。

Utility
廚房
餐廳
玄關
客廳
家事房

1F
1:150

在幾乎是正方形的1樓中央，創造出可以環繞各個房間的動線。與這條動線分離的房間，則可以得到沉穩的氣氛。

此格局的1樓，擁有玄關大廳⇒客廳⇒餐廳⇒廚房⇒玄關大廳的洄遊路線。回家的時候，大門的小徑可以直接前往玄關與後門，若是家中正好有訪客，可以直接前往廚房。

這份格局，在玄關大廳⇓客廳、餐廳⇓廚房⇓階梯⇓玄關大廳這個小型洄遊路線的外側，與玄關大廳⇓和室⇓客廳、餐廳⇓廚房⇓階梯⇓玄關大廳這個較大的洄遊路線重疊，成為雙重的洄遊路線。

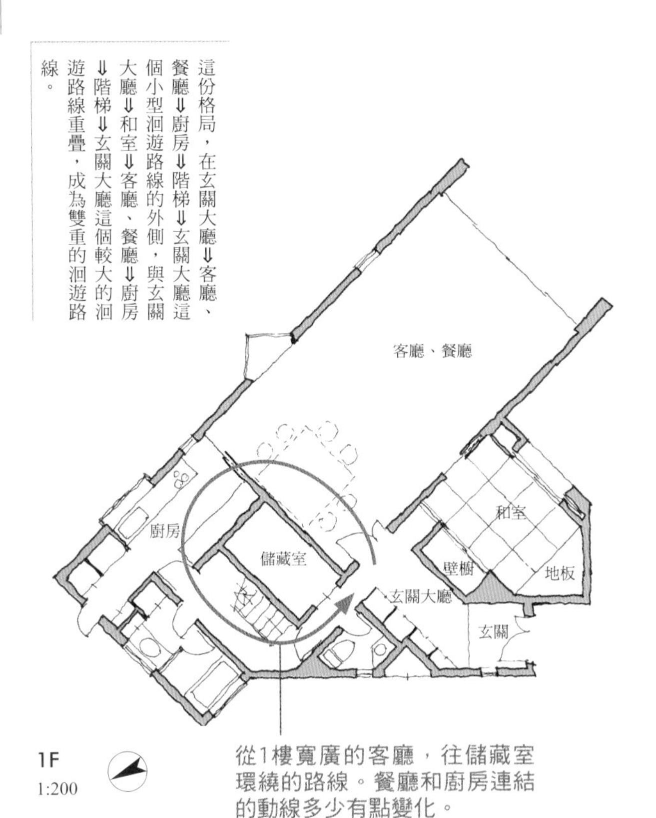

從1樓寬廣的客廳，往儲藏室環繞的路線。餐廳和廚房連結的動線多少有點變化。

在1樓設有玄關大廳⇓客廳⇓餐廳⇓廚房⇓玄關大廳的洄遊路線。在第11頁的案例中，2樓也有大廳⇓臥房⇓陽台⇓小孩房⇓大廳的洄遊路線存在。此為2樓也有洄遊路線的罕見案例。

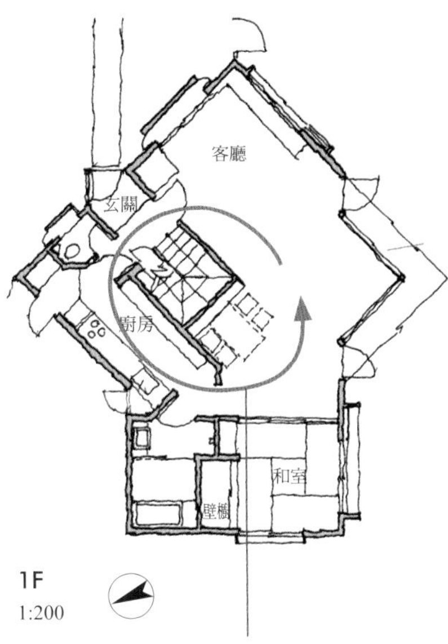

從1樓玄關進入，不論往左還是往右，都可以環繞一圈，在有限的大小中形成豐富的空間。

這份格局，在玄關大廳⇓廚房⇓餐廳⇓玄關大廳這個路線的外側，還加上走廊⇓客廳的路線，以及走廊⇓和室的路線，形成3重的洄遊構造。這是走廊在中的格局才有辦法實現。

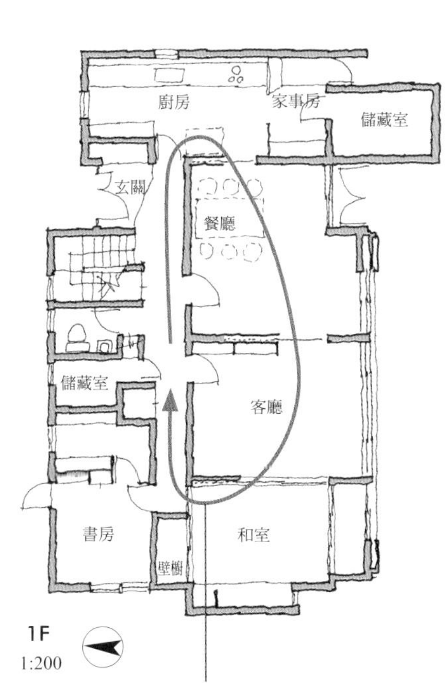

從最東側的廚房到最西側的和室，形成相當長的洄遊路線。另外在途中可以設置數個可以偏離的動線。

在這份格局之中，可以用玄關大廳⇓和室⇓儲藏室⇓洗手間⇓走廊⇓玄關大廳的路線來進行環繞。餐廳與洄遊路線分離，以免在用餐時有人經過，維持沉穩的氣氛。

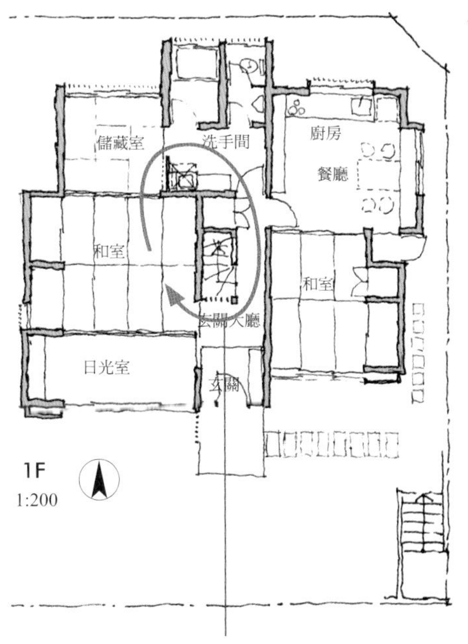

此處一樣可從玄關環繞整個1樓，建築物的西側全都在洄遊路線之中。

設置上下樓層的「洄遊路線」 26

具有「洄遊性」的格局，一般是1樓歸1樓、2樓歸2樓，每個樓層以平面的方式來進行設計。但如果能在兩個地點都設置樓梯，則可以在上下樓之間進行環繞，架構出立體式的「洄遊路線」。

家中要是可以有洄遊路線存在，不論是1層樓的平面構造，還是跨越多層樓的立體構造，都可以讓人體驗到空間不斷延伸出去的感覺。特別是立體性的洄遊路線，可以讓移動時的風景產生豐富的變化，體驗到更為流動性的空間。而這全都得看兩座樓梯怎麼設置，其中一邊可以裝在挑高構造或是室外的露台、陽台，增加上下樓梯得樂趣。

擁有洄遊路線之格局的另一個特徵，是在家中有多種行動模式可以選擇。比方說從廚房前往玄關時，可以選擇要經過客廳與餐廳看看家人在做什麼，還是用走廊以最短的距離前往。若是加上多層樓的立體洄遊路線，則可以選擇的路線也更加多元。比方說從玄關前往自己房間的時候，可以不經過其他房間直接前往。請試著透過這份案例，來模擬各種不同的行動路線。

這份格局，有跟玄關大廳以及客廳相連的兩處樓梯。以此發展出各式各樣的路徑，形成上下兩層樓的立體洄遊路線，讓人享受空間豐富的變化。

挑高
壁櫥
壁櫥
壁櫥
二樓大廳
和室
和室
挑高
2F

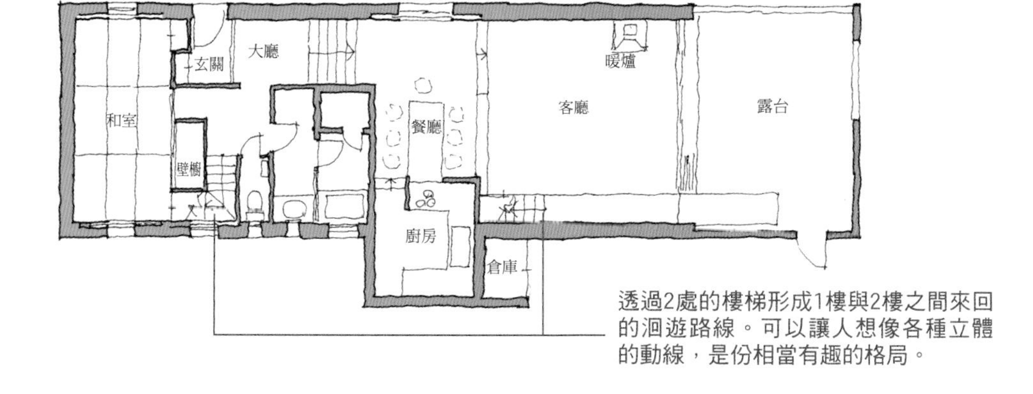

1F
1:200

透過2處的樓梯形成1樓與2樓之間來回的洄遊路線。可以讓人想像各種立體的動線，是份相當有趣的格局。

27 設置較長的「瞭望線」

經過計劃的住宅，使用起來是否舒適，會受到各種因素的影響，往往無法用「這樣最好」的方式來斷定，不過寬廣的住宅，往往被認為是舒適的必備條件之一。

若是住宅規模大到某種程度，很自然的就會出現寬廣的感覺。但如果受到用地跟預算的限制，建築物的規模低於一定程度的話，則必須在格局方面下功夫來解決。

此處所介紹的案例，在思考格局的時候盡可能不用牆壁來區隔房間，而是使用可以收納起來的「拉門」。以這種手法讓房間往較長的一方，連續性的排列出去。確實計算房間排列的方向與「拉門」的位置，可以形成直接瞭望到建築物另外一端的「瞭望線」，讓使用者得到「寬廣住宅」的爽快感。在家中創造這種距離較長的「瞭望線」，就算住宅規模不會太大，也能給人視覺上寬廣的感覺。

當然，各個房間在使用的時候必須把拉門關上，各自形成獨立的空間。另外，把拉門關上雖然會將視野遮住，但居住者很清楚各個房間連在一起，因此並不會有狹窄的感覺。

就像這份格局一樣，住宅的規模較大，只要設置從這一個房間看到另一個房間的瞭望線，就可以感受到住宅到寬廣。此時可以盡量使用拉門來進行隔間，藉此增加視野的範圍。

和室
和室
壁櫥
水房＊
佛檀
Utility
小庭
光庭
倉庫
壁櫥
廚房
儲藏室
餐廳
玄關
大廳
客廳
書房
和室
壁櫥
地板
1F
1:200

這是東西向相當寬廣、規模不小的住宅。往此建物延伸的方向看去可以一覽無遺，讓人感覺到格局的寬廣。

這棟L字型建築的格局，可以從位在1樓西南方角落的和室，一路看到L字反方向的起居室。位在客廳時可以看到在和室、起居室或是露台玩耍的小孩，讓人感受到建築物的寬廣。

1F
1:200
和室
起居室
客廳
廚房
和室
地板
壁櫥
玄關

試著去想像可以瞭望整個1樓的視野，應該就能理解這份格局的客廳，是個相當舒適的場所。

雖然不是特別寬廣的建物，但在內部可以從西南方的和室，穿過正中央面南的客廳，再到東北方的餐廳。是用格局來創造瞭望線的範例，成功透過格局的設計來避免狹窄空間所造成的壓迫感。

1F
1:200
廚房
餐廳
露台
露台
客廳
和室
壁櫥
玄關

1樓雖然算不上是寬廣，但有著可以瞭望整體的視野。這份格局成功創造出，比建物本身更為寬廣的空間。

＊水房（水屋）：廚房的舊名，會用到水的房間

擁有「雙重動線」的格局 28

迴遊路線，也就是可以在家中環繞的動線，並非大型住宅才能擁有的特權。就算是在規模較小的住宅，也可以透過設計上的努力來實現。這種構造，可以把住宅內的空間連繫在一起，用不斷延續的方式，讓居住者可以持續移動來享受眼前變化的景象，忘記小規模住宅的缺點。理所當然的，住宅的規模越大，就越容易實現讓動線在家中環繞的「迴遊路線」，若是超越某種程度的規模，還可以設置一條以上的路線。設置2～3組小規模的迴遊路線，或是在較小的路線外側加上一圈較大的路線等等，能夠發揮的方式相當多元。

一條以上的迴遊路線，可以讓房間的使用方式變得更加多元，讓格局得到更高的靈活性。比方說，在只屬於家族的時間有訪客來臨時，可以讓家族的動線跟訪客的動線分開來。

此處所介紹的，大多是平時就有許多客人造訪的案例。區隔房間的拉門全部打開，可以成為寬敞的大房間，適合讓大家族聚在一起。此時如果有訪客來臨，只要將拉門關上，家人所存在的一方就會成為獨立的迴遊路線，而訪客使用的一邊也會形成獨自的迴遊路線，雙方使用起來都很自由。

這個格局，組合了廚房與客廳的小型路線，跟包含西側和室在內的大型路線，將小孩房以外的動線連繫在一起。

這份格局，將玄關大廳⇩客廳⇩廚房⇩玄關大廳這個較小的迴遊路線擺在外側，同時也擁有玄關大廳⇩客廳⇩木板房間⇩和室⇩洗手間⇩廚房⇩玄關大廳這個較大的迴遊路線。藉此得到多元的使用方法。

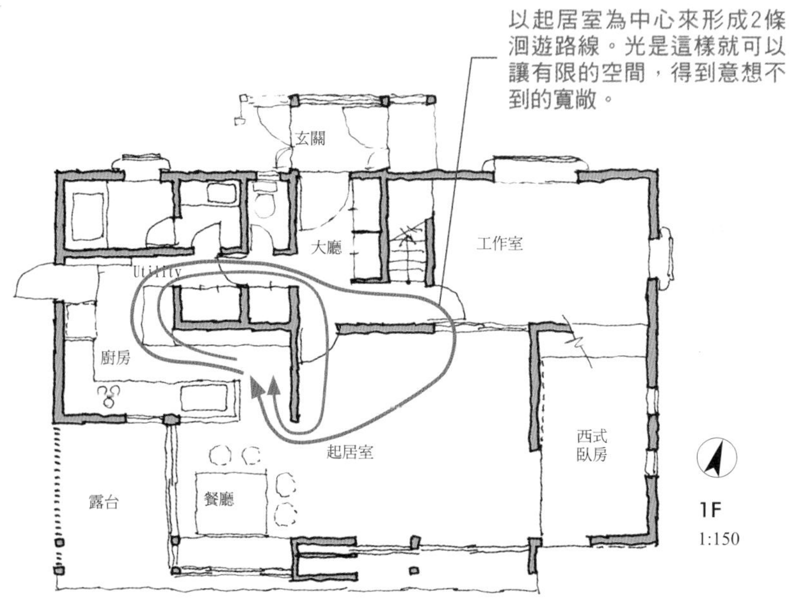

把臥房跟小孩房配置在2樓，1樓是以起居室為中心的公用空間。起居室的旁邊是小型的西式房間跟多用途的工作室。以動線將家人的各種活動統合在一起的格局。

這份格局雖然有玄關大廳⇒走廊⇒廚房⇒玄關大廳這條迴遊路線，但客廳可以通往室外，在外側還有一條較大的迴遊路線存在。使用起來的路線也更為多元。

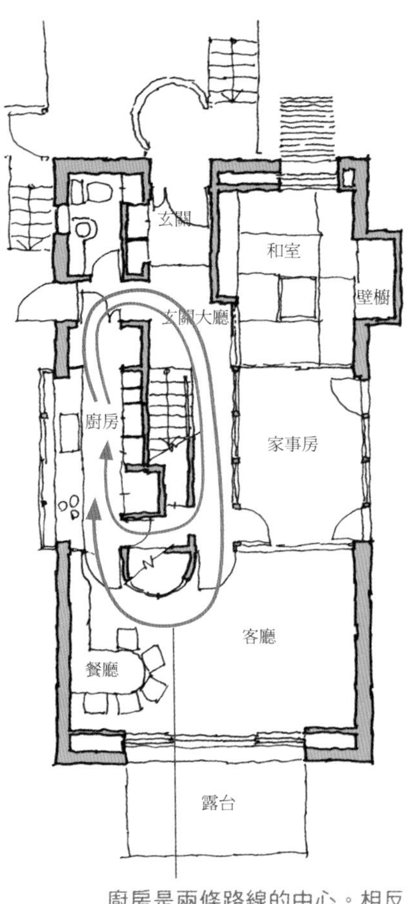

廚房是兩條路線的中心。相反的一方設計成家事房，成為主婦可以方便使用的格局。

這份格局，在玄關大廳⇒廚房⇒餐廳⇒玄關大廳這條路線的外側，加上包含客廳的路線，再往外側還有加上中庭的路線，形成3層的迴遊路線。實現變化多端的日常生活動線。

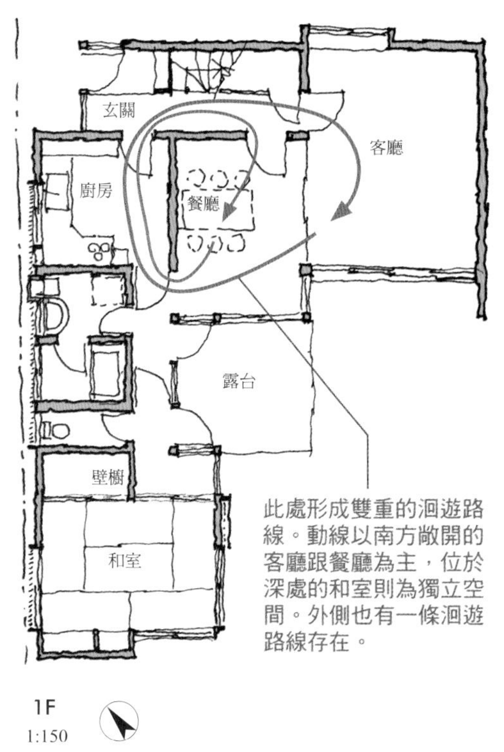

此處形成雙重的迴遊路線。動線以南方敞開的客廳跟餐廳為主，位於深處的和室則為獨立空間。外側也有一條迴遊路線存在。

這份格局是在較小的規模之中，設計出迴遊路線的案例。以1樓廚房為中心，形成大小兩條迴遊路線。在外側還有玄關大廳⇒和室⇒客廳⇒起居室⇒廚房⇒Utility⇒玄關大廳這條路線存在。

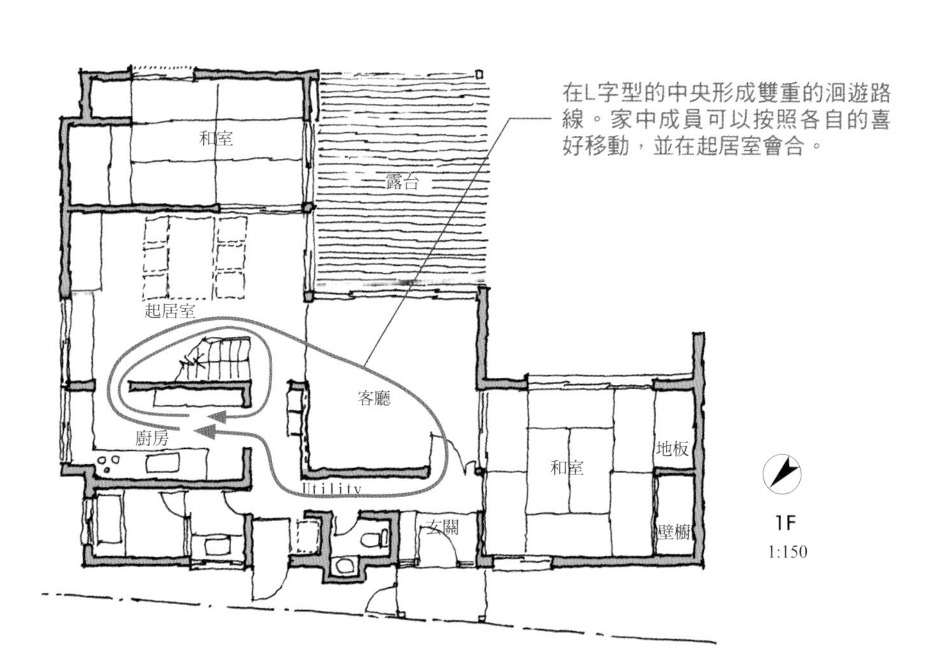

在L字型的中央形成雙重的迴遊路線。家中成員可以按照各自的喜好移動，並在起居室會合。

在南北裝設「全開式」的拉門 29

「通風良好，常常有風吹過」也是良好住宅所需要的格局條件之一。

是否有自然風在室內吹過，除了得看當地氣候條件之外，還會受到用地周圍的條件跟用地內建築物的排列方式所影響，狀況並不一定。要創造出「有風吹過」的住宅，最為基本的手法，是在建築物的南面跟北面設置開口。

話雖如此，實際思考格局的時候，要在南面跟北面設置成對的開口，卻總是比想像中要來得困難。往往得在各個方面想盡辦法、用盡苦心，才有辦法實現。此處所介紹的案例，都是成功的在南面跟北面創造出開口的格局。

如同圖內所顯示的，每棟建築物都在中央的南北兩面，設置有大型的開口。遮蔽物是採用拉門，只要完全拉開，就可以得到最大的開口面積。只要構造允許，都會採用可以完全敞開的機能。

只是裝設這種大型的開口時，特別是在北邊，必須多加注意。

建築物的北邊跟用地的境界線較為接近，考慮到跟鄰居之間的位置，或是鄰接道路的關係，必須另外下功夫去保護居住者的隱私權。如果只是單純的設置圍牆，很可能會影響到風吹的路徑。在這種情況，建議使用「植物」來當作圍牆。

這是東西距離比較長，把客廳擺在1樓中央的格局。1樓還另外配置有和室，把門打開就成為客廳的一部分。臥房跟小孩房全都在2樓，讓家族可以在1樓團聚。為了讓客廳擁有涼爽的通風而採用這種設計。

玄關
Utility
廚房
和室
客廳
餐廳
停車位

南北分別有大型的開口，把兩邊都打開，可以讓室內通風良好，環境舒適。

1F
1:200

要創造通風良好之住宅，就是裝設讓風使用的入口跟出口，日本關東地區原則上會將開口裝在面南跟面北的位置。這份格局在南北裝設全開式的拉門來達成這個條件。

壁櫥
和室
客廳
玄關
玄關大廳
Service-yard
餐廳
廚房

這個客廳只要將南北的拉門同時打開，就可以讓風吹過家中，達成舒適住宅所必備的條件之一。

1F
1:200

30 「Skip Floor」的住家

Skip Floor指的是讓一個樓層的地板產生高低變化，擁有立體性變化的空間造型。

將高度不同的地板組合在一起的時候，雖然也可以像無障礙空間那樣使用斜坡，但一般大多是以許多「層(Step)」來連繫在一起。比方說住宅用地的地面傾斜，想要將格局的各個部分拉到跟地面較近的距離來提高方便性，或是想讓一部分的地板位在地面下方、錯開半層的高度來有效使用空間，也可能是住戶覺得一口氣爬上2樓太過累人，想讓樓層高度漸漸往上移動，全都可以採用這種Skip Floor的構造。

Skip Floor有趣的地方，在於地板高度的變化，這同時也是改變天花板跟居住者視線的高度，算是一種垂直方向的格局設計，也就是剖面結構的變化。從平面性的格局圖之中讀取這份情報，並不是件簡單的事情。

在此介紹幾種採用Skip Floor的格局，最上方的案例，是用跟地面有著同樣高度的玄關地板，以及往下半層樓的半地下室，跟反過來高出半層樓的3個平面所構成。玄關這個平面的上方為挑高構造，跟高出半層樓層的房間面對面，讓豐富的變化與複雜的構造成為最大的魅力。

這份格局，在玄關地板往下半個樓層的「地下室」有小孩房與衛浴設備的空間存在。往上半層樓則是有廚房跟臥房，剛好位在地下室的上方。在玄關地板的高度有客廳存在，上方為挑高構造，可以大約了解廚房跟餐廳的狀況。

和室 大廳 玄關 儲藏室 壁櫥 客廳 倉庫 小孩房

1F
1:200

這個部分有高低落差存在。從客廳樓層的中心往下是小孩房，往上是廚房，形成變化多端的室內空間。

這棟建築物正中央的樓層高度有客廳，往下半個樓層有浴室、廁所等跟水有關的設施及客房，往上半個樓層有廚房、餐廳、臥房，客廳的正上方為挑高構造。運用Skip Floor可以形成這種充滿變化的空間。

備用房 化妝室 洗衣間 客廳 採光區 玄關

1F
1:200

玄關往上半個樓層是臥房，往下半個樓層為備用房。規模雖小，還是可以透過這種格局來產生變化。

這份格局是在傾斜的住宅用地上，配合地面來降低地板高度的案例。斜坡最高的部分是玄關，往最低處的客廳一層一層的降低，在外面露台的部分跟地面相連。重點在於良好的接地性。

臥房 和室 玄關 客廳 廚房 餐廳

1F
1:200

在傾斜的地面上所設計出來的格局，從西北方中央的玄關，漸漸往東南方低下的構造。

創造風的「通道」31

住宅所需要的「採光與通風」會由建築基準法來進行詳細的規定，但撇開法規不談，採光與通風依舊是住宅所不可缺少的必備條件。

為了讓風通過，建築物必須擁有適當的開口，一般而言都會採用「窗戶」。但光是裝上窗戶，並不足以讓風以理想的方式通過整個室內。

要掌握風的動向，首先得確認風是從哪裡吹進來。這會隨著季節、時間、場所來變化，得實際前往建築用地來進行確認。在日本關東地區較為一般的狀況是，夏天吹南風，這個現象也被稱為「恒常(恆定)風」。要捕捉這道風，首先得在格局的南面設置窗戶，當作風的入口。為了讓這道風可以穿過室內，同時也必須準備風的出口。出口的位置基本上是在入口的反方向。但為了讓風可以通過室內較大的面積，入口跟出口的距離要盡可能的拉開。

話雖如此，實際設計格局的時候會發現，要準備窗戶來成為風的出口，比想像中來得困難。主要的原因在於不得不將房間疊在南北的方位上。

排好房間的位置，來創造讓風通過的路線，是思考格局時非常重要的作業。請看此處所介紹的幾個案例，來觀摩一下大家努力的成果。

2F
1:150

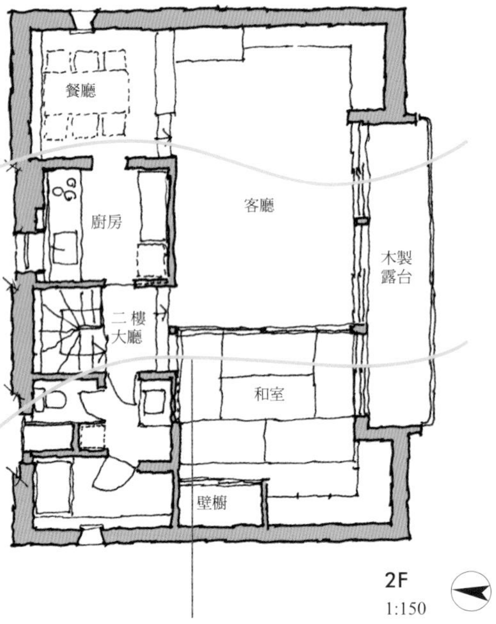

2樓的客廳面對南方，北側則是跟水有關的設施，但風還是可以從上方通過。

為了讓風通過住宅的內部，原則上是設置風的入口跟出口，但確保出口的位置卻比想像中的困難。這份案例在格局北方以高窗的方式設置天窗，打開這道窗戶來成為風的出口。

雖然想在2樓臥房裝設風的通道，但是擺上衣櫥跟櫃子等家具之後，找不到可以裝設窗戶的位置。對於這點，這份格局在櫥櫃後方（外牆上）裝設開口，並且採用百葉門的櫃子，讓風可以從門穿過。

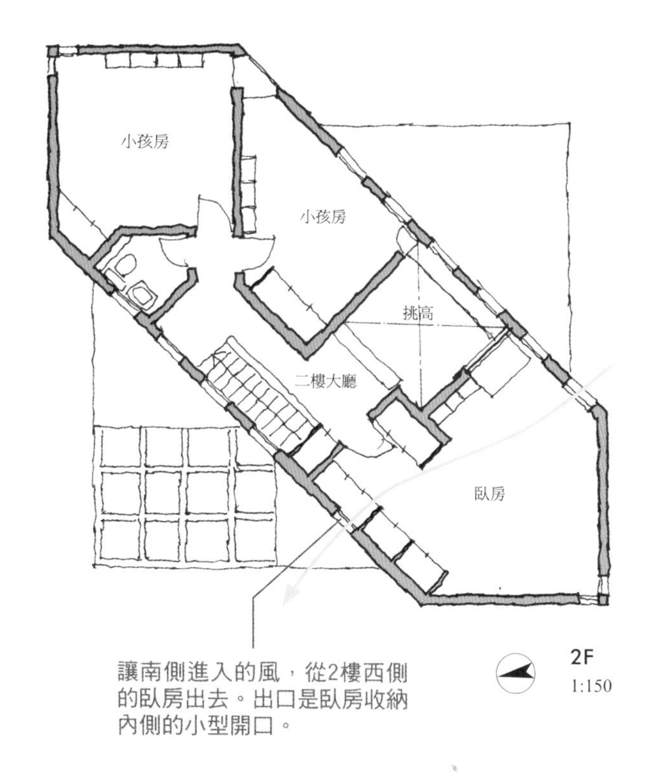

讓南側進入的風，從2樓西側的臥房出去。出口是臥房收納內側的小型開口。

臥房的通風，並不需要太大的風量，因此最好採用不必讓人擔心隱私的構造。這份格局將百葉窗當作風的入口，穿過收納櫃的百葉門，從位在櫃子內側，也就是外牆上的百葉窗離開。

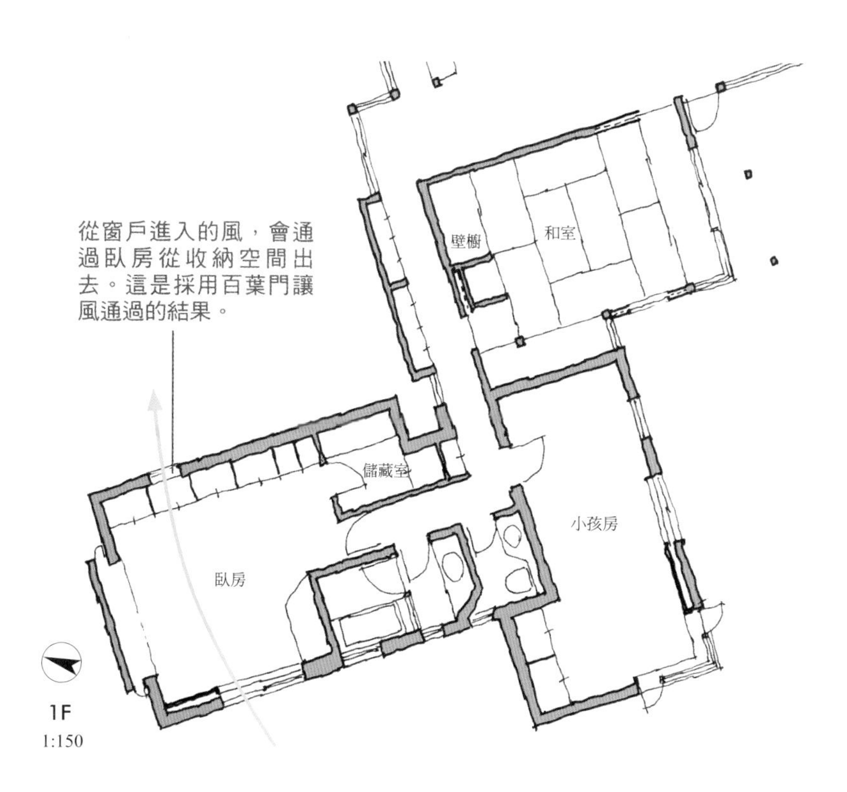

從窗戶進入的風，會通過臥房從收納空間出去。這是採用百葉門讓風通過的結果。

變更「地板高度」來連繫在一起 32

這份格局由地板高度不同的3個空間所構成，是一棟變化相當多元的住宅。兩度棟建築以く字連在一起，這是為了回應委託人想要瞭望南方跟東方的南阿爾卑斯、富士山、八岳。在設計格局的時候，有時也會因為這種理由而採取特殊的設計。

光是這份從中彎曲的格局，就讓這棟建築的空間充滿視覺性的變化，創造出有趣的氣氛。而它還更進一步的改變地板高度，給人心情上的變化。

改變高度的手法之中，也有讓地面高度維持一定，反過來讓天花板產生變化的方式。但如果要強調移動到另一個空間的感覺，還是得改變地面的高度。可是從無障礙空間的觀點來看，讓地板高度產生落差並不是件好事，採用這種構造時，必須好好確認使用者的狀況跟生活習慣。

這份格局提供了與地面最為接近，可以廣泛移動的烤肉用露台，以及低於一般2樓，卻是這棟住宅最高的位置，用來瞭望景觀跟體驗興奮的客廳與餐廳，還有比這低1公尺，可以讓心情穩定下來的臥房地板等3種高度，讓居住者以各種不同的方式來使用。

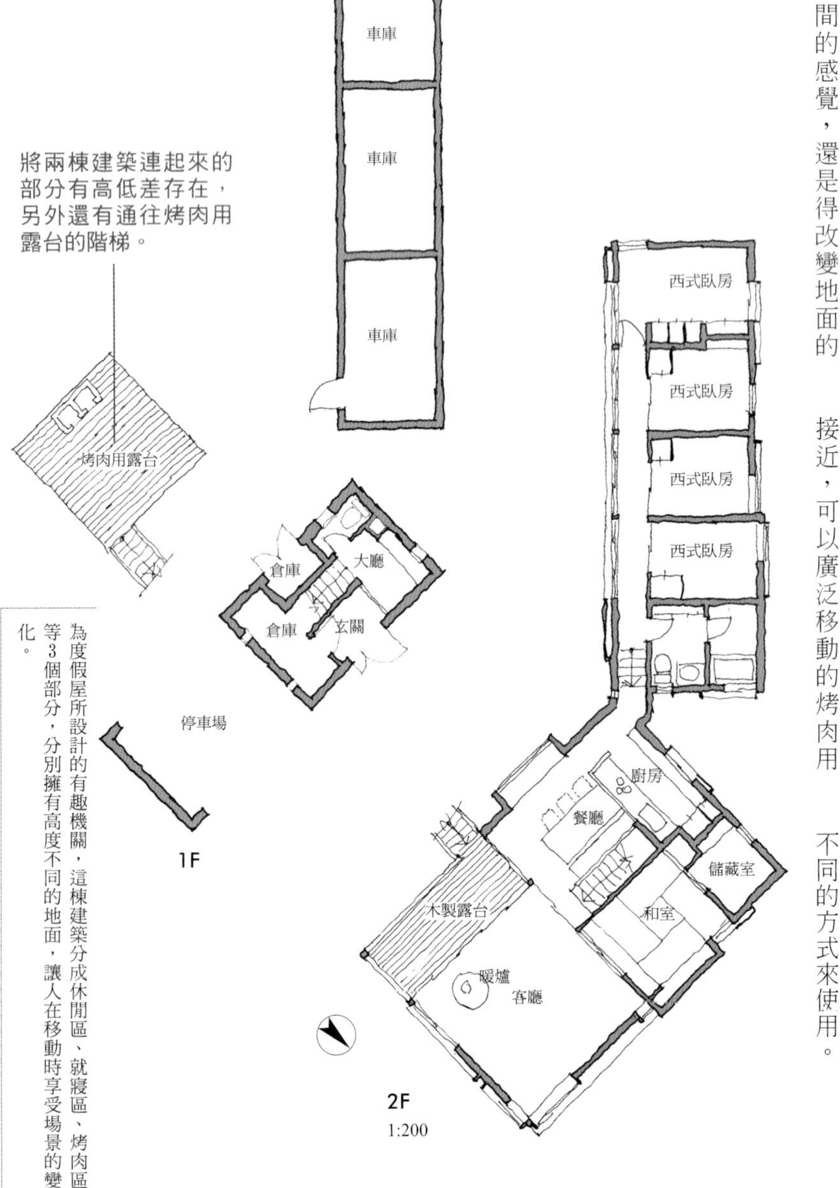

為度假屋所設計的有趣機關，這棟建築分成休閒區、就寢區、烤肉區等3個部分，分別擁有高度不同的地面，讓人在移動時享受場景的變化。

33 融合「坐在地板」跟「坐在椅子」

考慮到高齡者動作上的安全，並且用無障礙空間的觀點來看，讓一棟住宅的地面產生高低落差的設計，無法讓人推薦。可是將地板高度統一，有時卻又跟舒適的日常生活背道而馳。

如果家中成員的年齡相差較大，很有可能會在用餐時出現有人想坐疊蓆，有人想坐椅子等生活習慣的差異。

要滿足兩者的方法之一是，以餐桌為中心。讓疊蓆的房間跟一般地板的房間交會。此時，地板的高度若是相同，使用椅子跟使用疊蓆的人，視線高度會產生很大的落差。為了讓兩者坐下視線的高度可以一致，必須改變地板的高度。讓疊蓆地面的高度跟地板房間的高度，相差約40公分，也就是1張椅子的高度。

此處所介紹的案例，就是採用這樣的格局。設計出這種高低落差，完全是為了讓坐地板的人與坐椅子的人，視線可以維持在同樣的高度。處於同一個「空間」視線高度卻又不同的話，很不容易創造出輕鬆與融洽的氣氛。

只是雙方地板高度相差這麼多，要用庭院將這兩個房間連起來會相當困難，所以此處的格局設計成只有地板的房間通往外面的庭園。

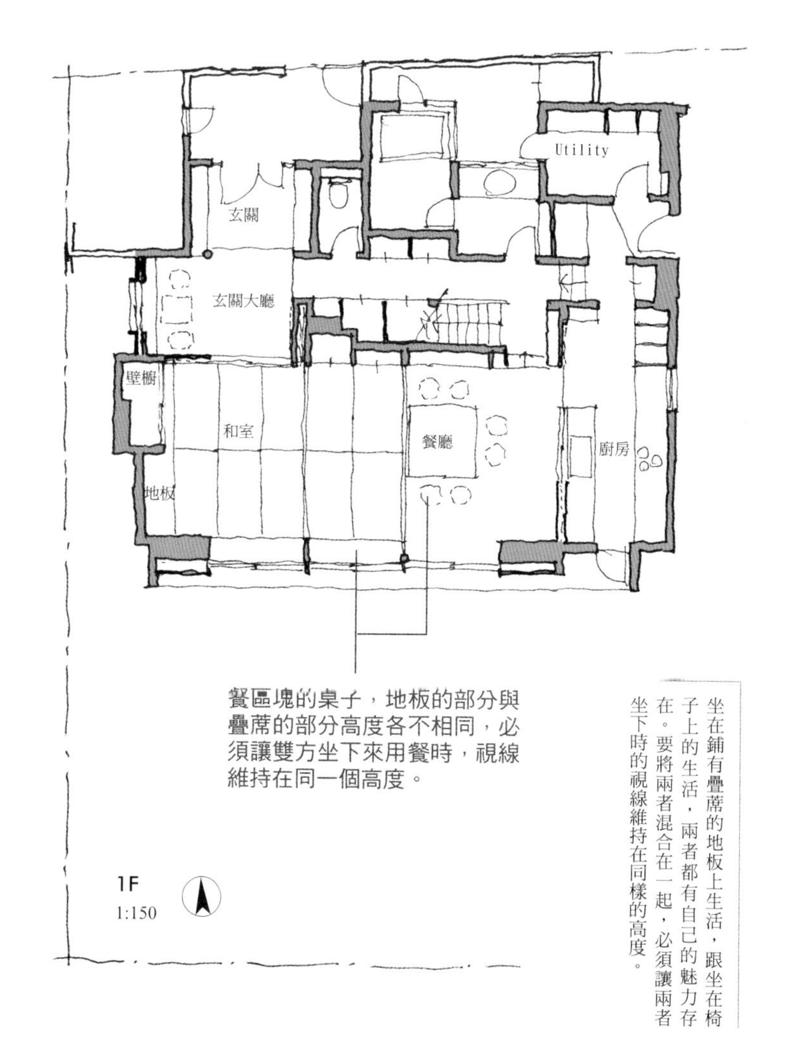

坐在鋪有疊蓆的地板上生活，跟坐在椅子上的生活，兩者都有自己的魅力存在。要將兩者混合在一起，必須讓兩者坐下時的視線維持在同樣的高度。

「挑高」的功用 34

大空間概念(One Room)是以橫的方向將房間連在一起，形成一個多功能的大型空間。若是在此加上「挑高」的構造，則上下各個樓層也會因為挑高構造以橫的方向連在一起，成為一個剖面是ㄈ字型的廣大空間。

空間延伸的方式不論是橫向還是縱向，在One Room的場合，就算稍微有點距離，聲音跟味道還是會被對方察覺。也就是說，在稍微有點距離的各個角落做自己的事情，也某種程度的會被對方掌握到狀況。

就算在2樓查資料，也可以察覺1樓正在煮東西，甚至是掌握到料理的內容。這雖然是挑高構造的優點之一，若是沒有選擇正確的房間來進行架構，也有可能會成為缺點。

此處所介紹的兩個案例，把小孩房跟父母房等希望可以擁有安靜氣氛的空間，從挑高的構造隔離，將幾乎一整天都會忙碌的成年人(主婦)的空間，以挑高構造整理在一起，使用起來相當的方便。

One Room加上挑高構造的另一個特徵，是暖空氣會集中在上方。因此如果在一樓使用暖氣，會出現一樓暖和不起來，二樓卻比較熱的現象，必須另外思考對策才行。不過這個現象若是利用在廚房，則可以順利的將熱氣排除，也就是說挑高構造能夠發揮風洞的效果。

這棟住宅，在廚房的部分採用挑高構造。下方樓層暖氣的效果多少會受到影響，但挑高構造就像是具有排氣效果的通風管，在此成為很好的優勢。

除了廚房上方較小的挑高構造之外，露台的部分，也利用建築物跟牆壁來形成一個挑高的大型空間。

挑高構造的特徵之一是，上下層可以察覺另一邊發生的事情。此格局讓主婦可以在1樓的客廳跟餐廳做事，同時也在2樓的臥室之間來回。

同時觀察格局圖這個部分的1樓跟2樓，可以想像此處是一體成型的大型空間。以格局設計來強調寬廣的空間。

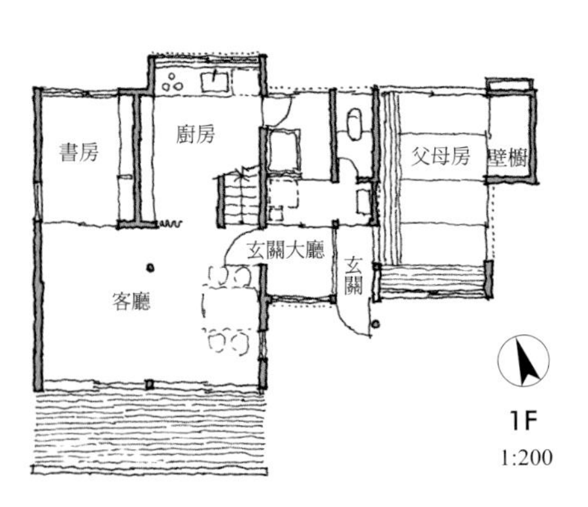

35 用「挑高」來確保隱私

維護一棟住宅的隱私，講到這點一般所會思考的，是如何保護「自家」的隱私不被鄰居或周圍的環境所侵犯。但是在「自家」內部，其實也有必須維護的最低限度的隱私存在。

俗話說親密的關係也不可沒有禮儀。就算是夫妻。應該也有想要維護的隱私存在。程度跟對象或許會依照各個家庭來變化，但盡可能的隔離來自其他房間的聲音，是保護隱私所必須遵守的基本之一。

選擇牆壁跟地板的基本或表面材料時，採用隔音或吸音的材質，可以物理性的阻隔聲音的傳遞。不過在這之前，以設計格局的手法，在跟隔壁房間相接的部分裝設壁櫥，也可以得到良好的隔音效果。就算是衣櫥或西洋式的衣櫃，效果一樣彰顯。

而比這更加有效的，是像此處所介紹的案例一般，在房間與房間之間設置挑高構造，將兩個空間的接觸完全切斷。要達到這點，必須從一開始就思考整體的格局該怎麼設計。擁有「挑高構造」的格局可以讓空間膨脹起來得到生動的感覺，是非常具有魅力的手法，確實檢討其中的優缺點，如果狀況允許的話，建議可以盡量的採用。

這棟住宅將2樓的臥房跟小孩房設計成保有隱私的空間。將兩個房間分別配置到建物的兩端，並在兩個房間之間做了挑高設計，藉此提高臥房的隱私跟獨立性。

玄關
和室
壁櫥
大廳
廚房
家事房
客廳
餐廳
露台
1F
1:200

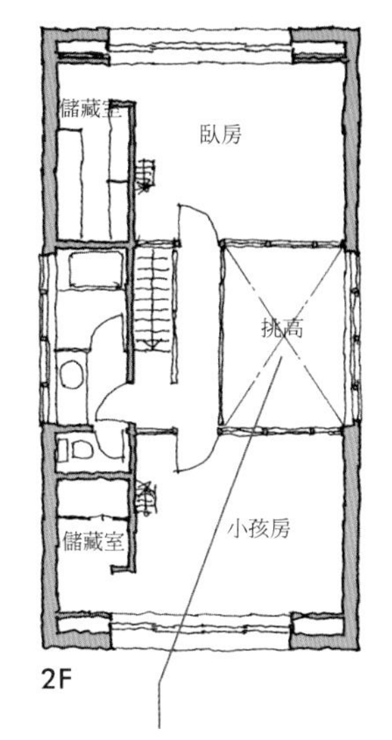

為了保護2樓臥房的隱私所設置的挑高構造，從下方看來，在家事房的上方有著寬廣的空間。

這份格局的2樓，為了確保臥房跟小孩房的隱私，在兩者之間做了挑高設計。可以透過挑高的構造來觀察家中的氣氛，就算孤立也不會有孤獨感。

此挑高構造將兩端的臥房跟小孩房完全的分開。

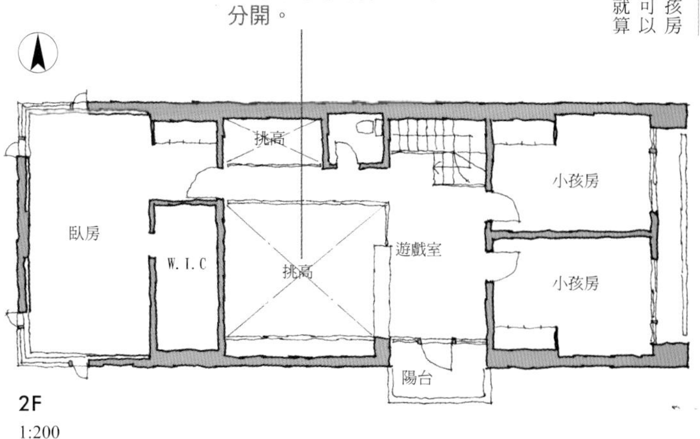

這也是一種「挑高」的形態 36

有「挑高」構造存在的格局，光是觀察平面的格局圖就可以想像，位在「挑高」下方的房間會是什麼樣的狀況，不知不覺之中感受到空間的立體感。

「挑高」構造一般來說，是讓建築物內上下樓層的空間連繫在一起的結構。不過另外也有一種格局設計的手法，可以讓沒有連繫在一起的上下樓，得到像是在同一個空間內的感覺。那就是將下方樓層一部分的天花板改成玻璃，當作天窗來進行採光，上方樓層則是用外牆將這個部分圍起來。

下方樓層除了可以看到透明的天空之外，還可以看到上方樓層的牆壁，就感覺來說這也算是「挑高構造」的一種。上方樓層若是將外牆的窗戶打開，下方樓層也可以透過天窗來察覺。

這種設計，具有上下一體成型可以察覺對方狀況的「挑高」構造的特徵，但空間並非以One Room的方式連繫在一起，不用擔心聲音或味道會對彼此造成影響。

此處所介紹的案例，在下方樓層天花板的角落設置四角形的天窗，上方樓層則是避開這個天窗，用L型內凹的外牆圍住，並設置大型的窗戶。這棟位於住宅密集地帶的建築，透過這種格局設計成功確保1樓所需要的採光，並且讓規模較小的家中看起來更為寬廣。

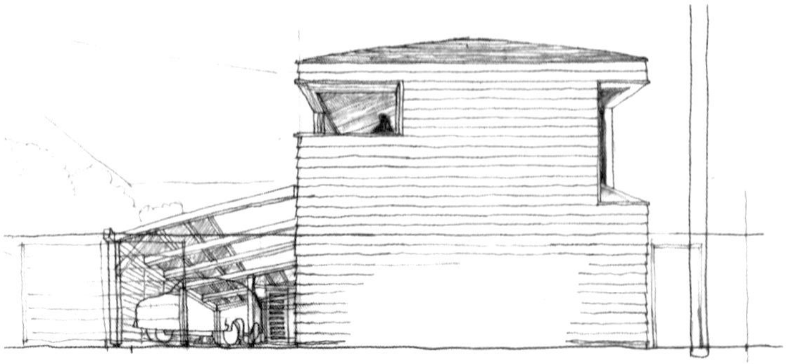

雖然想用挑高來改善1樓臥房的採光，但是跟2樓相連有可能會損害到隱私，而2樓則是為了通風希望開口處可以自由的開合，這份格局就是為了這種住宅所設計。1樓天窗的部分在2樓往內凹陷，這也算是一種挑高構造。

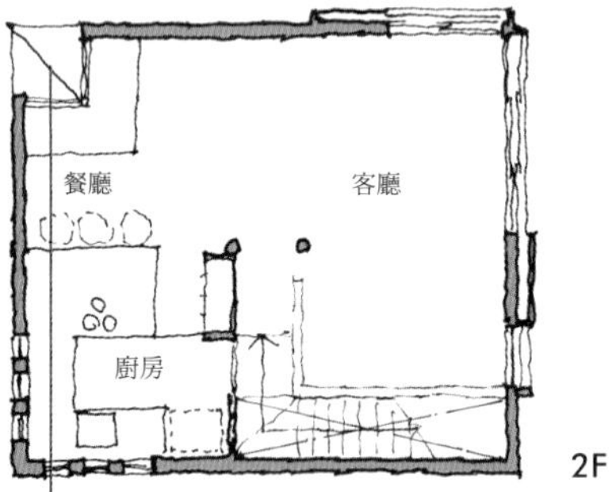

餐廳
客廳
廚房
2F

就算無法有大的挑高構造，也可以透過格局的設計，讓這種規模的空間得到挑高一般的寬敞性。

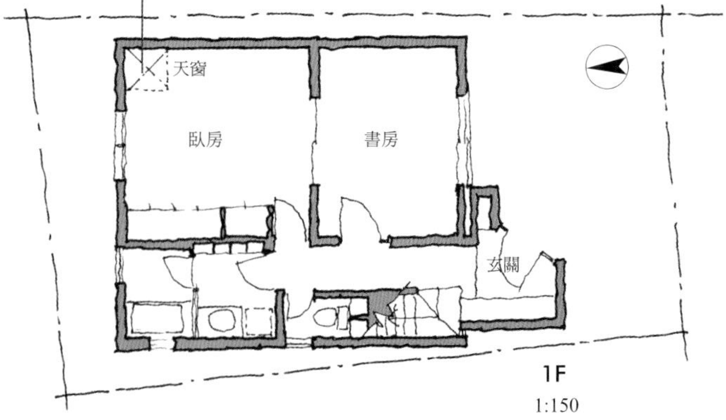

天窗
臥房
書房
玄關
1F
1:150

37 「凸窗」擁有一體成型家具的機能

「凸窗」指的是窗戶往外凸出的構造。這個凸出的部分可以增加窗台的面積，用來擺設物品或是當作裝飾性的廚櫃使用，運用起來非常的方便。再加上這個凸出的部分，基本上不用算在地板面積之內，在格局設計的領域得到很高的人氣。

在日本建築基準法之中，凸窗並沒有明確的定義存在。只是凸窗如果超過一定的面積，必須算在地板面積內，因此我們會將低於這個範圍的規模當作凸窗來看待。

而這個條件另外還規定，窗台的高度距離地板30cm以上，往外凸出的距離低於50cm以下。觀察這個數字，會發現這跟沙發或長板凳的規模相當類似。也就是說如果賦予「凸窗」讓人坐下的機能，直接可以成為固定式的椅子。

此處所介紹的格局，就是以這種方式將客廳的凸窗當作長板凳來使用。這棟建築受到容積率的限制，房間無法得到充分的大小。因此將不用算在地板面積之中的「凸窗」當作客廳的一部分使用，提供很大的幫助。

不用算到地板面積的「凸窗」，另外還有凸窗部分的投影面積必需要有一半以上是窗戶的規定存在。

住宅的地板面積受到相關建築法規限制，如何利用不必算在面積之中的部分，將非常的重要。這份格局利用不必算在地板面積之內的凸窗來設置座椅，彌補客廳不足的空間。

裝設「獨立的支柱」 38

「獨立的支柱」指的是沒有埋在牆壁或其他結構之中，單獨存在於房間內部的柱子。

木造軸組工法，是用支柱跟樑來製作結構體的建築手法，跨距(Span)比較大的1~2個地方必須設置獨立的支柱，但是在比較容易拉開跨距的鋼筋混凝土或重鋼結構的住宅，卻很少會看到。另外，就算是木造工法，如果是以牆壁來進行架構的2×4工法，也幾乎看不到獨立存在的支柱。

實際上在思考格局的時候，要是規模較小的空間內有獨立的支柱存在，會讓格局變得難以整合，因此會盡可能的排除獨立支柱的存在。但相反的，有時也會利用獨立的支柱來讓格局得到整合性。

此處所介紹的案例，是在寬敞的空間內設置獨立的支柱，形成周圍的空間將柱子包圍起來的效果，或是把柱子當作中心，成為一種象徵性的存在。可能是因為最近的住宅(特別是集合住宅)很少會有獨立的柱子出現，因此不具設計性含義、純粹只是因為結構需求而裝設的獨立支柱，結果卻形成不小的意義，這種案例也不在少數。或許是物以稀為貴，立在房間內的1根柱子，在不知不覺中散發出不可思議的存在感，讓人們靠在上面或是環繞在周圍、不自覺的撫摸等等，形成一種不可言喻的氣氛。

格局中出現獨立支柱是木造軸組工法的特徵。獨立的支柱要裝在什麼位置、數量要有多少，得從使用上的方便性跟結構性來決定。巧妙的配置不但不會成為障礙，反而可以成為房間的點綴。

挑高
小孩房
小孩房
備用房
2F

客廳
臥房
廚房
玄關
1F
1:200

餐桌周圍有著2根獨立的支柱，就格局來看多少有點礙事，但卻成為這個房間有趣的特色。

前室*
三溫暖
Utility
臥房
臥房
日光室
露台
2F

從客廳到露台的兩根獨立支柱，不但不會礙事，反而形成一種讓人想要靠在上面的奇妙氣氛。

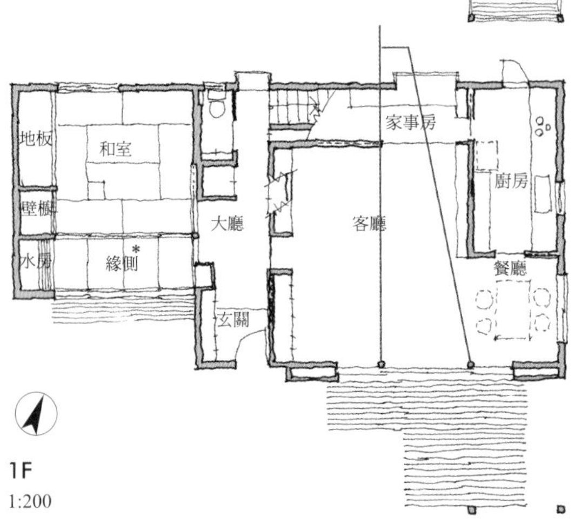

以傳統的木造軸組工法來建設住宅，可能會讓家中出現獨立的支柱。必須調整支柱的位置，以免妨礙到居住者的生活，但獨立的支柱有種奇特的存在感，會讓人不自覺的想要去觸摸。

*前室：為了維持主要空間的環境，設置在入口前方的小房間
*緣側：外走廊

活用庭園

將「室外」融入「室內」 39

室外空間延伸到建築物內部，跟室內一體成型的格局設計，不光是傳統的日式建築，全世界其他地區也都可以看到。

乍看之下屬於「內部」的場所，其實卻是「外部」空間。這種屋簷下的室外空間，用日本建築的角度來看，有土庇＊、廣緣＊、濡緣＊、回廊等。在海外則是有韓國古代貴族─兩班，其住宅的Maru、西歐貴族的拱廊(Arcade)、門廊(Porticus)等案例。不論是在哪個國家，這都是將室內與室外，這兩個性質完全不同的空間順利連接起來，具有宣傳效果的重要場所。這個空間沒有牆壁或建材的遮蔽，通風非常良好，在屋簷下不用擔心日曬或雨淋，就好像是在大樹的樹蔭下一般，讓使用者得到放鬆。韓國的Maru似乎也被稱為「夏季的客廳」，在氣候良好的季節，這確實是個待上一整天也不會厭煩的空間。

此處所介紹的案例，就是將這種場所融入格局的一部分。左上案例是委託人的第二間房子，將露台部分的大型窗戶打開，住宅的中央就會成為讓風通過的空洞。其他案例則是基於面積計算的問題，在無法架設屋頂的部分，使用屋頂型的蔓棚(這樣可以給人好像是在屋簷下一般的感覺)，藉此將室外的空間連接到室內。

＊土庇：延伸出去覆蓋土壤地面的屋簷
＊廣緣：較寬的緣側(外走廊)
＊濡緣：沒有遮掩，會被雨淋濕的緣側(外走廊)

這份格局成立在缺了一角的9m正方形上，切掉的部分被當作露台使用。圍住露台的腰牆從外側圍牆延伸出來，並且架設屋頂型的蔓棚，成為可以用室內感覺來使用的室外空間。

1樓的露台用腰牆圍起來。上方沒有屋頂覆蓋，明明是室外，卻給人「室內」的感覺。

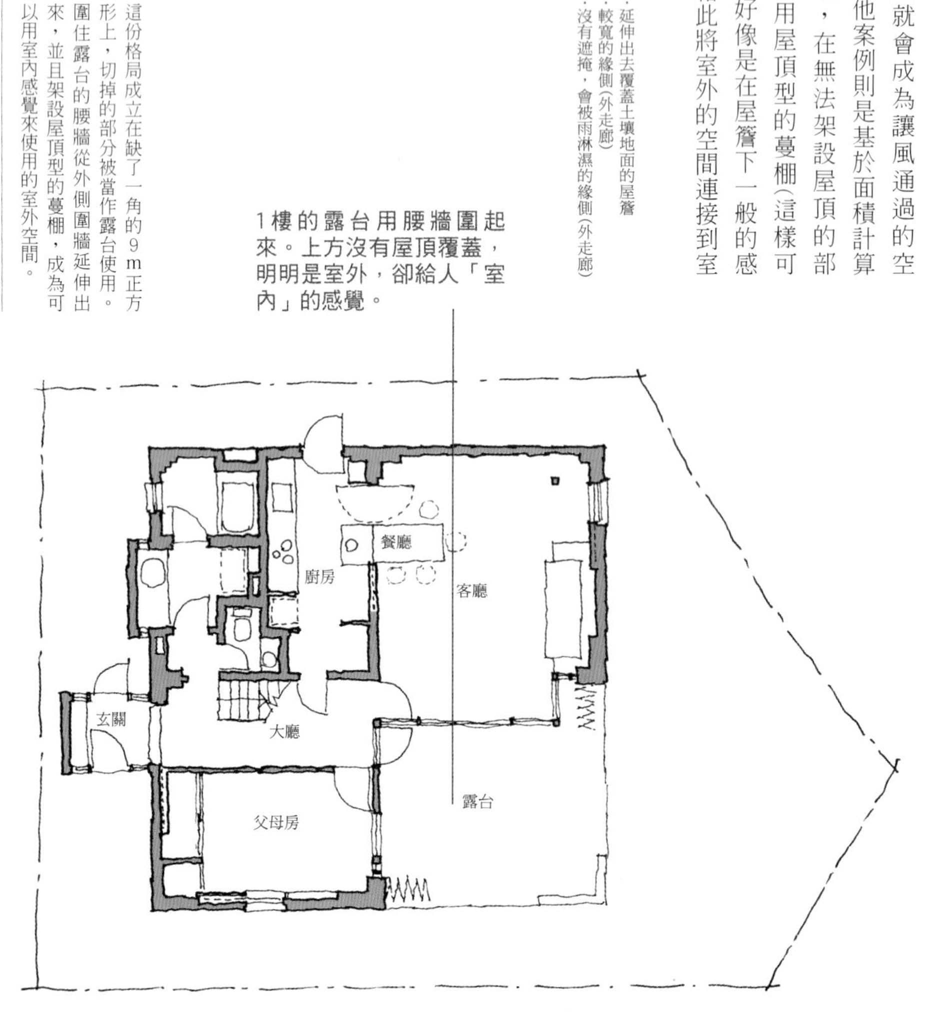

1F
1:150

這份格局雖然是使用單純的長方形山形屋頂，卻在中間有一部分是敞開。由於有屋頂覆蓋，下雨也不用擔心會淋濕，屬於室內的部分，但因為敞開來讓風吹過，同時也是「室外」，成為不是室內也不是室外的中間地帶。

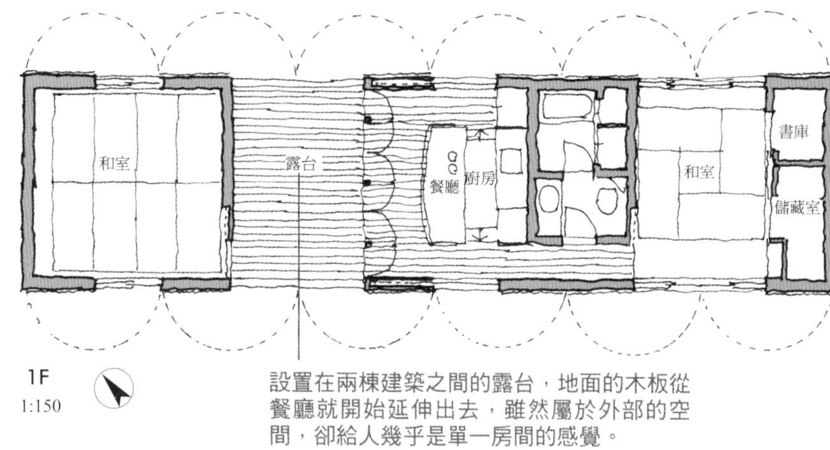

設置在兩棟建築之間的露台，地面的木板從餐廳就開始延伸出去，雖然屬於外部的空間，卻給人幾乎是單一房間的感覺。

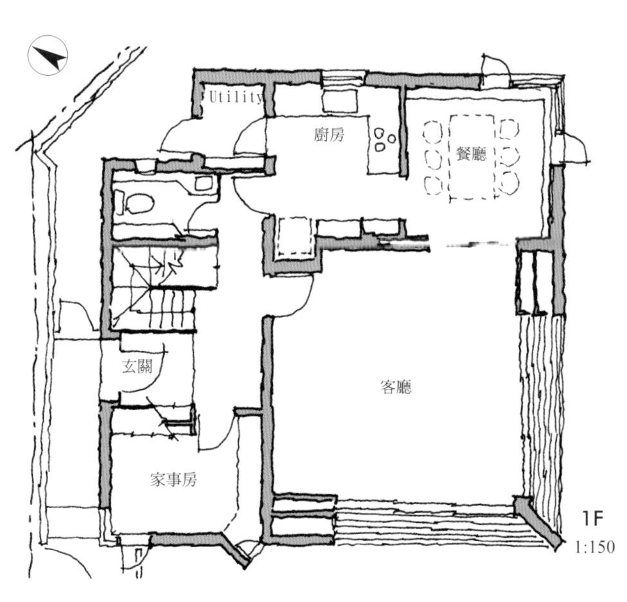

在2樓南側的角落設置頂樓花園的格局。屋頂的花園完全屬於「室外」，但將花園圍起，並架上屋頂型的蔓棚，使用起來的感覺與其他房間（室內空間）差不多。

在2樓南側的良好條件下所設置的頂樓花園。光看格局，就能想像此處是個有趣的空間。

將「入口」拉長 40

住宅的「入口」指的是從用地與道路的境界線(大多會有門扇或阻隔物)進入用地，前往住宅玄關的通道。

決定這條路線的長度時，必須考慮道路與用地的位置關係、建築物的格局、停車位置等各種因素，所以每個案例也各不相同。在思考格局的時候，要盡可能將這條「入口」拉長。理由是為了增加走在這條通道上面的時間。

入口是用來連繫「私人」空間(領域)與「公眾」空間(領域)的道路，擁有雙方面的性格，屬於一種中間的領域。比方說出門上班時，在打開玄關門之前完全是屬實「私人」的氣氛。但是通過這個中間領域，打開圍牆大門走出外面，就完全切換成「公眾」的心情。也就是說其中要有一些準備時間。另外，從外界前來拜訪的人，在進入別人「私人」的領域時，也需要一些時間來整理自己的心情。

此處所介紹的案例，將玄關設置在格局的深處，以建築之外牆與用地之境界線將入口夾住，形成小徑一般的構造，藉此拉長與道路之間的距離。要是玄關與道路太過接近，無法直接將距離拉開，可以讓玄關跟門往平行方向錯開，來增加入口的距離。

2F

在建築物北側拉長入口的距離，中間有小小的高低落差，應該有助於讓人切換從外到內的心情。

1F
1:200

用地若是沒有足夠的空間，可以像這份案例一樣，設置小徑一般的入口會比較容易整合。這個通往玄關的長距離入口，透過植物所形成的圍牆跟腳燈所形成的照明，實現不會讓人感到狹窄的格局。

讓入口得到充分的距離。可以一邊觀看右手邊的庭園，一邊進入狹窄的空間，然後抵達玄關。

1F
1:200

這份格局的南面敞開，把建築物配置在北邊的角落，但玄關的位置幾乎在建築的正中央。結果拉長了入口的距離，成功的讓入口擔任「轉換心情的場所」。

41 「隔著庭園」看自己的家

打開窗戶的時候，如果鄰居的外牆近在咫尺，任誰都會感到不舒服。要是窗戶的位置跟對方相同，或是對方空調的室外機就在自己的窗外，那連打開窗戶也都有問題。這是住宅密集的地區常常可以看到的狀況。而這種無法觀看室外景色的窗戶，也稱不上是窗戶。

相反的，一樣是近在咫尺，但是自家一部分的話，不僅不在意，還可以讓人意識到延伸出去的自家領域，感受到空間的寬廣性，使心情得到放鬆。真是不可思議的現象。

建築物的規模超過一定水準，再加上平房的格局，有了這些條件，要透過窗戶來看到自己的家，並非困難的事情。不過就算沒有如此的規模，只要花點心思設計，一樣可以實現這樣的格局。

就如同此處所介紹的案例一般，利用庭院來進行設計。最為典型的手法是像Court House(有中庭的建築)那樣，用建築來圍出中庭，不過也沒有必要這麼的徹底，只要圍出小小的坪庭(迷你的中庭)，就可以充分享受到這種效果。

這種格局之中的庭園，不光是可以形成空間擴展出去的演出，還可以讓光照到房間深處，或是讓風吹過室內，具有實用性的效果。

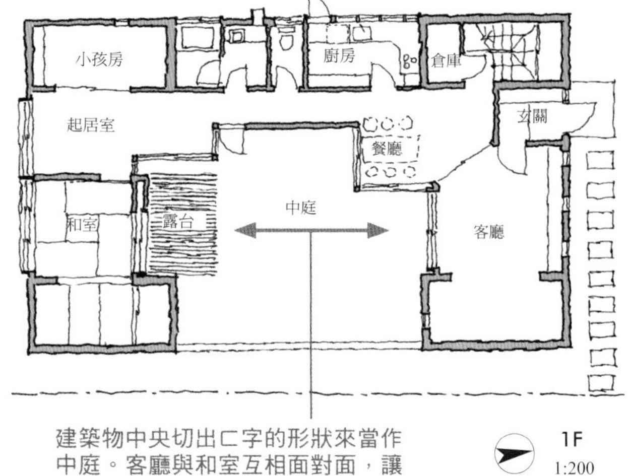

如同這份格局一般，採用類似Court House的設計，就可以隔著Court(庭園)來看到自己的家。實現這種造型，將可以讓人覺得自家比實際面積要來得大。當然，中庭也是可以讓小孩安全玩耍的場所。

建築物中央切出匚字的形狀來當作中庭。客廳與和室互相面對面，讓兩邊都可以看到自己的家。

這份格局可以從客廳或餐廳，穿過中庭來看到和室。在客廳休閒時不經意的望向中庭，看到另一邊自家的外觀。如此的設計讓這棟住宅整體給人非常寬廣的感覺。

1F
1:200

玄關 客廳 廚房 餐廳 露台 壁櫥 和室

這邊是L字型的建築。客廳與和室分別可以透過露台來看到自家的外觀。露台也是由自家所圍起來的空間。

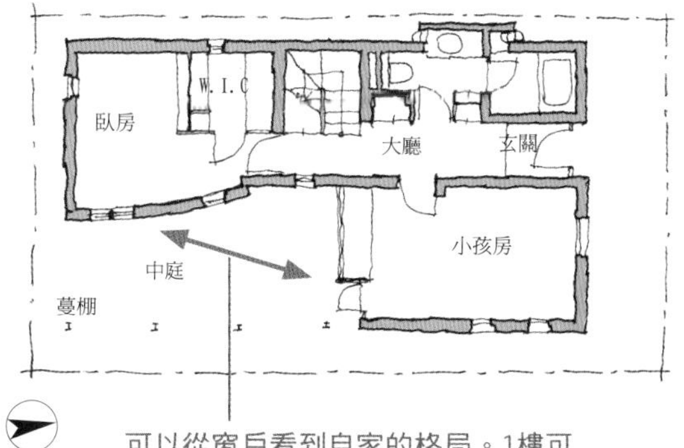

這份格局讓L字型的住宅，面對用圍牆跟蔓棚圍起來的中庭。臥房可以透過中庭來看到小孩房的外牆，整體的構造，讓人可以透過蔓棚跟圍牆來感受到住宅的規模。

可以從窗戶看到自家的格局。1樓可以從小孩房看到臥房的外牆，2樓可以從起居室看到書房的窗戶。

「中庭」是格局的一部分 42

被圍牆或建築包圍起來，沒有屋頂的空間，稱之為「中庭」。它們的尺寸跟造型各不相同，規模小的以「坪庭」來稱呼。設置坪庭的手法也各不相同，有植栽的圍牆、草皮、水池等，或是只鋪上石磚或磁磚的類型等等。

雖然為室外空間，但四周卻被圍起來，感覺比較接近室內的空間，不會受到外界打擾。

因此，如果將室內設計成往中庭敞開的結構，就可以將中庭當作格局的一部分來使用。而中庭不會算在地板面積之內，不用去管建蔽率或容積率的限制，這也是受到歡迎的原因之一。中庭的地面，若是跟室內地板的高度或材質統一的話，則可以更進一步強調內外的一體感。由建物跟圍牆所圍起來的室外空間，並不只限於1樓，在2樓設置中庭也並無不可。特別是客廳在2樓的情況，將可以成為非常有效的空間。

而不光是客廳等公用空間，就算是讓個人房間或浴室等跟水有關的部分面向中庭，個人隱私也能受到保護，讓人安心的享受開放性空間與放鬆的心情。

這棟建物是事務所兼住宅，一邊順著用地採取長方形的造型，一邊在內部將軸線轉動45度，創造出三角形的中庭。在這個中庭搭上蔓棚、鋪上磁磚來當作客廳的一部分使用。

W.I.C　臥房　廚房　餐廳　中庭　客廳　玄關　辦公室

1F
1:200

小孩房　小孩房　小孩房　露台

2F

以45度來將客廳切割，並將這個部分設計成中庭。只要將客廳開口處的門打開，就可以讓中庭融入格局之中。

這棟住宅以兩層樓的正方形為主，另外設置一間和室，把兩者的中間當作中庭使用。從格局圖中可以看出，被建築物跟圍牆所圍起來的「中庭」，跟住宅的室內格局沒有兩樣。

壁櫥　廚房　和室　客廳　玄關　中庭　玄關　茶室

1F
1:200

臥房　壁櫥　小孩房　挑高

2F

就如同格局圖所顯示的，這個中庭被兩棟建築物夾住，再加上牆壁從3個方向圍起來，名副其實的成為格局的一部分。

43 把中庭融入「洄遊路線」的一部分

「中庭」雖然屬於室外的空間，但周圍被建築跟圍牆所包圍，跟面對鄰居或道路敞開的庭院相比，反而比較接近「房間」的感覺。

把「中庭」當作房間的延長，是相當普通的運用方式。不過，「中庭」同時也可以連繫一間以上的房間，擁有走廊的功效。

運用這個「中庭」，可以在格局內創造出「洄遊路線」。

此處所介紹的案例，順著用地的境界線來配置建築物跟圍牆，藉此將中庭環繞起來，形成一般所謂的「Court House」的格局。

在這份格局之中，沿著用地邊緣的住宅不會太寬，因此無法在室內創造出「洄遊路線」。取而代之的，是讓面對中庭的各個房間，可以直接進出中庭。經過中庭可以繞小圈或是大圈，形成一條以上的洄遊路線。

有這種洄遊路線存在，可以讓居住者享受各式各樣的空間。要是下雪或下雨的話，則必須準備雨傘，多少有點麻煩，但這應該也可以成為其中的樂趣才是。

可在住宅內部環繞的洄遊路線，原則上在室內才可以成立，但要是條件不允許，則可以像這份格局一樣，利用中庭來創造洄遊路線。雖然說這個中庭已經可以算是房間的一部分。

臥房
挑高
挑高
2F

不光是室內，把中庭也包含在內，形成一個大型的洄遊路線。考慮到這條動線，透過露台來連繫的中庭也算是格局的一部分。

玄關
客廳
倉庫
餐廳
廚房
中庭
小孩房
起居室
和室
1F
1:150

用中庭劃分「公」與「私」 

「劃分區塊(Zoning)」是思考格局的方式之一，按照各種房間的用途，來區分公共空間與私人空間，並將這個區分融入整體的格局設計之中。

屬於「公共空間」的是，家族整體共用的客廳、餐廳、廚房等等。玄關等迎接客人的空間，也包含在這個區塊內。浴室跟廁所、儲藏室等，如果是家族共用的話，也包含在這個分類之中。

屬於「私人空間」的，則是臥房或小孩房等，以及家人個人專用的房間。廁所或收納空間等，如果是個人專用的話，也屬於這部份。也有人會認為，家人共用的廁所或浴室應該包含在這個區塊之中。設計格局的時候，明確的將公私分開來避免讓這兩個區塊混合，整合出清爽的格局。

區分這兩個區塊的手法之一，是在兩者之間夾上中庭。設置空間來取代區分用的牆壁，以實際使用起來的方便性來看，也可以維持各個區塊的獨立性，實現非常容易使用的格局。

上圖的格局，是小孩房位在2層樓之住宅的1樓，用露台巧妙的區分臥房跟LDK。另外，如同下方的案例一般，將工作空間設置在住宅內部時，用中庭做區隔，「公」與「私」的空間可以得到清楚的區分，是相當有效的作法。

這份格局將小孩房擺在2樓，讓主臥室位在1樓。觀察1樓的格局圖，可以發現中央有細長的露台存在，東側為私人的房間，西側為公用的各種房間，巧妙的區分公私空間。

倉庫　玄關　客廳　廚房　餐廳　露台　臥房

1F
1:200

中庭幾乎位在1樓的中央，東側為工作場所，西側是跟家人一起使用的空間。露台同時也是小孩最佳的娛樂場所。

中庭是位在1樓被建築所包圍的庭院，設置中庭，同時也可以改善採光或通風較差的房間。在這份案例之中，用中庭來劃分家人使用的空間與工作的空間。

廚房　和室　玄關　工作室　中庭　客廳

1F
1:200

光看格局圖或許比較不容易察覺，這個部分為中庭，用來劃分東側的工作室與西側居住用的區塊。

兩代同堂

跟父母同住…「同居型」 45

父母親跟子女兩個世代的家庭住在一起，是從以前就常常可以看到的居住形態之一。

昭和50年代(1975年)開始，以主要都市為中心，都市地區的住宅用地價格開始飆漲，子女使用父母親的土地，或是跟父母一起出錢來購買土地，建設所謂的二代宅來住在一起的案例越來越多。在宮脇檀建築研究室之中，為這種居住形態設計格局的委託案也不在少數。

雖然說是住在一起，實際上的狀況可以大致分為「同居型」、「部分共用型」以及「分離型」這3種。

其中之一的「同居型」，是在普通的住宅之中，將1個房間分給父母使用。絕大多數的時候，都是由子女家庭掌握主導權，只有少數是以父母家庭為主。

這種「同居型」的形態，在子女夫妻其中一邊的父母為獨居的時候，常常會被採用。這種情況大多會準備和室，來當作父母親專用的房間。高齡者在家的時間較長，考慮格局的時候，要將他們所使用的房間配置在採光較好的位置。若是基於其他各種條件的影響，真的沒有辦法實現這點的時候(比方說房間位於北邊)，必須透過天窗等配備，讓太陽光可以照到室內。廁所距離房間不能太遠，也是必要的考量。

這份格局，是讓父母親使用玄關側面的和室，是一棟兩代同堂的同居型住宅。設計格局時，讓父母親使用的部分有「分離的小屋」的感覺。2樓給子女家庭使用，較為寬廣的露台感覺就像是專用的庭院。

二代宅。玄關旁邊的和室給父母親使用，是一棟同居型住宅，決定這個格局的主要原因，是廁所跟浴室的位置。子女家庭所使用的部分，被玄關大廳跟內側的露台所隔離，給人「分離的小屋」的感覺。

*茶間(茶の間)：日式住宅家人用來團聚的空間，相當於鋪有疊蓆的客廳

雖然跟父母親一起居住，但兩個世代的生活模式不同，父母親想要早點就寢，子女的生活卻是以深夜為主，這種模式並不罕見。在這份格局之中，雖然是在同一棟建築，但父母親的臥房卻是像「分離的小屋」一般。

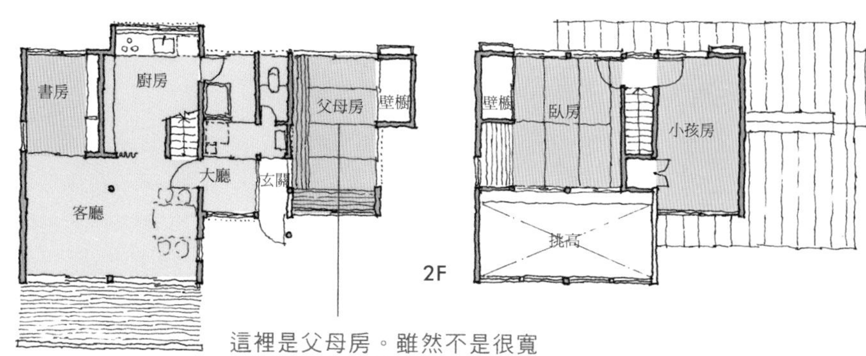

這裡是父母房。雖然不是很寬廣，但是為建物的獨立空間，要使用公用部分也很方便。

這份格局，是1樓的和室給父母親使用的兩代宅。玄關、浴室、餐廳等設備由兩個家庭共同使用的同居型格局。在兩代宅之中，同居型是從以前就常常可以看到的類型。

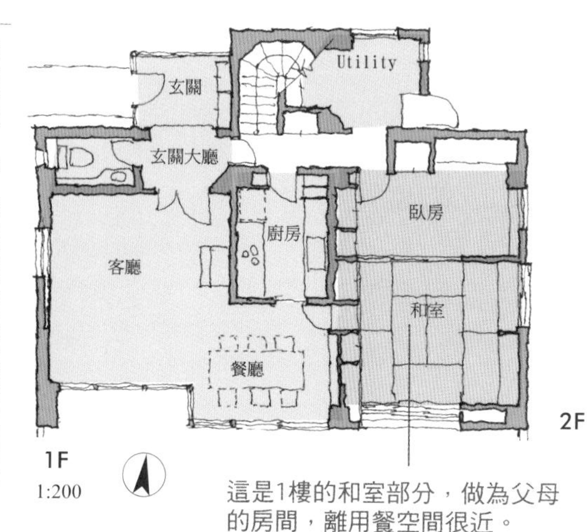

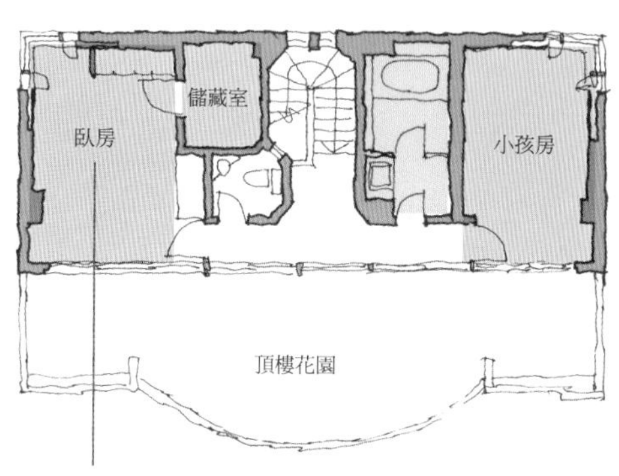

這是1樓的和室部分，做為父母的房間，離用餐空間很近。

這邊是子女家庭所使用的主臥室。小孩房也位在2樓，巧妙的將兩個家庭分隔開來。

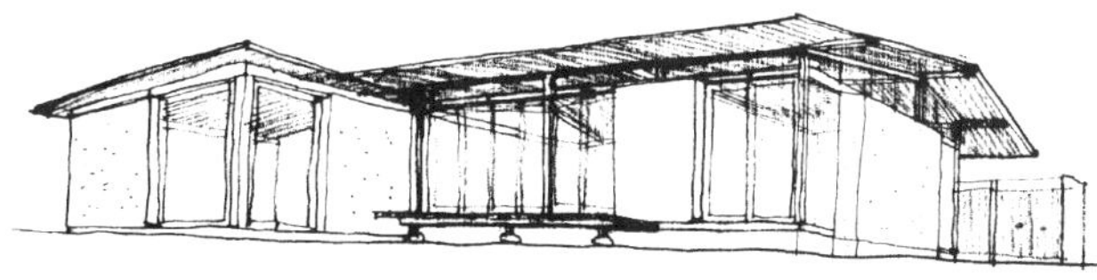

這棟兩代宅，另外設有給父母親使用的玄關跟廚房(簡易型)，浴室跟廁所則是雙方共用，成為部份共有。在這個家族的情況，兩個世代的生活時間有相當程度的差異，這種格局的型態是很能發揮功效的。

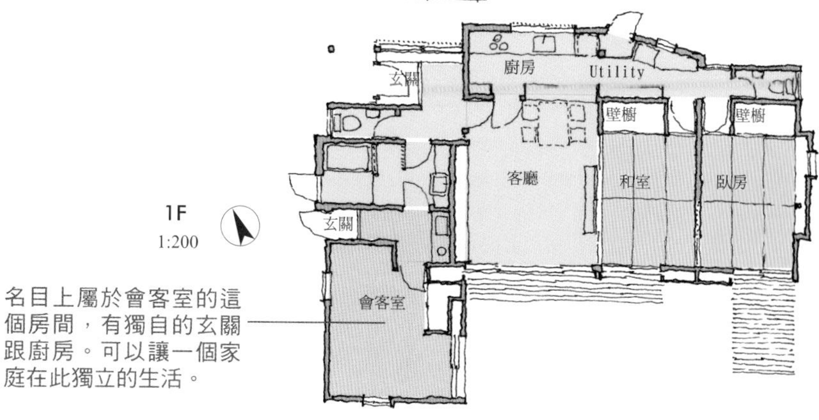

名目上屬於會客室的這個房間，有獨自的玄關跟廚房。可以讓一個家庭在此獨立的生活。

跟父母同住…「部分共用型」 46

兩代同堂的另一種形態，是「部分共用型」，將住宅分成共用的部分與專用的部分。哪些部分專用、哪些部分共用，會隨著各種條件而變化。

宮脇檀建築研究室經手的案例所採取的形態之一，是將烹煮跟用餐的部分列為各自專用的部分，廁所、浴室、玄關等則是共用。如此規劃是因為父母親跟子女用餐的時間及食物的喜好各不相同。雖然這些部分各自分開，但父母親跟子女家庭所使用的空間還是可以來去自如，沒有必要總是分開來用餐，也可以家族全員聚在一起，悠閒的享受團聚的時光。

在這種設計形態之中，也有分離性相當高的案例存在，共用的部分只有玄關，剩下則是各自獨立。在這種場合，玄關通往子女的區塊、父母親區塊的動線，必須稍微下功夫設計。要是雙方比例相等的話，很有可能會導致混亂。應該要以出入較為頻繁的一方為優先。這種案例大多會將玄關直接連到子女家庭的部分，前往父母親的區塊時，會繞比較遠的距離。

反過來看，某些案例也會準備各自的玄關，但共用同一個廁所或浴室。隨著條件與需求的不同，「部分共用型」所設計出來的解答也各不相同。

1樓是子女的空間，2樓給父母親使用的格局設計。玄關跟浴室為雙方共用，但其他的設備則是分開設置，以配合使用者的生活形態。這種設計在日本的法律之中被稱為「重層(重疊)住宅」。

廚房
和室
日光室
儲藏室
壁櫥
2F

父母親會以這間和室為中心來生活，擁自己的廚房跟廁所。

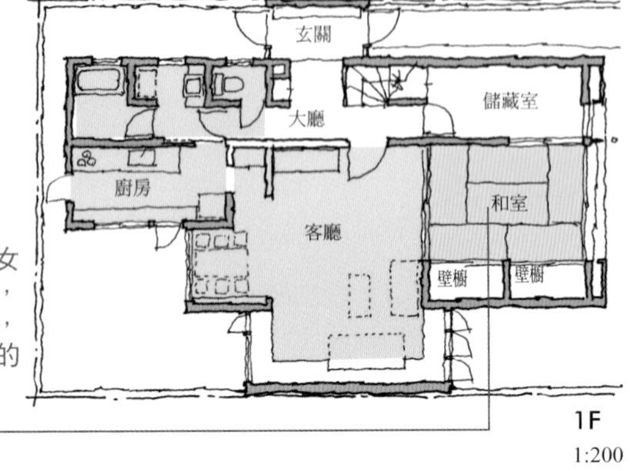

此處的和室為子女家庭的休閒空間，跟客廳連在一起，也有考慮到將來的實用性。

子女家庭的私人空間在2樓，直接連繫到跟父母親不同的玄關。

這份格局也是兩代宅，父母親為茶道的老師，訪客進出的頻率跟小孩的家庭完全不同。因此將兩者的玄關分開，但餐廳跟衛浴等設備則是共用。

挑高
挑高
書房
小孩房
小孩房
臥房
2F

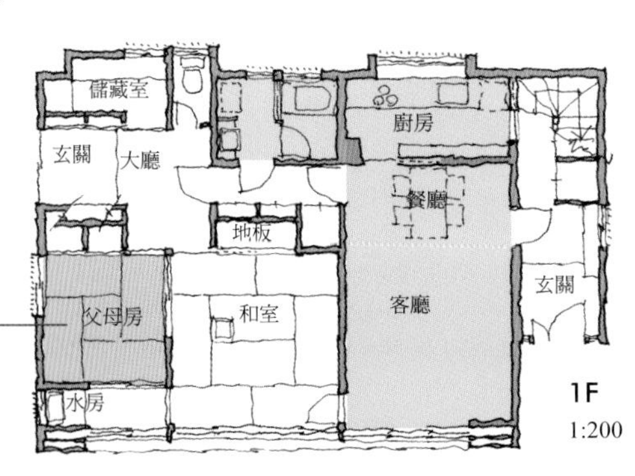

父母的臥房跟專用的玄關非常接近，旁邊和室的中央有給火爐用的方形開口。

這份格局的兩個世代，因為用餐時間跟食物的喜好有所落差，所以設計成擁有各自廚房的「部分共用型」。在父母跟子女的區塊之間設置儲藏室來當作區隔，讓雙方可以過自己的生活。

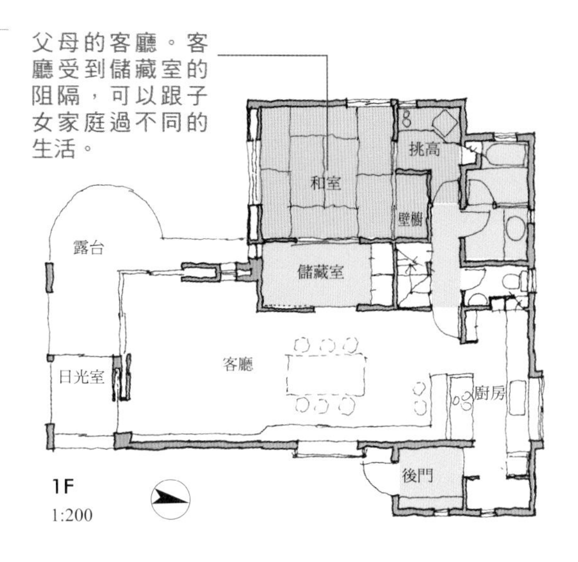

父母的客廳。客廳受到儲藏室的阻隔，可以跟子女家庭過不同的生活。

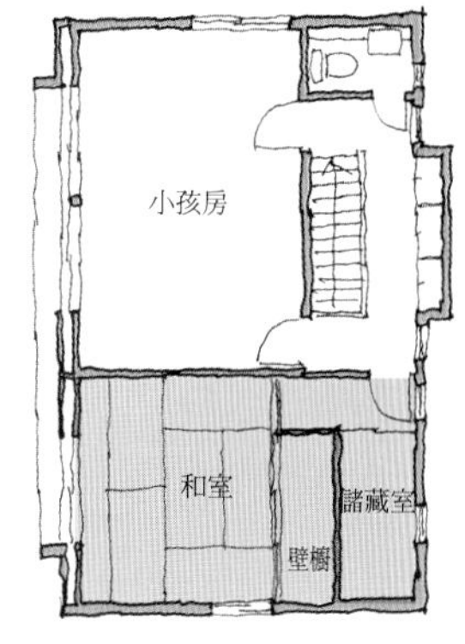

子女家庭的私人空間在2樓，臥房位在父母客廳的上方。

這份格局是兩代宅。1樓給父母親、2樓給子女家庭使用，分別設置專用的廚房，而玄關跟浴室則是共用，成為「部分共用型」的構造。

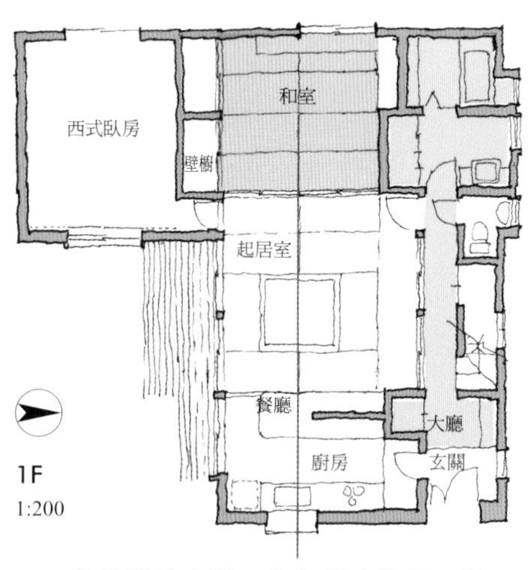

父母親的空間。在起居室的另一邊設有廚房，可供父母親使用。

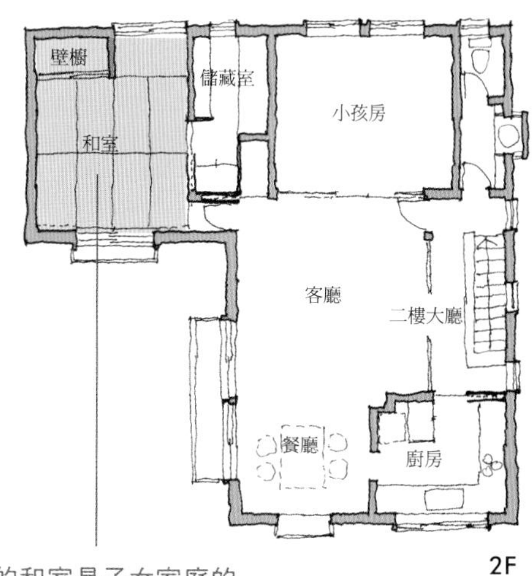

2樓的和室是子女家庭的主臥室，2樓也設有子女家庭專用的廚房。

這份格局，讓兩個世代分別擁有專用的廚房、廁所、浴室等跟水有關的設施，只有玄關是共用。成為「部分共用型」的設計。

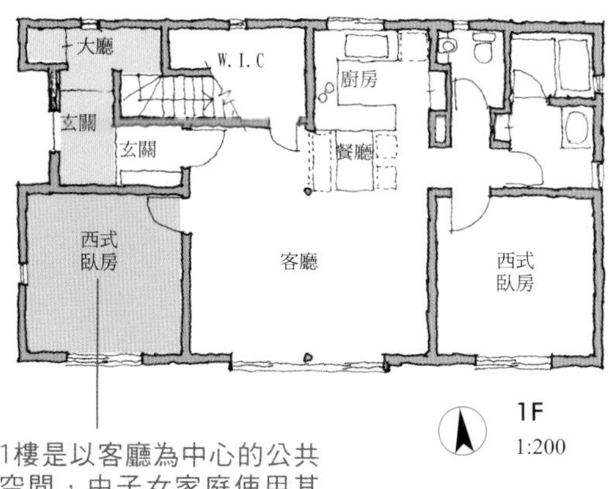

1樓是以客廳為中心的公共空間，由子女家庭使用其中的絕大部分。

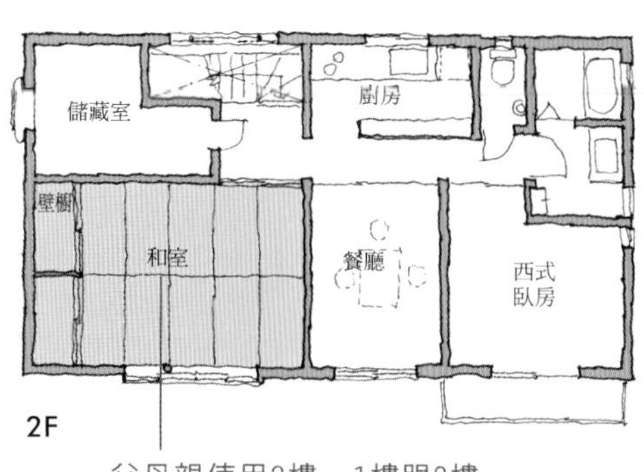

父母親使用2樓，1樓跟2樓都在東南的角落設有浴室。

兩代同堂的住宅，是讓父母親的世代跟子女的世代住在同一棟建築物內。如果是三代同堂(三個家庭住在一起)的話，又會是什麼樣的形態呢？

宮脇檀建築研究室經手的相關案例，是父母親跟兩個小孩(兄弟的家庭住在同一棟住宅內，也就是有多位小孩子的家庭住在一起的案例。

這種狀況，相當於大家從小住在一起的延伸，要決定方向性並不是一件困難的事情。設計格局的方式，會以大家共用的客廳、餐廳、廚房跟廁所、浴室等衛浴設備為中心，加上各個家庭所需要的房間數。但子女們分別擁有自己的家庭，「個人房間」給人的感覺，已經跟一般普通的「小孩房」有所出入，必須另外設計。

另一方面，偶爾也可以看到，由子女及夫妻雙方的父母所形成的三個家庭住在一起的形態。在這種時候，要是沒有好好去了解雙方父母處於什麼樣的狀態、為何住在一起的話，格局設計的作業將毫無進展。過去幾乎沒有交集的人，突然到同一間房子內生活，該如何將這點反應到格局之中，每一份設計都有自己獨自的解答。

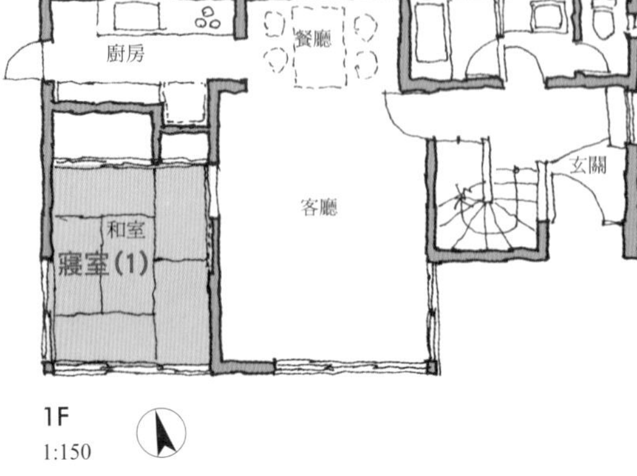

這份格局，是父母親跟子女們各自的家庭住在一起的案例。各個家庭都只有成年人，因此準備必要的房間數量，1樓的客廳給父母親使用，2樓的房間給兩兄弟各自的家庭使用。

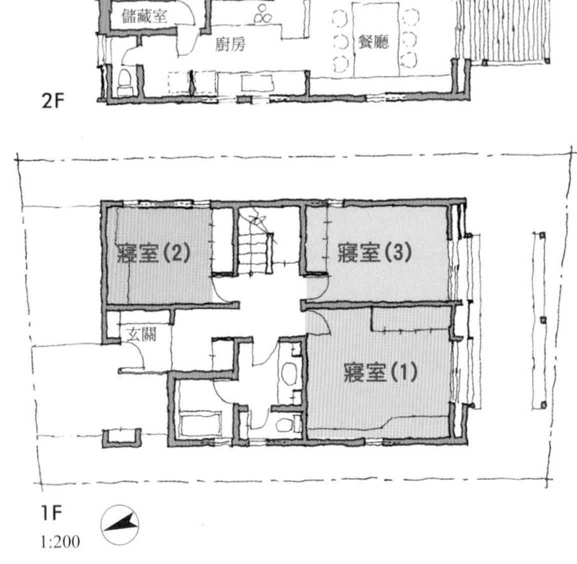

父母親跟兄妹各自的家庭一起居住的案例。原本是由1個家庭所使用的住宅，在子女們也當了父母之後，準備3個成人用的房間，形成現在這樣的格局。

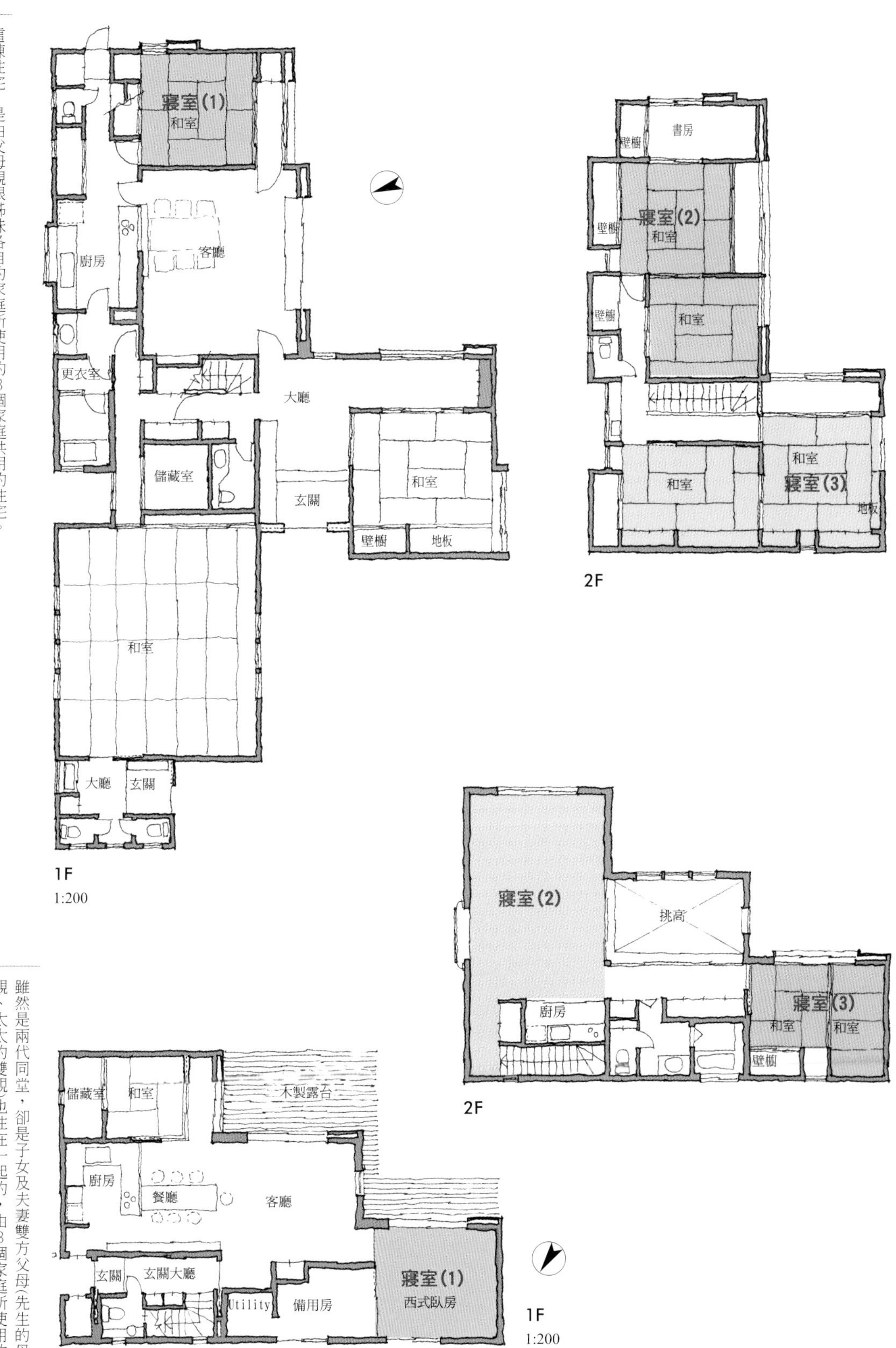

這棟住宅，是由父母親跟姊妹各自的家庭所使用的3個家庭共用的住宅。兩個玄關的其中一邊，是直接通往訓練場的專用出入口。1樓內側是給父母使用的房間，2樓是給姊妹各自的家庭使用的房間。

雖然是兩代同堂，卻是子女及夫妻雙方父母(先生的母親、太太的雙親)也住在一起的，由3個家庭所使用的住宅。先生一方的母親需要有人看護，花了很多時間才決定格局。

跟父母同住…「分離型」

在兩代宅之中，「分離型」與「同居型」形成明確的對比。

這種形態是讓子女的家庭跟父母親，各自過著自己的生活，只有在必要或喜歡的時候才進行交流。從玄關到衛浴設備，兩個家庭完全的分開。一般來說就算這棟住宅只有一個屋頂，內部也分成兩邊，上下或是左右，分隔成兩個獨立的區塊。

實現這種形態的條件，是父母親具備可以完全獨立生活的能力。父母親雙方健康，就算單身也擁有自己獨居的能力。

此處所介紹的案例是3層樓的建築，1樓的部分給父母親使用，2樓以上給子女的家庭使用。採用這種設計的理由，是為了避免讓父母親使用樓梯，父母親到庭園整理花草的時候可以從外廊直接出去，以及住宅之地板面積的考量。

對於「分離型」的兩代宅，如果在計劃階段就事先將排水或供電等設備完全分離，那麼在20年、30年後家族的狀況產生變化時，也可以充分的進行對應。比方說把其中一邊出租等等，可以有比較多的使用方式提供選擇，設計時請記住這點。

3F

露台 茶室 挑高 臥房 書房

子女的家庭位在3樓的臥房，透過樓梯來進行移動。也備有專用的廚房、餐廳。

2F

小孩房 小孩房 露台 餐廳 客廳 廚房 二樓大廳 衣櫥 玄關

1F 1:200

單人房 廚房 餐廳 和室 壁櫥 大廳 玄關 儲藏室

給父母親使用的客廳在1樓。浴室、廁所、廚房設備等等，應有盡有。

這份格局，1樓給父母親、2樓給子女家庭使用，是分離型的兩代宅。從玄關到衛浴設備，全都獨立的設施。設計的時候同時也考慮到如何對應10年、20年後的變化。

第2章

思考格局的「各個部位」

格局圖整體的印象，讓我們看到其中所包含的各種因素。或許也可以說是「人們在這棟住宅生活的身影，朦朧的浮現在眼前」。

格局圖內，其實還隱藏有更細微的情報。格局基本上是由「線條」來構成，牆壁跟支柱等建築物的結構體，有時細有時寬地被描繪在這張圖上。由這些線條所區隔出來的部分，就是「房間」。

會標示在格局圖上的房間有「玄關」「客廳」「餐廳」「廚房」「Utility」「浴室」「廁所」「儲藏室」「臥房」「小孩房」「備用房」等等。也就是說各個房間都有自己的名稱，並且透過這個名稱來告訴我們它的用途。因此這些名稱並非只是單純的稱呼，同時也是標示此處該有什麼樣規格的符號。在建築基準法之中，這個「房間名稱」非常的重要，會按照這點來決定必要的基準。各個房間的名稱，代表人們在此處所進行的行為，因此決定房間的名稱，在思考格局的時候是相當重要的作業。

第2章，讓我們把焦點放在格局的各個房間上。第1章看整體，第2章則是對各個部位進行觀察。本書會以房間的使用目的，跟預定在此執行的「行為」來進行分類。請一邊觀察這個房間跟其他空間的關聯性，一邊試著去想像人們在此進行的各種行為，也就是居住者在此處的「生活」。

玄關

玄關必須「往內開」 49

住宅玄關的門，宮脇先生堅持必須「往內側打開」，這樣比較符合使用上的方便性。

理由之一是，「往內側打開」的門在保全上比較具有優勢，這種構造比較容易抵禦想要闖入的力道。另一個理由是，住宅的玄關基本上是迎接他人進入的場所。對前來造訪、站在玄關前方的客人來說，此時如果門是往外開的話，則必須讓等著進門的客人暫時後退，是非常失禮的行為。

既然如此，為什麼「往外打開」的玄關會在日本這麼的普及呢？只要是參與格局設計的人就會了解，要在玄關確保寬敞的土間＊，並不是件容易的事情。再加上日本有內外鞋子分開的習慣，許多鞋子脫在玄關狹窄的土間，會無法讓門往內側打開。

要讓門「往內側打開」，除了要有可以擺鞋子的地面空間之外，最好還要有跟客人(盡量設定成2～3人)寒暄、脫下大衣的空間，因此玄關的格局設計起來其實是相當的麻煩。

要是玄關土間不夠寬敞的話，也不可以堅持一定要讓門往內打開，此時可以改成日本傳統的「拉門」。這種時候要注意造型的設計，不要因為是拉門就一定得是和風的外表。

＊土間：沒有鋪設室內地板或是屬於室外的地面，可以讓人穿鞋進來的部分

擺在建築物中央的玄關，一樣採用「往內打開」的門。此處玄關的土間有著充分的長度，不會讓擺放的鞋子影響到門的開關。要是無法得到充分的長度，則可以考慮加長左右的寬度。

2F

1F
1:150

位在住宅中央的玄關，寬廣的土間從外延伸到內部。想像一下門往外開的情境，應該就能了解使用上的不便之處。

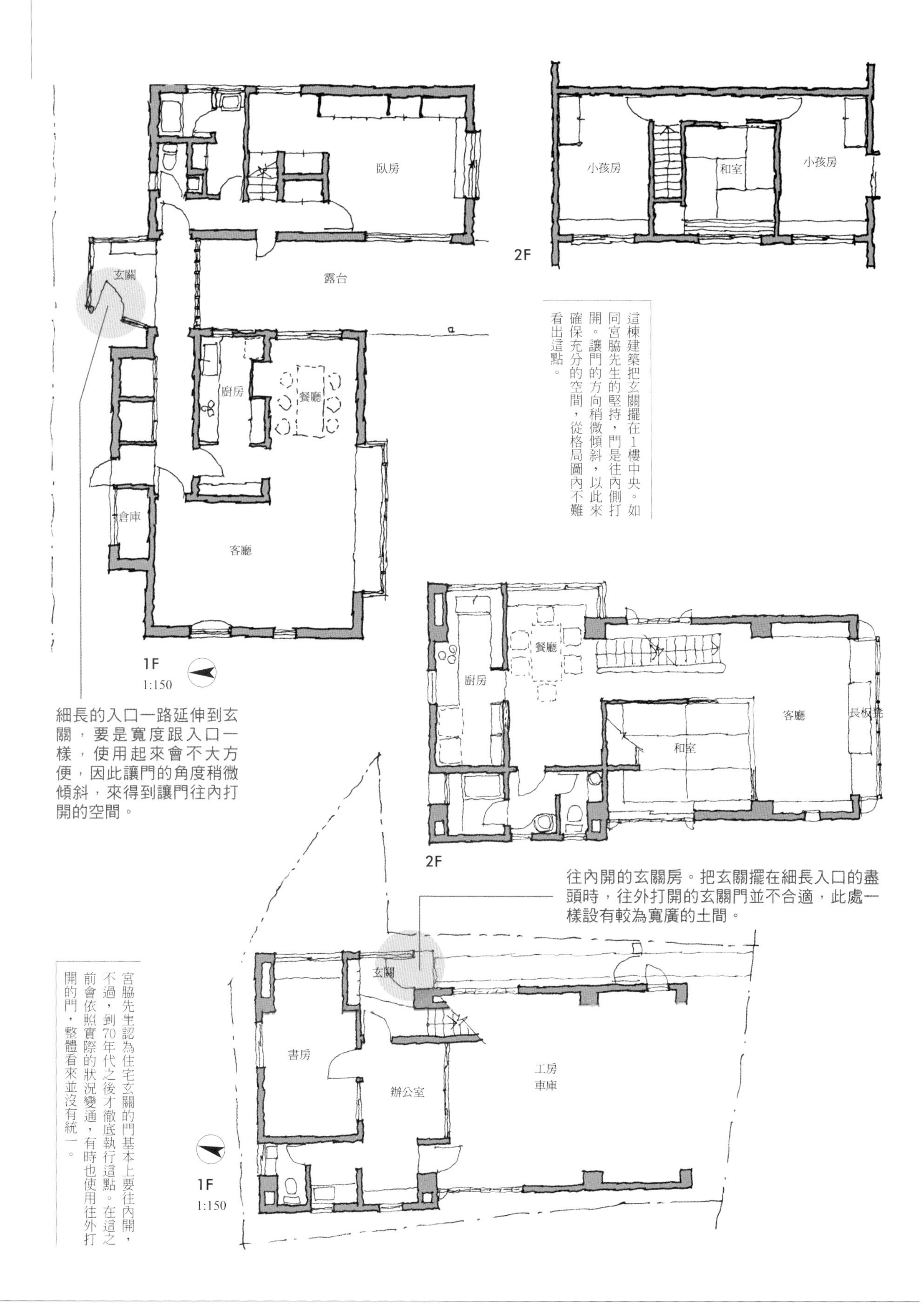

這棟建築把玄關擺在1樓中央。如同宮脇先生的堅持，門是往內側打開。讓門的方向稍微傾斜，以此來確保充分的空間，從格局圖內不難看出這點。

細長的入口一路延伸到玄關，要是寬度跟入口一樣，使用起來會不大方便，因此讓門的角度稍微傾斜，來得到讓門往內打開的空間。

往內開的玄關房。把玄關擺在細長入口的盡頭時，往外打開的玄關門並不合適，此處一樣設有較為寬廣的土間。

宮脇先生認為住宅玄關的門基本上要往內開，不過，到70年代之後才徹底執行這點。在這之前會依照實際的狀況變通，有時也使用往外打開的門，整體看來並沒有統一。

50 用玄關劃分出「公」與「私」的區塊

先前我們有提到「劃分區塊(Zoning)」這種在思考格局時，按照房間用途來區分公共空間與私人空間的手法。想像一下一般人的日常生活，在住宅之中進進出出，不難理解各個「區塊」時常都得透過玄關來進出。

玄關是住宅最主要的出入口，不論是私人空間還是公共空間，直接通往玄關都是理所當然的構造，一個方便使用的格局，會將玄關放在各個區塊的中間。

此處所介紹的案例，都是將玄關夾在中間，左右分成「私人空間」與「公共空間」的格局。這種構造可以將公私兩個「區塊」通往玄關的動線分開，各自擁有相當高的獨立性，特別是私人空間不會受到干擾，可以得到氣氛沉穩的環境。

另一方面，公共空間也因為這種構造的關係，不用太過在意家中其他的人，對訪客來說也相當的方便，非常適合有較多客人造訪的家庭。

不過這種格局，在兩個區塊之間移動時，一定得通過玄關大廳。要是突然有客人造訪，家人跟訪客可能會意外的相遇，形成尷尬的氣氛。

倉庫
玄關
廚房
客廳
餐廳
露台
臥房

把玄關的位置擺在建築的中央，跟露台一起，把公私的區塊分成左右兩邊。

1F
1:200

玄關與各個房間的位置關係、入口跟外觀造型等等，這些是在設計格局時不得不考量的因素，讓決定玄關的位置成為一份困難的工作。這份格局設置接點來將「公」與「私」的房間分開，增加使用上的方便性。

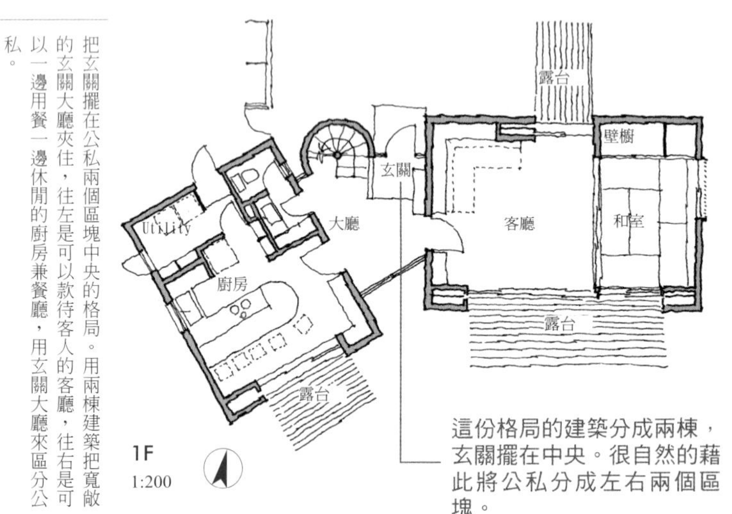

這份格局的建築分成兩棟，玄關擺在中央。很自然的藉此將公私分成左右兩個區塊。

把玄關擺在公私兩個區塊中央的格局。用兩棟建築把寬敞的玄關大廳夾住，往左是可以款待客人的客廳，往右是可以一邊用餐一邊休閒的廚房兼餐廳，用玄關大廳來區分公私。

形成巨大凹字型的兩棟建築，玄關剛好擺在核心的部位，成為以此來分隔區塊的格局。

小孩房
客廳
臥房
大廳
廚房
Utility
壁櫥
玄關
臥房

1F
1:200

凹字型的格局，左邊為客廳餐廳跟廚房，右邊是個人的房間，中間則是玄關。以玄關左右來區分公私，是非常明快的造型。

51 可以用來款待客人的「玄關大廳」

對應訪客的方式，會依照來客的種類跟造訪的理由而變化。

用對講機交談之後就請對方離開，這種狀況當然也會存在，不過大多還是會打開玄關大門，至少請對方進到玄關的土間來講上幾句話。

要是前來造訪的理由較為簡單，可能只是幾句話就結束了，但也可能因為話題往意想不到的方向發展，結果一直聊下去。雖然沒有到必須請對方脫鞋進來的程度，卻也不是馬上就會結束，此時玄關若是有可以讓人坐下的設備與空間，那將會非常的方便。

此處所介紹的案例，就是為了這種狀況，準備了3張疊蓆左右的「玄關大廳」，並且擺上小型的板凳與桌子。這些設備不光是用來接待訪客，在收掛號跟包裹等必須簽名的信件時也很方便。

脫下大衣、蹲下來穿鞋、送客時跟對方行禮說「請慢走」（況且最少還是兩個人）、將濕掉的傘撐開來放置等等，玄關的土間或玄關大廳本來就需要某種程度的空間，但是考慮到整體格局的均衡性，一般都會有某種程度的妥協。跟身份地位無關，單純為了使用上的方便性，玄關最好還是盡可能的寬敞一點。

這份格局的特徵之一，是比一般的客廳更為寬敞，以及從此處延伸出去的玄關大廳。2樓有3個單人房，1樓有較為寬廣的和室，整體雖然相當寬敞，但玄關周圍的大型空間還是相當顯眼。只要不是太過隆重，都可以用這個玄關大廳來接待訪客。

從橫牆圍住的部分進入玄關，用往內敞開的門跟寬廣的玄關大廳來迎接客人，空間非常的充分。

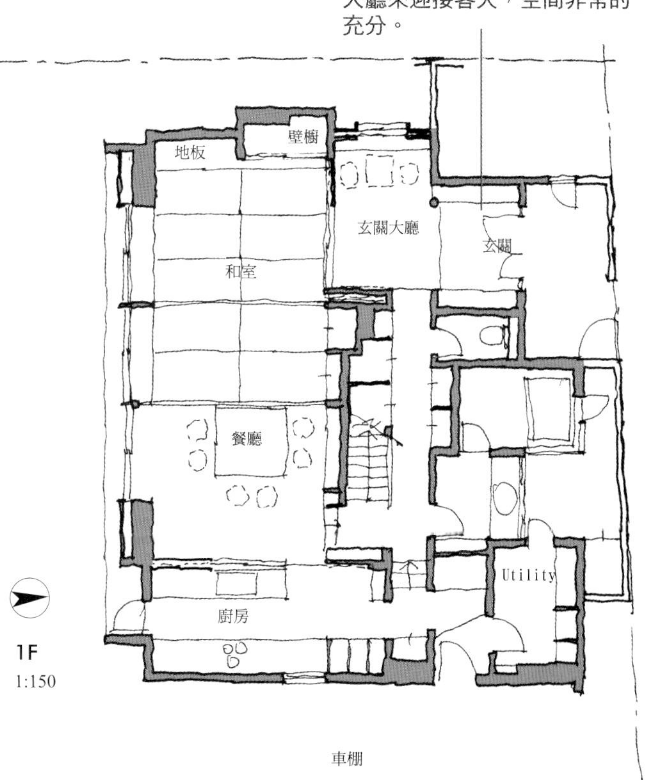

把「玄關」擺在南面正中央 52

日本一般的住宅用地在進行劃分時，大多會讓道路往東西方向穿過，形成道路位在用地南邊的區塊。

以這種方式來劃分的住宅用地，會在南側設置入口的通道跟停車用的空間，然後將剩下來的空間當作庭院，這樣就可以設置開口位在南邊的房間。為了達成這些理想條件，格局設計的作業會比想像中的還要辛苦。

比較常見的住宅用地是，面向南邊且寬度為12～13公尺，若要設置3個面向南邊房間會相當困難。這種寬度，設置兩個面向南邊的房間加上玄關會剛剛好，實際上也有許多採用這種設計的格局存在。此時，玄關的位置將會改變這棟建築給人的印象。

如同此處所介紹的案例，若是將玄關擺在南面的正中央，可以提高外觀的整合性，給人方方正正的感覺。但玄關外面所剩下來的用地，一半必須給入口跟停車用的空間使用，為了盡可能增加庭園的大小，對於入口跟停車用空間，往往得多下一點功夫設計。

把玄關移到東側或西側時，「庭園」設計起來會比較容易。但如果玄關太靠邊緣的話，會讓外觀失去均衡，甚至會讓外表變得寒酸，在這種場合，玄關本身的造型也必須費神來設計。

這棟建築的用地是東邊跟北邊有道路的轉角地，但還是把玄關擺在南側正中央。考慮到停車位跟入口的空間、庭院跟整體用地的使用方式，決定採用這種設計。

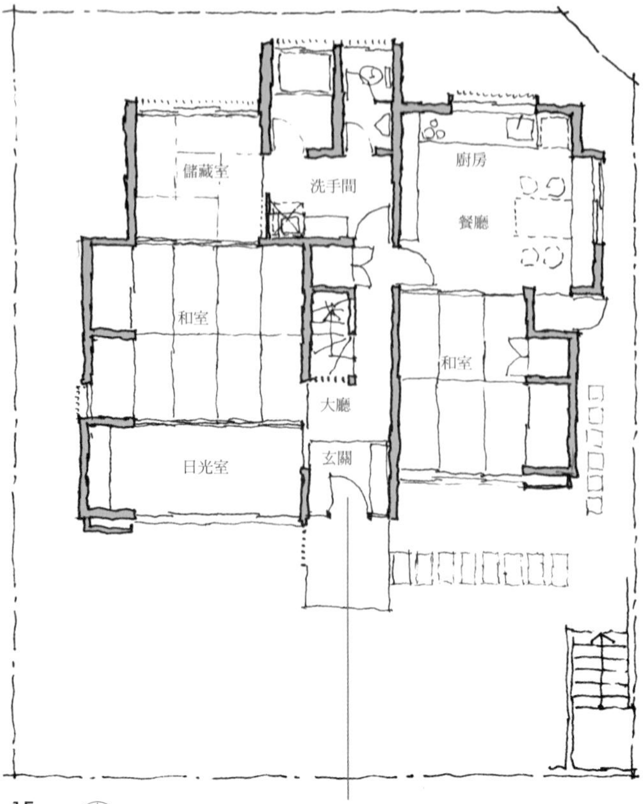

1F
1:150

為了確保停車的位置跟入口的長度，結果將玄關擺在南側庭院的旁邊。

玄關的位置，會在設計格局的作業之中決定。玄關對一棟建築的外觀有很大的影響，必須考慮到內外各種因素。從入口看一棟建築，玄關位在中央的這種造型感覺比較均衡，但不是每個案件都有辦法採用……

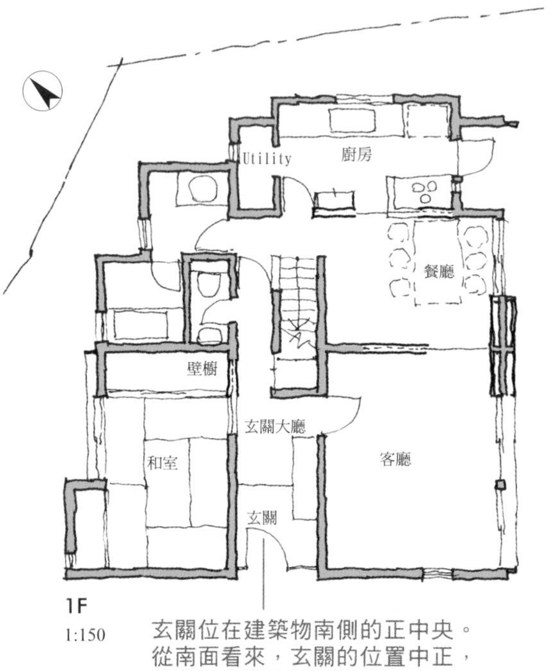

1F
1:150

玄關位在建築物南側的正中央。從南面看來，玄關的位置中正，給人方方正正的感覺。

53 擁有「兩個玄關」的住宅

在以前，規模較大的住宅常常會設計成擁有兩個玄關，也就是「玄關」跟「內玄關」的格局。「玄關」較為寬敞，是這棟建築主要的門面，但平時很少會使用，是代表一個家庭派頭有多大的象徵。「內玄關」的空間較為狹窄，對居住者來說是平日的出入口，平時訪客也大多會由內玄關來進出。

此處所介紹的案例，規模雖然沒有以前的住宅那麼大，但一樣是設置兩個玄關的格局。這些建築大多是兩代同堂的住宅，設置兩個獨立的玄關，讓兩個家庭分別使用。

二代宅若是設有兩個玄關，則大多是分別擁有兩個廁所或浴室等跟水相關的設備，屬於擁有兩個完全獨立之住宅設備的「分離型」建築。但此處的案例並沒有做到那麼徹底，反而是比較接近「同居型」，從以前就常常可以看到的二代宅。

這種造型，基本上會讓父母親跟子女家庭一起用餐或團聚在一起，但在必要的時候還是可以維持雙方的隱私。比方說前來拜訪父母親的朋友，可以不用吵到子女家庭，而直接從父母親那邊的玄關進入。

1:200

露台

客廳

餐廳

廚房

二樓大廳

玄關

臥房

儲藏室

2F

子女家庭使用寬廣的2樓，此處也設有專用的玄關。

設有兩個玄關的二代宅。浴室跟廚房等共用的部分採用共用型的格局，但1樓設有淋浴設備，可以按照當下的狀況分開使用。

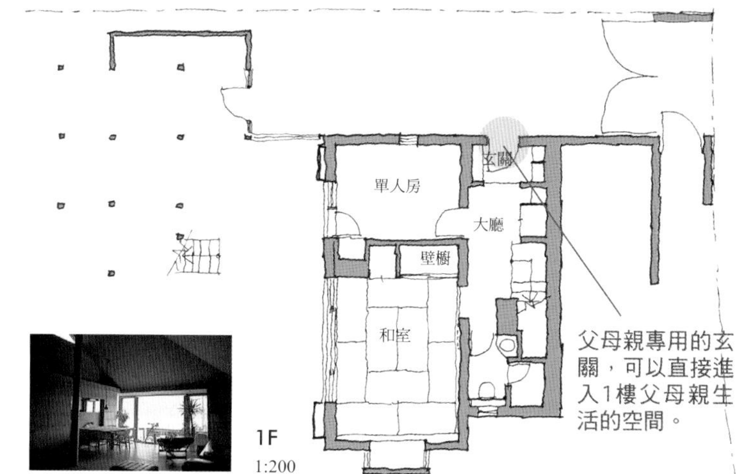

父母親專用的玄關，可以直接進入1樓父母親生活的空間。

除了在西北方的角落裝設主要的玄關，還設有一個直接通往會客室的玄關。不論是誰的訪客來臨，使用起來都很方便。

玄關

廚房

Utility

壁櫥

壁櫥

客廳

和室

臥房

玄關

會客室

1F

1:200

這棟二代宅，委託人的父母親常常會有訪客來臨。因此將父母親跟子女家庭的玄關分開，使用起來會比較方便。不論哪一邊有訪客，都不會打擾到另外一方，若是有人在家工作，這樣的格局很值得令人參考。

依據委託人的希望，這份格局沒有「玄關」存在。家人會透過後門進出，客人則是透過日光室前來拜訪

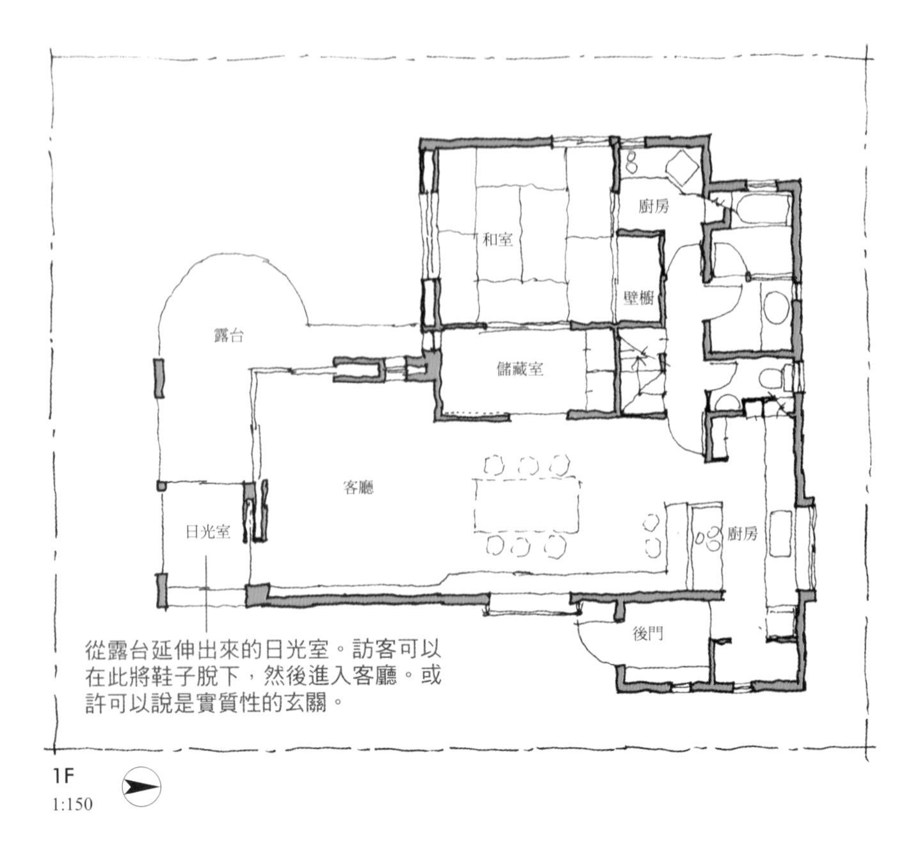

「不需要玄關」是這份格局的先決條件。但話說回來，要湊齊什麼樣的條件，才算得上是住宅的「玄關」呢？

比方說「玄關」是住宅主要的出入口，也是一棟建築最主要的「門面」，必須要有相當程度的格調與裝潢，或是充分的派頭來作為成功者的象徵等等。

另一方面，在以前的農家只要有開口就可以用來進出，有沒有玄關在使用上一點問題都沒有。宮脇檀建築研究室過去在設計度假屋的格局時，也常常採用沒有玄關的設計。日常生活之中，只要透過露台或陽台直接進出即可，最後要鎖門的時候可以從後門進行。這份格局也是一樣，平時進出的時候使用陽台，最後關門的時候從後門進出，以這種方式來進行設計。

不過這種方式，家中的人使用起來雖然沒有問題，但前來拜訪的人若是無法察覺「玄關」的位置，很可能會不知道該怎麼辦才好。為了避免這點，這份格局在客廳旁邊、入口的盡頭附近設置土間地面的日光室來代替玄關，同時也可以用來脫鞋子。

要是將訪客也列入考量的話，以前的農家暫且不提，果然還是要明確指出該從哪裡進入，會比較恰當。

55 「2樓客廳」的玄關位置

從客廳南側的開口走出去，露台的前方是寬廣的庭院，讓人享受園藝的樂趣，這是一般客廳較為普遍的形態。另外，就如同LDK一詞所代表的意思一樣，客廳、餐廳、廚房連繫在一起，可以成為使用起來相當方便的空間。考慮到這幾點，將客廳擺在1樓會非常的舒適，但是在各種條件的影響之下，也會出現不符合這種常理的狀況。

比方說用地狹窄，庭院無法得到充分的空間，或是周圍的建築物密集，1樓幾乎得不到日光。若是遇到類似這樣的條件時，把客廳擺在2樓，可以過得比較舒適。

不過，使用上的方便性會受到玄關位置的影響，設計格局時必須對此多下一點功夫。其中一種作法，是把樓梯擺在1樓玄關的前方，將動線誘導至2樓。另外則是可以透過室外的樓梯，一口氣上到2樓的玄關，感覺就像是到集合型住宅拜訪2樓的住戶一樣。如果覺得一口氣上到2樓太過累人的話，也可以將高度調整到1樓半，把玄關擺在1樓跟2樓中間的高度。

不論採用哪一種方式，都必須跟其他條件合在一起檢討才行。

這份格局將客廳擺在2樓，1樓玄關正面是設有天窗的樓梯，讓人從玄關進來之後自然而然的就會往上移動。將玄關擺在接近道路的1樓，使用起來果然還是比較方便。

儲藏室 和室 壁櫥 客廳 挑高 挑高 Utility 廚房 餐廳 2F

客廳雖然是在2樓，但玄關卻是在1樓的這個位置。用正面的樓梯連接到2樓，右手邊則是有後門用的樓梯。

儲藏室 臥房 玄關 父母房 倉庫 1F 1:200

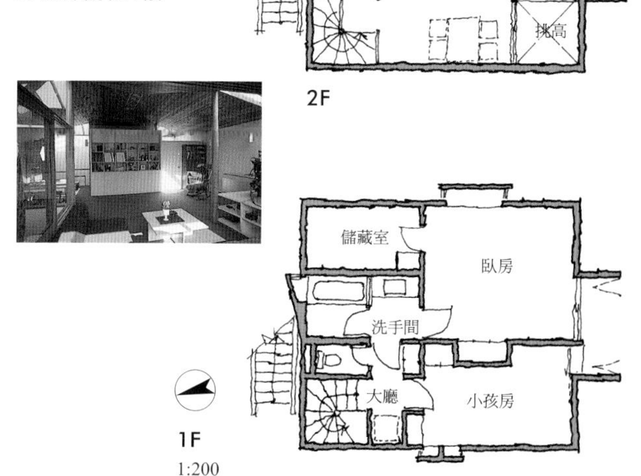

玄關跟客廳的關係，一般來說是距離越近，使用起來越是方便，因此客廳若是在2樓，得另外下功夫來進行設計。這份格局為了配合2樓的客廳，把玄關也擺在2樓，通往玄關的入口則是用室外的樓梯來對應。

不可以從玄關看到「樓梯口」 56

宮脇先生常常會說，受到電影『亂世佳人』郝思嘉從豪宅樓梯跑下來的那一幕的影響，許多太太都要求「希望自己家中也可以有那種樓梯」，讓人非常的困擾。

打開玄關大門，正面是寬敞的樓梯，宛如是在跟訪客說「請往2樓」似的格局，是能夠設置寬廣的玄關大廳的豪宅，才有辦法實現的構造。日本小規模的住宅若是隨便模仿，會變成一進去玄關的土間，樓梯就像山壁一般的擋在眼前，進來的人必須卯足了勁才會想要爬這段樓梯。

從動線的觀點來看，在玄關附近設置通往2樓的路線，是使用起來相當方便的格局。但是在擺在玄關周圍的哪個位置、樓梯口要朝向哪一邊，則必須好好的思考。

此處所介紹的案例，是宮脇檀建築研究室常常使用的形態之一。樓梯雖然位在玄關的旁邊，但是從玄關看來像是被牆壁遮住，完全看不出有樓梯的存在。樓梯口的位置，必須從玄關前進之後回轉才能看到，因此雖然就在玄關的旁邊，卻不會被進入玄關的訪客所察覺。

如果因為其他因素無法採用這種構造的話，必須盡可能用牆壁背面來對著玄關，讓樓梯口不會直接被玄關所看到。

在這份格局之中，訪客打開大門進入玄關的土間，完全無法察覺左邊就是樓梯。就動線來看，位在玄關附近，使用起來非常的方便，但玄關仍舊可以維持沉穩的氣氛。

1F 1:150

玄關往內開的門開啟之後，樓梯就在土間的左邊，但像這樣以180度的角度裝設，完全不會被看到。

在這份格局，玄關土間的旁邊馬上就是樓梯，但設計成無法直接從玄關看到的角度。若2樓是私人的空間，這種位置可以保護居住者的隱私不被訪客察覺。

1F 1:150

進入玄關之後樓梯位在右手邊，必須轉身180度才有辦法前往2樓，光是站在玄關無法察覺樓梯的存在。

57 直接導引至「2樓客廳」

將樓梯設置在玄關看不到的位置，這是我們剛剛才講到的。理由是如果樓梯像牆壁一樣擋在眼前，任誰都會感到厭煩。另外，樓梯的存在感如果太過強烈，好比是在跟訪客說「往這邊走」，讓人不知不覺就走向2樓的私人空間。

反過來說，也可以積極的利用樓梯所擁有的導引能力，設計出可以從玄關看到樓梯的格局。

此處所介紹的案例，是客廳位在2樓的某戶住宅。因為廚房也在2樓，讓家中的人常常在玄關與2樓之間移動。有客人來的時候，當然也得馬上帶到2樓。

因此這份格局將樓梯擺在玄關土間直接可以看到的位置，創造出馬上就可以將人從1樓玄關帶到2樓公共空間的動線。

此處的樓梯，為了容易帶領客人上2樓，採用直線的造型，也讓2樓的氣氛可以直接傳遞到1樓。直線型的樓梯必須注意的部分是，盡可能降低傾斜的角度。實際的數據，可以將「住宅性能表示制度・對於高齡者之考量的性能等級(傾斜度6/7以下)」拿來參考。

從玄關直接引導至2樓的格局案例。一般來說，會盡可能不讓站在玄關的客人察覺到樓梯的存在，但此處的客廳位在2樓，為了積極的把人帶到2樓，才將樓梯口擺在這個明顯的位置。

通過入口之後進入玄關，右手邊馬上就是樓梯，進入的訪客會直接被引導至2樓。

客廳若是位在2樓，必須設計成可以直接從1樓玄關通往2樓的構造。一般站在玄關的時候，如果眼前是樓梯的話，則代表請人到2樓的意思。但要注意不可讓樓梯太過傾斜，看起來像是山壁一樣。

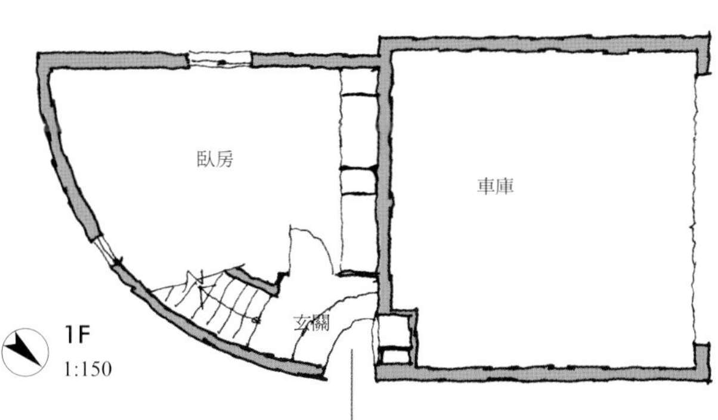

進入玄關，可以看到變化豐富的玄關大廳，此處可以用最短的距離前往1樓的各種空間，在結構方面實現了最短的動線。

玄關的「雙重門戶」 58

位在都市中心的住宅所擁有的特徵之一是，對於各種防盜機能特別的講究。不過，根據近幾年來的犯罪相關報導，不論是偏遠地區還是都會區，似乎已經沒有太大的不同。

不知是否受到這個狀況的影響，住宅機能表示制度之中，追加了「防盜機能」這個項目。其中所要求的，是建築物的開口處必須使用防盜機能較高的建材，以及建築物周圍的環境規劃等，建材之外也必須設立防盜對策。

很令人意外的是，闖空門的入侵途徑以玄關居多。對於這種來自外面的入侵者，一般會採用雙重的門鎖「Double Lock」來對應。

根據資料顯示，如果闖入所需要的時間超過5分鐘以上，大多數就會選擇放棄。具有防盜規格的建材，也會根據這點來檢查抵抗的時間。

此處所介紹的住宅，除了用建材等零件來提高防盜機能之外，還在整體格局的規劃中加上防盜對策。它所採用的方式是，在玄關使用兩道大門。除了一般的玄關門之外，內側還加裝另一扇門。這扇位於內側的門，平時可以收到牆壁內，或是拉開到牆壁中，存在感並不明顯，出門的時候則可以拉上，當作第2扇門來使用。

這棟住宅的主人出差或旅行的時間較多，因此用鋼筋混凝土來打造1樓的結構，盡可能的減少開口的數量，提升防盜的機能性。比較令人擔心的是玄關，所以採用雙重的門來當作對策。

在打開玄關的門之前，還必須先打開另一扇門。1樓的開口處盡可能的減少，成為避免讓玄關成為弱點的格局。

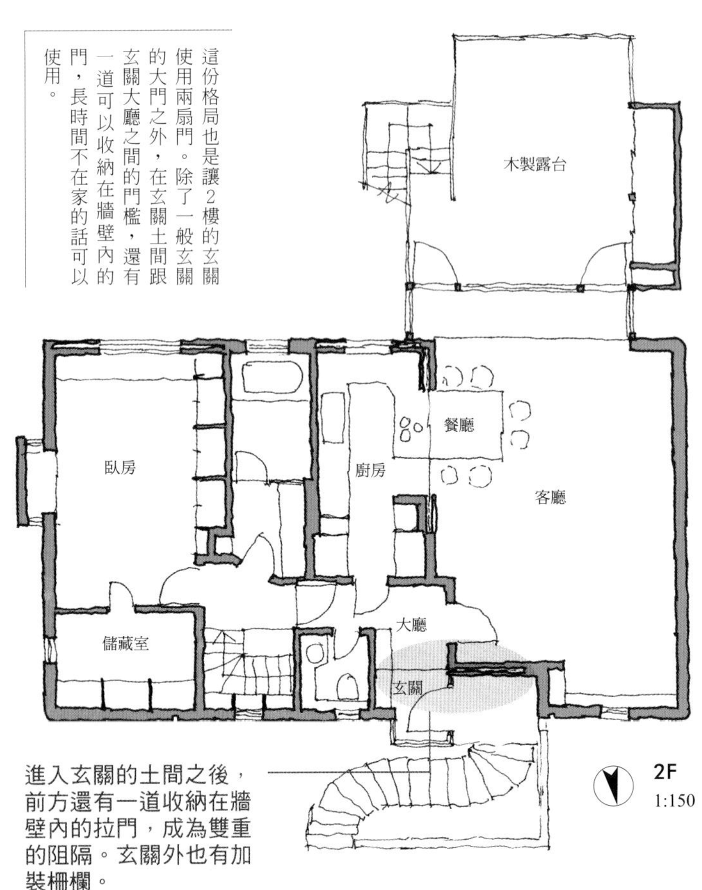

這份格局也是讓2樓的玄關使用兩扇門。除了一般玄關的大門之外，在玄關土間跟玄關大廳之間的門檻，還有一道可以收納在牆壁內的門，長時間不在家的話可以使用。

進入玄關的土間之後，前方還有一道收納在牆壁內的拉門，成為雙重的阻隔。玄關外也有加裝柵欄。

餐廳

用餐的形態…「D型」 59

飲食相關的各種規矩跟形態，可說是千差萬別。此處所介紹的案例，是餐廳(Dining Room／D)跟廚房與客廳分離，可以當作獨立的用餐空間來使用的格局。

因為是獨立的餐廳，可以用正式的方式來用餐。但是使用的空間與客廳分離，若是整體建築的規模不夠充分，這種格局將很難成立。因為可以切斷與客廳的連繫，所以跟餐廳兼廚房(Dining Kitchen／DK)的場合相同，也能當作起居室來使用。在設計格局時，D型與DK型的差異，在於廚房擁有自己獨立的空間，如何將個別獨立的廚房與餐廳做連結，必須好好思考一下。

擁有獨立空間的廚房，大多會受喜歡料理的太太們喜愛，但是在設計格局時，必須事先想好煮好的料理由誰來端出，或是在用餐的途中如果有事得前往廚房時，該由誰以什麼樣的方式對應。除非有專門進行服務的人員，不然最好是在用餐時養成一起動手幫忙的習慣，不要都只交給做菜的人負責。

整體建築必須要有相當的規模，才可以讓用餐的房間獨立。跟訪客一起用餐的機會較多，是採用這種設計的動機之一。將廚房擺在餐廳的旁邊會比較容易服務客人。

跟廚房還有客廳完全分離的餐廳。用此處來招待客人用餐，也相當的方便。

1F 1:200　2F

擁有獨立空間的餐廳，可以讓人慢慢的享用餐點，用餐結束之後直接在此聊天休息，但先決條件是其他房間也有充分的方便性，整個建築物必須擁有某種程度的規模。

這份格局的餐廳，也是從廚房與客廳獨立出來，一開始就設計成可以進行正式晚餐的構造。

1F 1:200

60 用餐的形態…「DK型」

有種說法認為，住宅的基本形態在於「用餐」跟「就寢」。人類住宅最為原始的部分，基本上在於是否可以進行這兩種行為。

為了「用餐」所準備的空間，也就是餐廳，會按照設置的形態、使用者的生活方式，來分成幾種不同的類型。

餐廳兼廚房(Dining Kitchen／DK)型的特徵，是餐廳跟廚房連在一起，或是兩者的空間一體成型，客廳則是另外分開。

調理跟用餐，跟「吃」這個行為有關的部分被整合在一起，讓使用者可以不用在意其他的事情來專心享用餐點，用餐結束之後就算沒有清理完全，也不會讓人太過在意。用餐結束之後直接坐在餐桌攤開報紙、確認家族明天的行程等等，悠閒地渡過時間。

以這個觀點來看，DK型的用餐空間所具有的特徵，比較接近讓家人享受天倫之樂的「起居室(茶間＊)」。

另一方面，客廳則擁有較高的獨立性，除了原本的用途之外，接待客人時也很適合。也就是說DK型格局的住宅，也適合訪客較多的家庭。

＊茶間(茶の間)：日式住宅家人用來團聚的空間，相當於鋪有疊蓆的客廳

這份格局的餐廳兼廚房，跟客廳完全分離來成為獨立的空間，除了用餐之外還可以成為家人聚在一起的場所。

餐廳兼廚房與客廳區隔開來的造型。很意外的用餐結束之後也相當舒適，成為可以用來休閒的空間。

這份格局的用餐空間，跟半敞開式的廚房連繫在一起，被設計成DK型的形態。DK的空間雖然沒有那麼寬敞，但是將區隔用的拉門拉開，可以跟寬廣的客廳連繫在一起成為大型的起居室。

在廚房對面放置餐桌是廚房兼餐廳的型態。雖然與客廳相連，卻可以用拉門完全的分隔開來。

DK風格的用餐空間從以前就存在，現在這種形態的原型，是1950年日本住宅公團所使用的格局。這份格局分配給DK的空間較為寬敞，預定也可以當作起居室來使用。

這份格局以背對牆壁的廚房加上擺在前方的餐桌來形成，這是廚房兼餐廳常常可以看到的設計形態。

用餐的形態…「LD型」 61

客廳兼餐廳(Living Dining／L D)型的用餐空間，是一般住宅普遍所會採用的格局設計。

基本上用餐的空間屬於客廳之一部分時，大多會準備像壁龕(Alcove)一般的空間，來跟餐桌擺在一起使用。給人的感覺比較像是客廳為主，餐廳則是附屬的機能。

但反過來看現代日本家庭在住宅內的生活方式，用餐結束之後大多會繼續逗留，各自進行休閒的活動。因此有餐桌存在的空間，除了拿來用餐之外，放學回家的小孩也可以直接在此做功課、買菜回來的主婦可能先將東西放在餐桌上、或將曬好的衣服收進來之後用此處來燙衣服等等，有各式各樣的用法存在。

為了對應居住者多元的使用方式，餐桌的大小不是只拿來用餐就好，而是必須將攤開來的各種物品推到邊緣之後，仍舊有足夠的空間來用餐的尺寸。宮脇檀建築研究室在遇到這種案例時，會盡可能增加餐桌的大小。要是成品之中找不到剛好的尺寸，會特別進行訂做。只是大型的餐桌除了製作起來成本較高，如何搬進去也是一個問題，必須事先好好計劃才行。

臥房
挑高
W.I.C
小孩房
書房
2F

事先設置好餐桌跟沙發的ＬＤ型格局。吧檯造型的餐桌，是廚房流理台(附帶瓦斯爐)的延長，在沒有用餐的時候，可以將途中設置的擋板拉出來進行區隔。

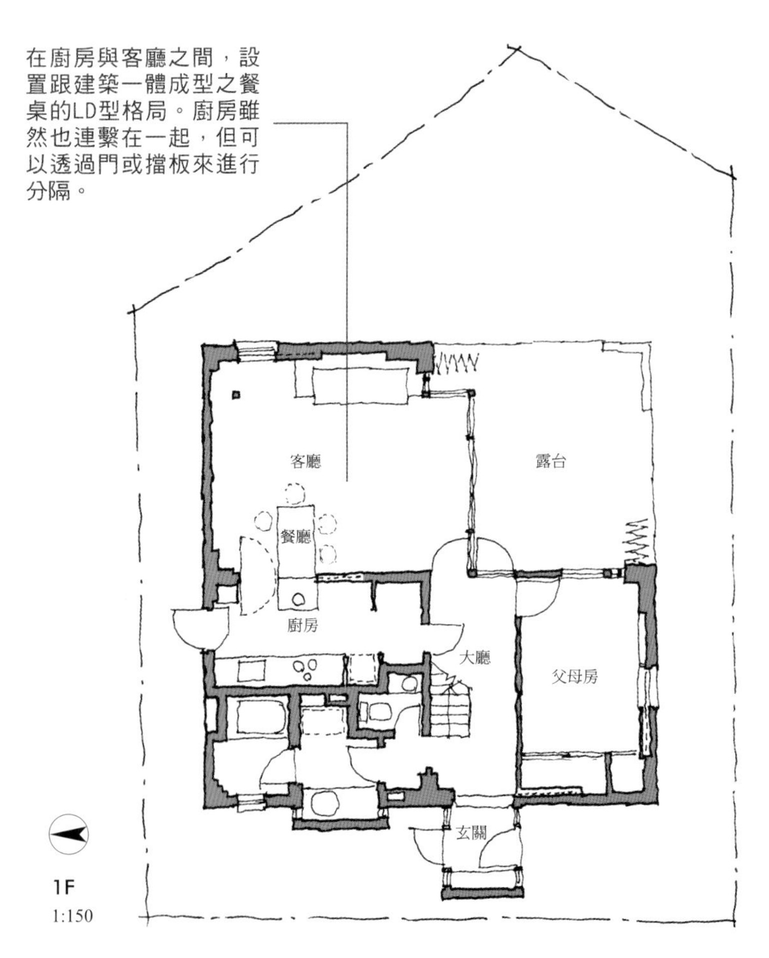

在廚房與客廳之間，設置跟建築一體成型之餐桌的LD型格局。廚房雖然也連繫在一起，但可以透過門或擋板來進行分隔。

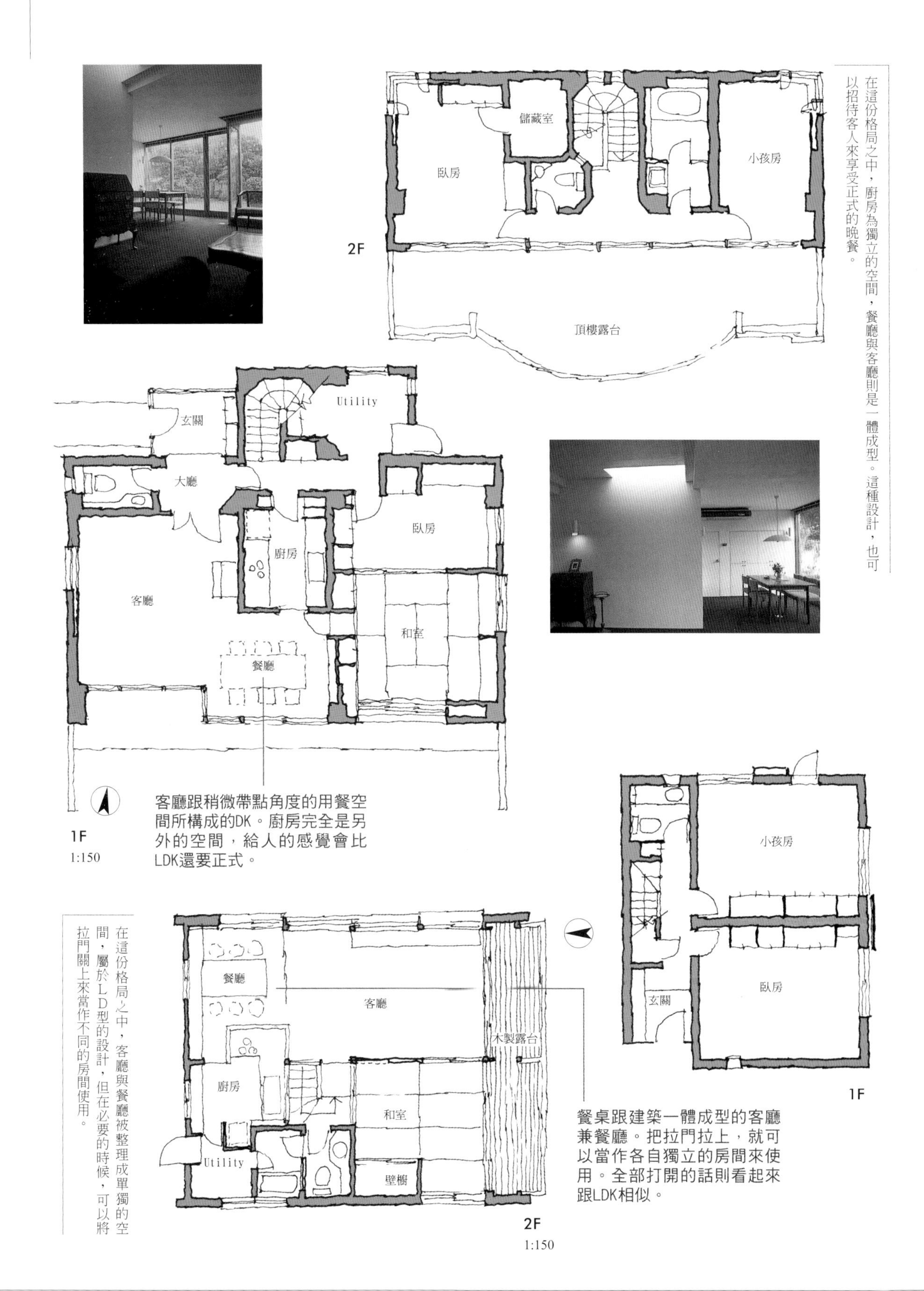

在這份格局之中，廚房為獨立的空間，餐廳與客廳則是一體成型。這種設計，也可以招待客人來享受正式的晚餐。

客廳跟稍微帶點角度的用餐空間所構成的DK。廚房完全是另外的空間，給人的感覺會比LDK還要正式。

在這份格局之中，客廳與餐廳被整理成單獨的空間，屬於LD型的設計，但在必要的時候，可以將拉門關上來當作不同的房間使用。

餐桌跟建築一體成型的客廳兼餐廳。把拉門拉上，就可以當作各自獨立的房間來使用。全部打開的話則看起來跟LDK相似。

委託人的度假屋，基於保全的問題將1樓整合成小型的空間，將LDK擺在2樓。雖然是小型住宅常常可以看到的設計，但此處卻以這種手法來有效利用空間，成為使用起來相當方便的格局。

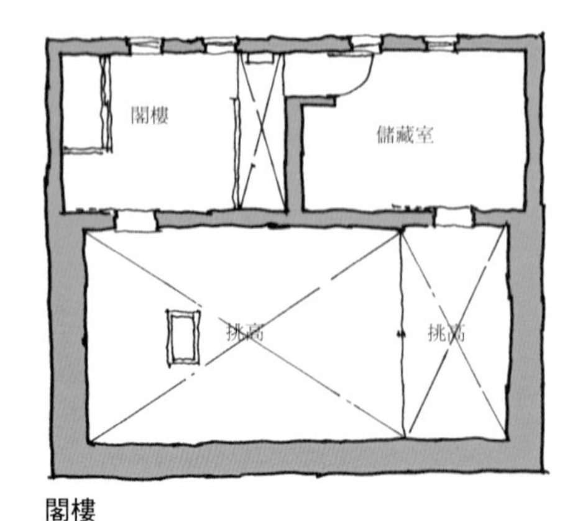

閣樓

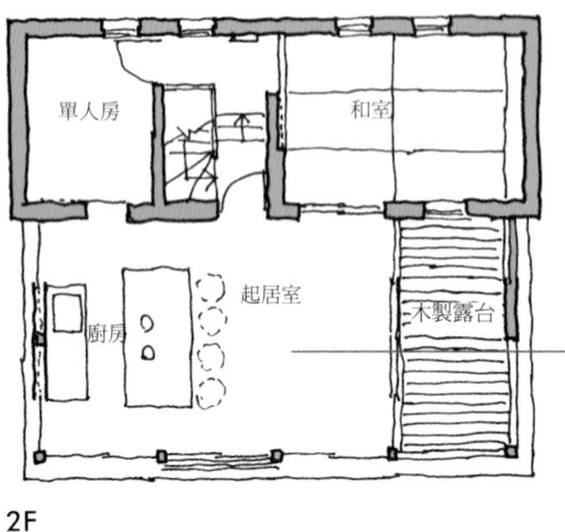

2F

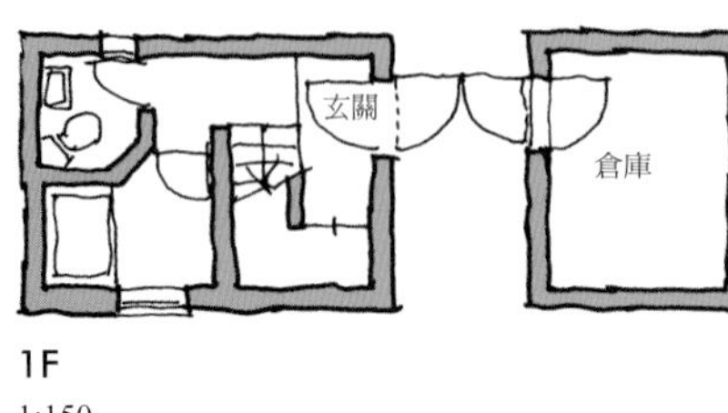

1F
1:150

把起居室直接當作LDK的形態。屬於小規模住宅的度假屋，這種設計的空間效率最是理想。

此處所介紹的格局，是以LDK型的房間來當作主要的活動空間。也就是將客廳(Living)、餐廳(Dining)、廚房(Kitchen)等關係較為密切的三者，整合成一個大空間(One Room)的設計。

將多種機能整合成一個大空間的手法，可以讓重疊的空間運用起來較為靈活，實現多元的建造方式。住宅整體的規模比較有限時，以這種方式來設計格局是相當有效的做法。此處所介紹的案例，也都是規模比較小的住宅。

雖然說是將三者整合成一個大空間，但隨著格局設計之條件的不同，也可以形成以餐廳為主的空間，或是以客廳為主的空間。

要是以餐廳為主的話，則會以餐桌為活動的中心。不光是用餐，家人大半的時間都會在此渡過，成為比較接近起居室的感覺。成員4~5名的家庭，大多會採用這種形態。另一方面，如果是以客廳為主的話，則氣氛比較接近一般的客廳。只有夫妻兩人此種成員較少的家庭，才會傾向於這種設計。

另外，LDK型的廚房並非獨立的空間，會成為開放式或半開放式的，沒有完全區隔之牆壁存在的設計。在這個場合，得多加注意調理時產生的排煙問題，須採取適當的對策。

將LDK整合在一起當作用餐空間的格局，最早是由日本住宅公團所採用，適合小規模的住宅使用。這份格局以D為中心，讓人在用餐結束之後也可以持續在此處逗留。

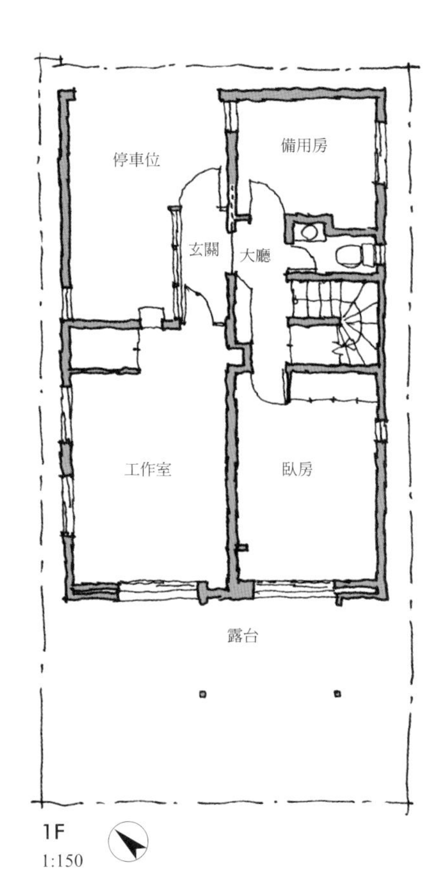

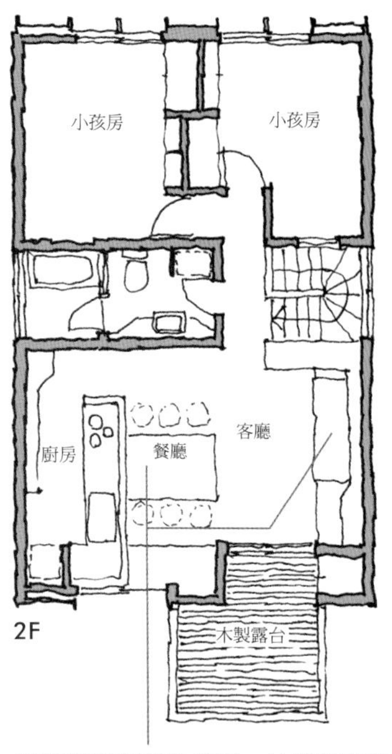

跟廚房面對面的餐廳、沙發跟建築一體成型的客廳，這份格局將兩者整合成One Room的構造。對小型住宅來說是相當合適的設計。

這份格局雖然屬於LDK的造型，但廚房的部分為半開放式，嚴格來說並不算是LDK一體成型的One Room設計。廚房總是會比較雜亂，既然如此乾脆從視線中隔離會比較清爽。

小規模的住宅將LDK擺在2樓的格局。往外突出的吧檯成為客廳內的點綴。

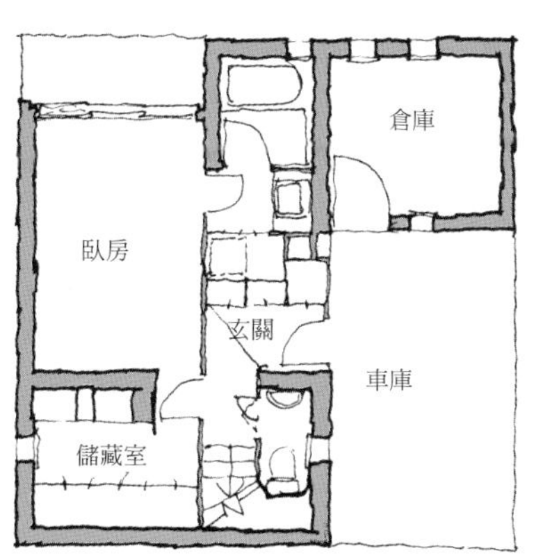

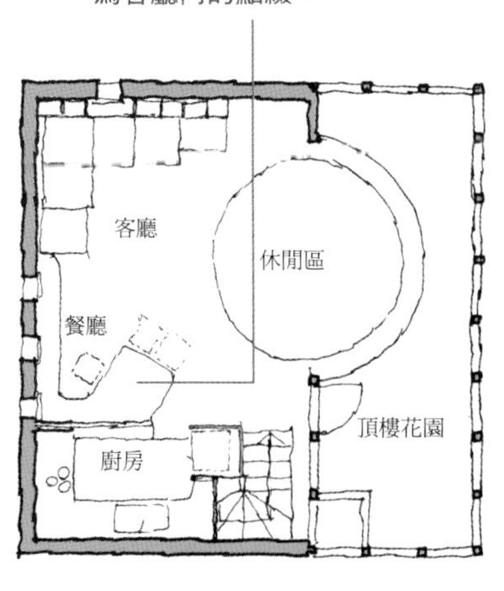

有「茶間」要素存在的「D」 63

在傳統和風住宅的格局之中可以看到的「茶間」，有別於茶道的「茶室」，並不是用來喝茶的空間。茶間基本上是讓家族團聚、進行各種日常活動的地點。若是以現代住宅來看的話，相當於「客廳(Living Room)」。但是跟客廳不同的，「茶間」同時也是用餐的地點。

筆者老家的茶間，設有壁龕跟佛堂，另外還可以擺上暖桌，家族會聚在此處聽收音機或看電視、媽媽會在此縫衣服、小孩會在此處做功課，每天從茶具櫃(日文亦稱之水屋)拿出泡茶的用具泡番茶或焙茶給大家喝。而在天氣晴朗的時候，大家會在此處以箱膳的方式用餐。平時則是在廚房旁邊的小房間，圍著卓袱台(座桌)吃飯。

這樣看來，「茶間」的用途比現代的客廳更加多元，而且還會被用來接待訪客，是住宅之中最為重要的地點。

此處所介紹的案例，是在委託人「想要盡可能重現「茶間」的氣氛」的希望之下，所設計出來的格局。理所當然的，用餐的舒適性被擺在第一優先，為了對應各種使用方式，還盡可能的裝設各種固定的收納空間。

壁櫥 地板 和室 緣側 客廳 玄關 大廳 木製露台 起居室 廚房 Service-yard

與廚房相接的餐廳，但實際上的使用方式，比較接近起居室。

1F 1:150

在這份格局之中，餐廳的位置與露台相接，並且跟半開放式的廚房形成單一的空間。構造跟小路的盡頭相似，讓使用者可以在沉穩的氣氛之中休閒，得到跟「茶間」相似的氛圍。

Service-yar 廚房 玄關 大廳 餐廳 客廳 和室 壁櫥

餐廳內的餐桌為固定式，盡可能的擴大使用面積。當客廳被用來款待客人時，可以將此處分隔開來使用。

1F 1:200

這份格居面向南邊餐廳，中央是跟建築一體成型的大型餐桌，除了用餐之外，還可以和家人一起聊天、喝茶。也可以跟客廳完全的分隔，就算有訪客來臨也不會受到干擾。

「茶間」給人的感覺，是家族在一起用餐、看報紙、看電視等做自己喜歡的事情。所以必須跟這份格局一樣，跟「客廳」完全的分離。

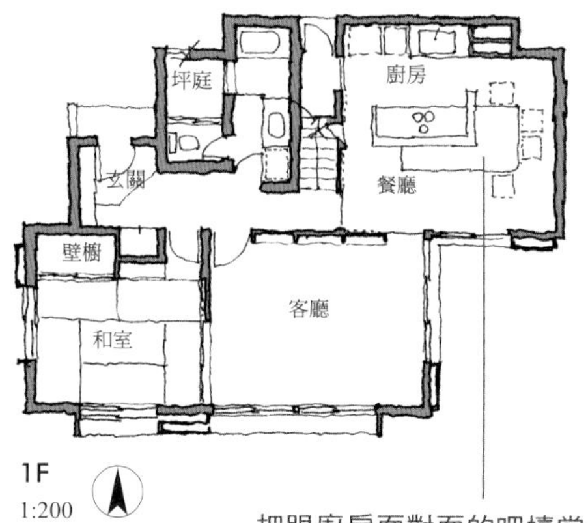

把跟廚房面對面的吧檯當作餐桌，雖然跟客廳相連，但空間卻有所分隔，成為可以休閒的場所。

在這份格局之中，用餐的空間是起居室，餐桌的其中一邊是椅子，另一邊則是板凳，形成可以用休閒氣氛來使用的空間。這是讓家族使用起來毫無顧忌的「茶間」應有的形態。

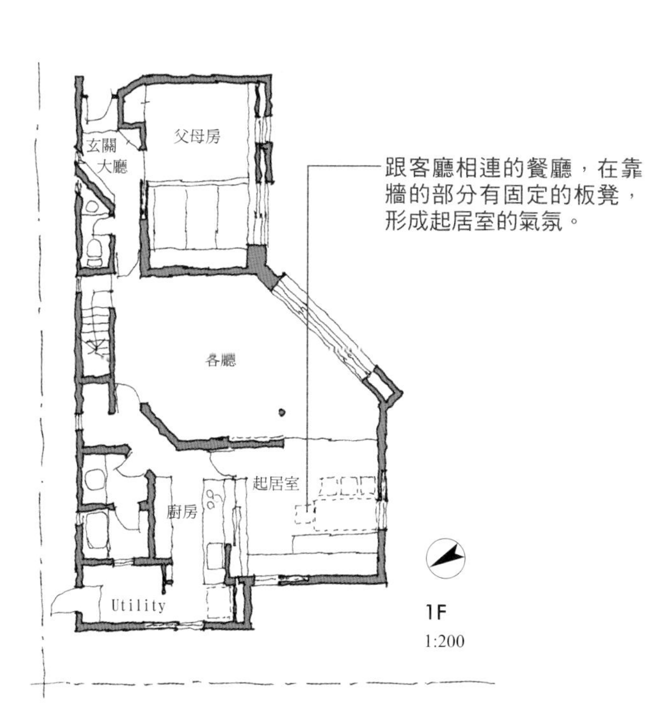

跟客廳相連的餐廳，在靠牆的部分有固定的板凳，形成起居室的氣氛。

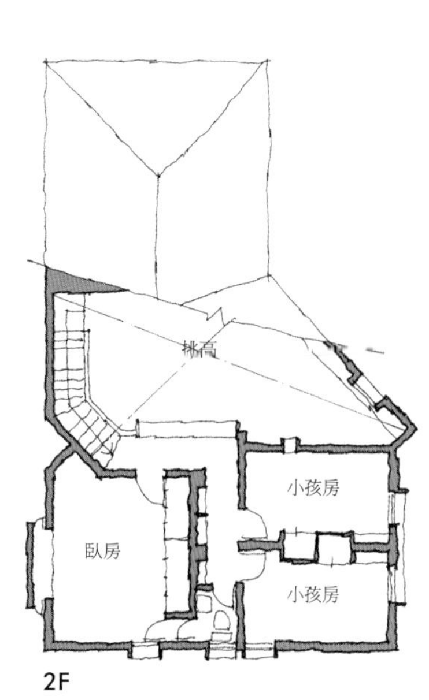

餐桌的形態…「吧檯」 

用「吧檯」似的桌子來用餐，是規模較小的餐飲店也可以看到的設計。用餐的人會順著吧檯排成一排，跟坐在旁邊的人雖然很容易交談，但是跟較遠的人卻比較沒有什麼交集。取而代之的是，站在廚房進行調理的人，可以跟坐在吧檯的每個人面對面的直接交談。

將這種吧檯式的餐桌帶到住宅之中的案例，可以分成兩大類來思考。

第一種，是開放式的廚房。煮飯的人跟用餐的人沒有任何區隔，可以一邊聊天一邊用餐。雖然也有一般住宅採用，但主要是出現在度假屋的格局。製作料理的人跟用餐的人適當的交換位置，秀出自己拿手的料理，可以為大家提供快樂的時光。

另一種場合，則是像小規模的餐飲店一般，可以拿來用餐的空間有限，必須以這種方式來確保足夠的席次。在餐廳兼廚房的格局中思考擺設餐桌的位置時，要是無論如何都整合不出寬敞的空間時，可以用這種吧檯式的餐桌來解決。

在1樓北側設置曲柄狀的吧檯桌，是放鬆心情的度假屋才會採用這種格局。用吧檯式的餐桌來用餐的感覺，跟大家圍一起用餐給人的印象有很大的不同，一般住宅很少會採用。

1F 1:200

雖然是吧檯式的餐桌，但造型相當獨特，擺在客廳感覺也不會奇怪。透過這種設計，讓客廳得到了充分的空間。

吧檯式餐桌跟廚房面對面的格局。擺設一般的餐桌可以讓5～6個人圍起來用餐，但左右需要某種程度的寬度。此處的空間有限，因此選擇吧檯式的餐桌，結果讓人相當的滿意。

1F 1:150

跟廚房面對面的吧檯式餐桌，邊緣往廚房那邊繞過去，是很有個性的造型。

在這份格局之中，吧檯式餐桌的其中一邊面積較大，形成「b」的造型，使用起來的感覺跟一般餐桌類似。吧檯較細的部分則用來上菜或擺其他不要的盤子。

1F 1:200

圍繞廚房的吧檯式餐桌，較寬的那邊可以當作桌子，實現比吧檯更加良好的機能性。

65 餐桌的形態…「半島」

英文「Peninsula」是「半島」的意思，指的是餐桌往外突出，感覺就像是半島一樣的造型。

此時突出去的造型並不一定，比方說廚房吧檯的一部分延伸出來，或是窗邊吧檯的一部分突出來等等。不論是在哪一種場合，半島型的餐桌都是跟建築物一體成型的固定式家具，無法隨便搬移。

跟一般吧檯式餐桌不同的地方是，突出的部分兩邊都可以坐人，可以像普通的餐桌一樣讓家人圍起來用餐。

這種造型跟開放式的廚房相當容易搭配，有些會讓吧檯式餐桌的一端延伸出來，增加面積來形成半島型的餐桌。使用方式也跟吧檯式的餐桌相似，大家一邊聊天一邊用餐，在度假屋的格局之中常常可以看到。

採用這種半島型餐桌的時候，會以固定的方式裝設，必須考慮整體格局使用上的方便性，再決定位置跟大小(特別是往外突出部位的大小)。隨著突出部位的造型變化，有可能會像裝置藝術一般大幅改變空間的氣氛，必須充分檢討之後再來使用。

位在客廳跟廚房之間的半島型餐桌，在LDK的格局之中擁有不小的存在感。

這份格局的餐桌，從客廳牆壁邊緣的吧檯延伸到廚房，前端稍微加寬來形成桌子的造型。基本上是由兩個人使用，面積的大小約1m平方。

一邊確保前往廚房的通道，一邊讓窗台突出去來形成餐廳。從格局圖看來正是標準的半島型餐桌。

已經登場過數次的這份案例，在小規模的格局中融入各種不同的要素。沿著2樓客廳的開口處設有長距離的窗台，與廚房之間的部位多少往外突出，成為半島型的用餐區塊。在沒有用餐的時候，也可以為這個房間進行點綴。

這個半島型的餐桌，從流理台的側面延伸出來，前端為圓形，讓人可以圍在此處用餐，就像是使用圓桌一般。

這份格局一樣可以在1樓看到「半島」的造型。請想像跟要好的朋友一起坐在這裡用餐，一起喝酒、一起聊天、偶爾站在廚房製作輕食或下酒菜…這種設計非常適合如此的用途。

餐桌的形態…「長板凳」66

直接坐在鋪有疊蓆之地板上面的日式生活，跟坐在椅子上面的西洋式生活。這種生活形態的變化讓我們在思考格局時，得刻意提醒自己去意識到桌子、椅子、床鋪等擺設型家具的存在。

也就是說在討論房間的大小時，必須分成擺設家具所需要的空間，跟擺上家具之後居住者可以自由行動的空間來看。似乎在日本人的腦中還留有以前那種六疊蓆、八疊蓆房間的感覺，常常在房間擺上新的家具之後，才發現行動起來相當不方便。

餐桌周圍所使用的椅子也是一樣，如果有到4人份、6人份的話，也會佔用不小的空間。就算盡可能採用尺寸較小的椅子，如果餐廳空間有限的話，餐桌的位置仍舊是會讓人傷透腦筋。

此時可以拿來運用的手段之一，就是採用「長板凳」。基於長板凳構造上的特徵，坐在兩端的人雖然可以正常使用，但中央的人行動起來卻比較不方便。就算如此，長板凳所能容納的人數比較可以靈活變通，只能擺3張椅子的地方，長板凳也可以擠上4～5個人，空間比較有限的時候是很好用的選擇。

Utility
廚房
客廳
父母房
起居室
大廳
玄關
1F
1:150

在餐桌周圍擺上椅子，會因為椅子的數量而限制用餐的人數，如果採用長板凳的話，則人數比較可以靈活的變化。一般只能坐3個人的空間，稍微擠一下可以坐4個人，也可以全都由1個人佔用。

以用餐為主要目的的固定式長板凳。這個構造讓此處不再只是單純的用餐區塊，而是可以讓家族聚在一起的空間。

在廚房的另一邊擺上兩張板凳的餐廳，讓人面對面的坐下來用餐。如果使用一般椅子的話，空間將明顯的不足。

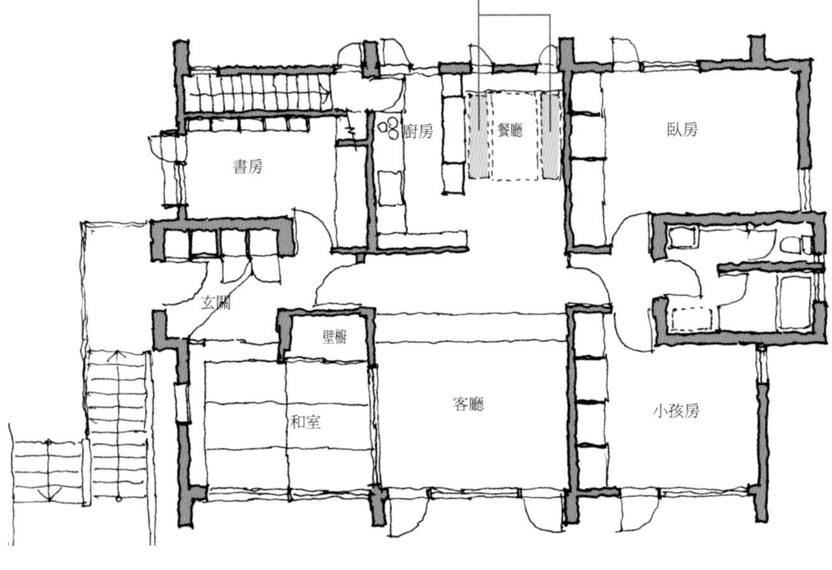

在有限的空間裡，要擺放附有桌子和椅子的餐廳是不可能的。這份格局，採用以板凳代替椅子的方法。如圖所示，在這樣的空間中，若兩側放置椅子的話，餐桌就無法放置了。

67 讓「餐桌」得到朝日

能夠讓家人聚在一起，是住宅應有的形態，每次設計格局的時候，總是會思考如何實現這點。但是，現代社會中，家中成員各自的生活形態越來越多元，要讓家族在同一時間聚集在同一個場所的機會，變得越來越少。

一棟住宅內，全家人最常聚在一起的機會，就是用餐的時間。但是面對忙碌的現代生活，所有人回家的時間不一，晚餐時每位成員都到齊的機會是少之又少。而午餐的時間也是一樣，如果是在非假日的話，甚至有可能是一個人也不在。

就結果來看，大家最有可能聚在一起的時間，只剩下早餐。就算如此，所有人起床的時間也可能各不相同，或是各自以不同的時間出門，想讓家中成員早上全部聚在一起，也是需要相當的努力。

基於這些考量，宮脇先生認為在設計格局的時候，擺設餐桌的位置，必須在早餐的時間最為舒適。晴朗的早晨讓人感到非常的舒服，是因為有朝日的陽光，所以設計格局時擺設餐桌的位置，必須在東邊設置開口。此時要多加注意的一點是，朝日射入的角度低於接近水平，坐下的位置不可以讓日光直接照到臉上。

一整天下來，家中所有成員最有可能齊聚一堂的時間，是在早餐。所以這個場所要盡可能的讓人感到舒適，讓大家可以用舒適的心情來開始這一天。設計出可以讓陽光照進來的餐廳，也是基於同樣的理由。

和室　壁櫥　廚房　餐廳　客廳　挑高　木製露台

2F
1:150

用餐的場所從客廳延伸出來，並且面向東邊。這份格局讓居住者在享用早餐的時候，可以得到朝日的陽光。

在晴朗的早晨，一邊接受太陽的洗禮，一邊舒適的享用早餐。不光是可以讓人得到完全清醒過來，還可以讓人得到一天所需要的活力。這也是為什麼餐桌的位置最好向東，並且設有窗戶。

玄關　Utility　廚房　客廳　和室　餐廳

1F
1:150

此處餐廳也是面向東邊，從大型的開口處照射進來的陽光，為居住者提供最佳的養分。

為訪客準備的「餐廳」 68

提供餐點，是招待客人最高級的款待。而跟客人一起享用餐點，也是與對方加深感情的大好機會。

一般所謂正式的「餐廳(Dining Room)」其實是用來款待客人的房間。在思考格局的時候，必須給予相當的時間與心思。

正式的餐廳通常會採用獨立空間的造型，其位置必須跟「座敷」＊一樣，擁有良好的日光且可以欣賞庭園的風景，盡可能給予良好的條件。

房間的大小，最少要能夠擺下一張讓8個人圍在一起的餐桌(長2.7～3m、寬0.9～1m左右)，這樣使用起來會比較方便。

此處所介紹的案例，就是屬於這種格局。但實際的設計會隨著款待方式、廚房的位置、是否有專用的服務人員而產生變化。一般來說，為了不受廚房的吵雜與氣味的影響，至少會有一條走廊當作間隔，但有時也會出現由主人親自為客人服務的款待方式。若是後者的情況，廚房位在餐廳的旁邊會比較方便。

另外，如果自家人平時也在此處用餐的話，除非有幫忙上菜的傭人，不然還是將廚房擺在餐廳旁邊會比較好使用。

＊座敷：日本鎌倉時期，貴族豪邸用來宴客的房間，現代住宅則是指高級的和室

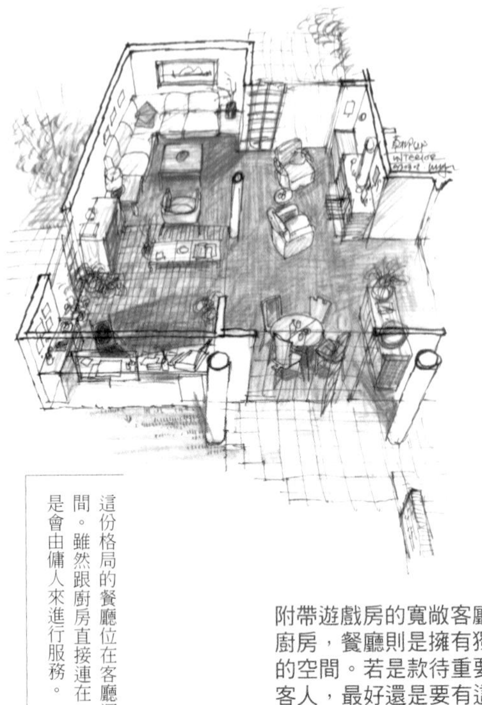

這份格局的餐廳位在客廳深處，設計成氣氛沉穩的空間。雖然跟廚房直接連在一起，但是在用餐的時候還是會由傭人來進行服務。

附帶遊戲房的寬敞客廳與廚房，餐廳則是擁有獨立的空間。若是款待重要的客人，最好還是要有這樣的格局。

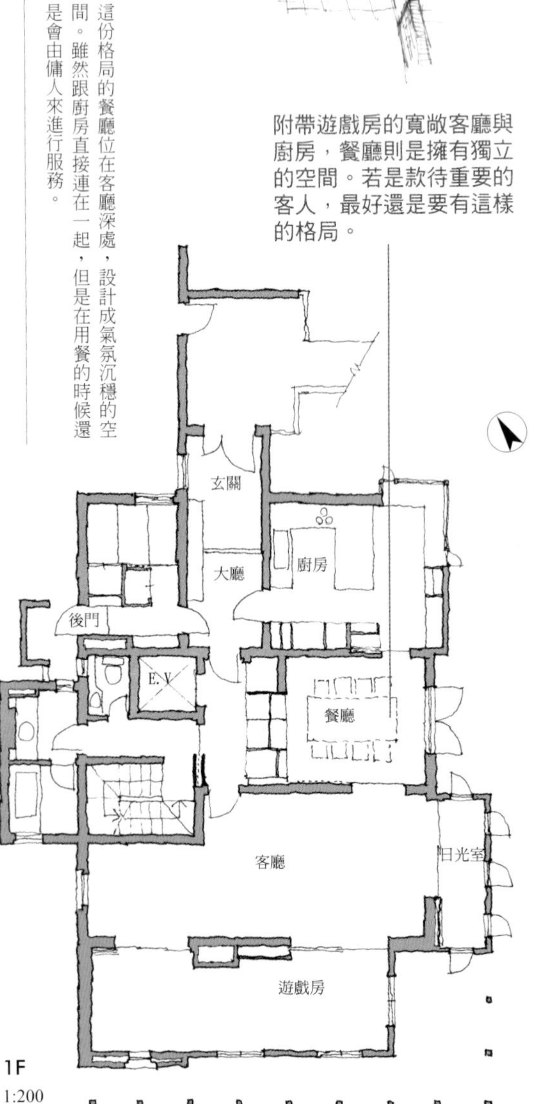

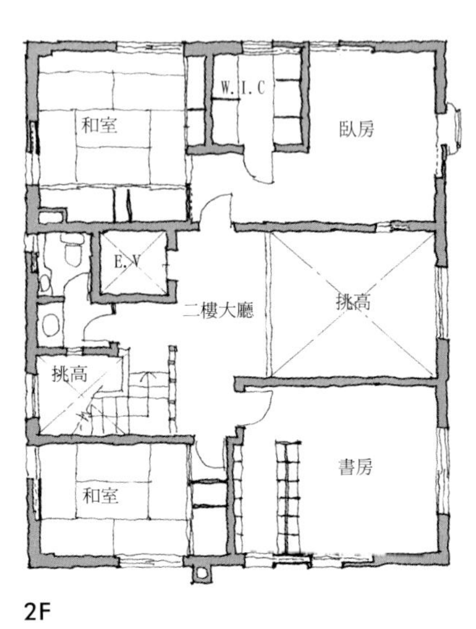

69 讓地板下降一個層次的「餐廳」

客廳跟餐廳在同一個空間內的LD型格局，要在此處準備什麼樣的場所來讓人用餐，這個問題有無數的解答存在，設計的時候總是很難決定。

比方說，如果想要用「舒適」的餐廳來讓人覺得氣氛爽快，可以將用餐的空間擺在挑高構造的天花板下方。如果一樣是「舒適」，但卻想要有沉穩的氣氛，則可以設計成被牆壁圍起來的空間。

此處所介紹的是追求「沉穩氣氛」的案例。在客廳兼餐廳的One Room一角設置壁龕(Alcove)，並且拿來當作餐廳使用。因為是往牆內凹陷進去的構造，所以這個空間的3個方向都被牆壁所包圍，光是這樣就能給人沉穩的感覺。而此處另外還降低天花板的高度，形成被包覆在內的氣氛。另外，此處的地板比其他部分還要低上一層，較低的視線可以更進一步加強沉穩感，跟三個方向的牆壁加在一起，宛如置身在洞穴之中，實現非常寧靜又穩重的空間。

擺在廚房旁邊的餐廳。地板比客廳更低一層，形成周圍被包覆起來的造型，讓人感到一種不可思議的舒適感。

地板比周圍要低的場所，可以得到沉穩的氣氛。這份格局另外還降低圓形天花板的高度，形成把人包覆起來的沉穩空間，就算在餐桌渡過較長的時間也不會感到厭煩。

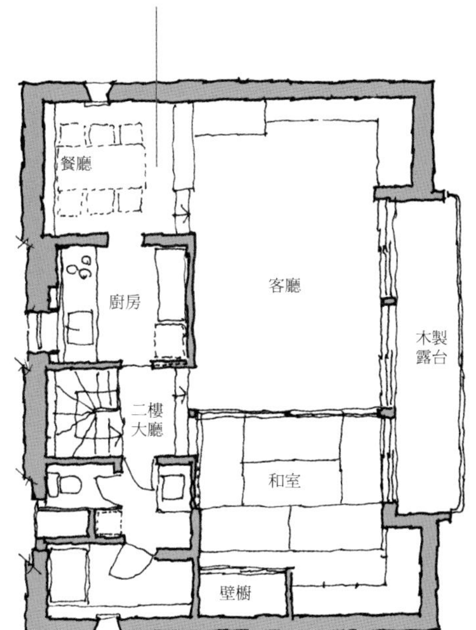

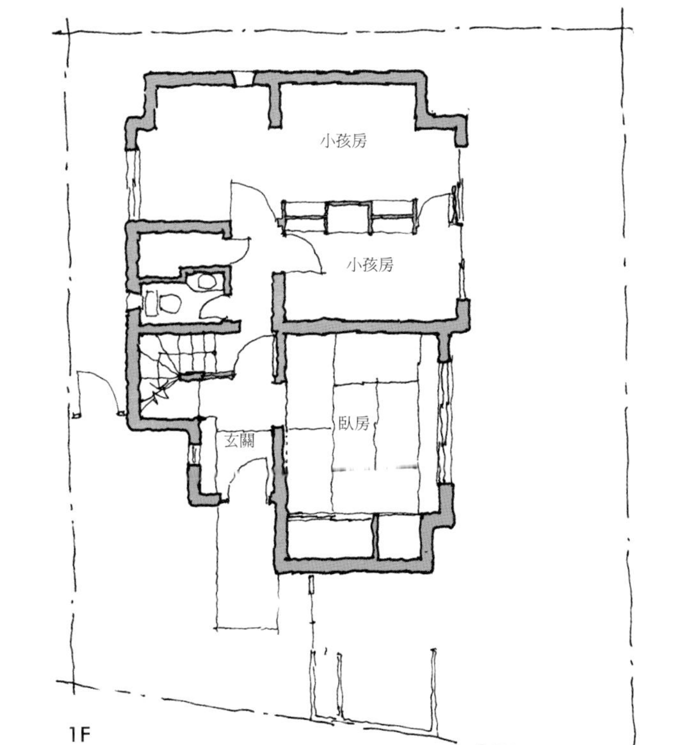

位於「穿透式土間」的餐廳 70

一般來說，住家與度假屋在格局設計上的思考會有一些不同。度假屋的格局，依照使用的人數跟時間，可以有比較多元的變化。比方說想要一整天都坐在書房內看書，過著跟平時不同的生活，或是既然外出，就想要到大自然走走，度假屋純粹只是用來歇腳等等。屬於後者的情形時，此處人員的進出會相當頻繁，才剛脫下鞋子又要出去，讓穿鞋子的動作顯得格外的麻煩。

此處所介紹的案例，是一般住宅很少可以看到的，讓「土間」穿過整個室內的格局。土間是沒有鋪設室內地板，可以直接穿鞋子進入的空間。這棟住宅的廚房設在土間，餐桌的房間也跟土間相連，不論是室內還是土間的部分，都可以使用餐桌。

這種設計，讓使用者不用脫鞋就可以使用廚房，當然也可以直接用餐，讓居住者行動起來有更加良好的機動性。而家中若是採用這種設計，剛剛採收帶有泥土的山菜，可以先擺在土間，或是下大雨回到家中，濕淋淋還在滴水的時候，也可以毫無顧慮的進到土間。因為這個部分是被屋頂所覆蓋的「室外」空間，用來連繫內外的場所。

度假屋的用途相當多元，也可以用來當作戶外活動的據點，盡情的享受大自然。為了用餐或休息而進入室內，但每次脫鞋穿鞋卻又相當麻煩，能夠不脫鞋就進入的餐廳兼廚房，使用起來格外的方便。

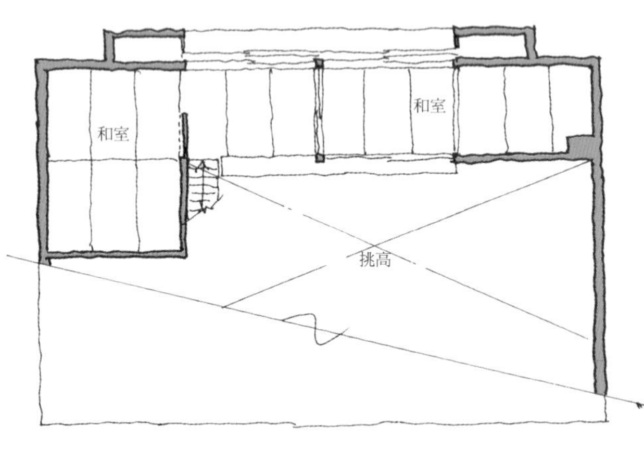

2F
1:150

1樓中央餐廳跟土間相連。雖然是極為罕見的格局設計，但位在土間的廚房使用起來出乎意外的方便。

儲藏室
廚房
餐廳
玄關
和室
客廳
木製露台

1F
1:150

71「瓦斯爐」的位置

「廚房」是用來調理的房間，也就是用來準備餐點的作業場所。為了安全又有效率的執行作業，必須考慮作業流程來選擇流理台跟瓦斯爐的位置。思考作業效率而選出來的位置，就是廚房的格局。

準備餐點的流程，大多是「準備材料」⇒「切菜」⇒「調理(加熱)」⇒「裝盤」⇒「餐桌」。「調理(加熱)」的工程，也就是使用瓦斯爐的作業，跟最後的「餐桌」距離比較接近，且會在作業流程的後半進行。有時甚至是「加熱」的工程之後馬上就是「裝盤」，讓「裝盤」的作業在餐桌上進行。

宮脇先生說「廚房的格局，必須先思考作業流程再來整合」。因此廚房內瓦斯爐的位置，最好是跟餐桌比較接近。以半開放式的廚房來看，瓦斯爐的位置必須是面對餐廳，沒有牆壁的開口處。此處雖然也會被餐廳看到，但使用火的行為具有表演的性質，對於在餐桌等待的人來說會是一種演出效果，因此宮脇先生認為「這個位置剛剛好」。另外，用餐結束之後一邊說「來泡茶吧！」一邊起身去煮開水的時候，瓦斯爐也不可以離餐桌太遠。只是如果沒有注意排煙的話，油煙有可能會影響到餐廳的舒適性，要多加注意才行。

在小巧的格局之中，LDK位在2樓。客廳與位在牆角的廚房之間，設有固定式的餐桌。廚房的流理台雖然面向牆壁，瓦斯爐確是在相反的位置，擺在餐桌的中央。

瓦斯爐跟固定式的餐桌極為接近，幾乎是位在整體的中央。此處的調理作業似乎會成為一種表演。

瓦斯爐在廚房的機能，不外乎是加熱跟煮沸等調理作業的最終階段，之後只剩下裝盤上菜，因此瓦斯爐的位置跟餐桌近一點會比較方便。這份案例將瓦斯爐裝在餐桌的其中一個角落。

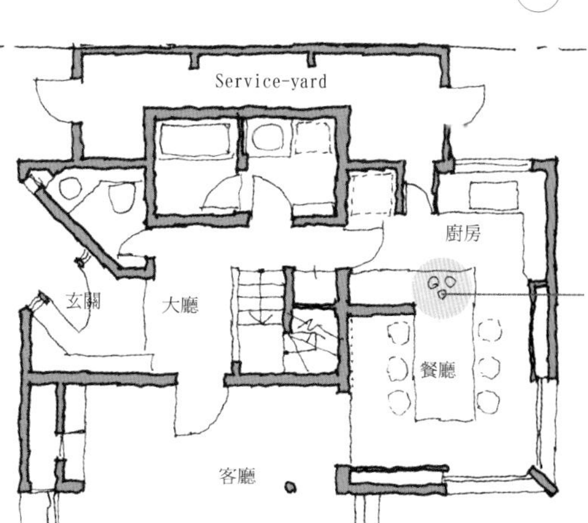

固定式的L型吧檯餐桌，設置在角落的瓦斯爐，跟餐桌的距離相當接近。

「流理台」的位置 72

廚房的作業流程之中，會用到「流理台」的是一開始準備材料的部分，跟調理作業結束或用餐結束之後的清洗作業(雖然在調理過程之中也常常會用到水)。

考慮到作業的前後順序，「流理台」跟客廳的距離稍微遠一點也沒有關係。半開放式的廚房，大多擺在面對餐廳，且沒有開口處的牆壁上。置於這個位置有它的理由存在。「流理台」不需要跟抽油煙機等換氣設備裝在一起，需要這種設備的「瓦斯爐」在背對牆壁的位置，會比較容易對應。

但是背對牆壁的位置，反而可以讓「流理台」與其周圍的設備使用起來更加方便。因此在決定「流理台」跟「瓦斯爐」的位置時，不可以只是考慮換氣設備的位置。宮脇先生說「跟使用瓦斯爐的作業相比，流理台負責的工作不具表演性質，不要面對客廳會比較好」。

實際上，廚房的作業效率並非取決於各種設備的位置，而是由流理台、瓦斯爐、冰箱這三者的位置關係來決定。據說連繫這三者之間的距離，加起來若是在3～4m以下，則使用起來會比較方便。這三者的位置關係被稱為「Work Triangle(工作金三角)」，思考格局的時候必須將這點記起來。

跟瓦斯爐併排的流理台，作業時在此處逗留的時間最長，設計位置的時候也必須額外的細心。

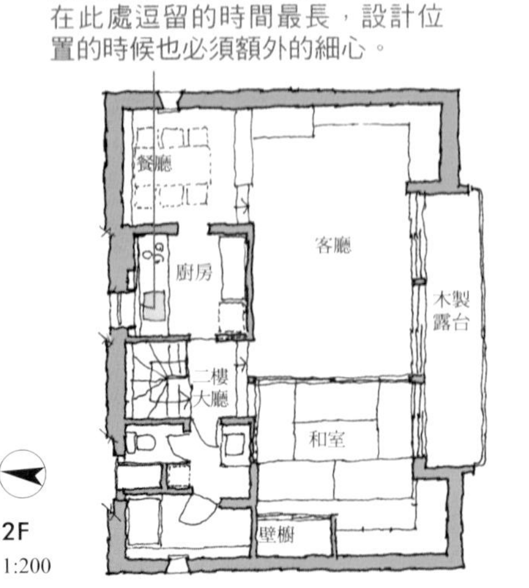

就算是規模較小的廚房，只要有可以轉換心情的「設計」存在，就不大會去在意狹窄的空間。在這份格局之中，流理台的窗戶是唯一的開口，不光是站在流理台前方，進行其他作業時，也可以用來讓眼睛休息一下。

把流理台擺在匚字型小路盡頭的形態。調理用的設備全都集中在此，是非常有效率的排列方式。

廚房
餐廳
和室
客廳
2F
1:150

將流理台擺在匚字型廚房深處的案例。在廚房作業的時候，站在此處的時間最長，但位在小規模住宅2樓客廳的角落，舒適性應該不差。也可以從眼前的窗戶看到外面的風景。

裝在匚字型廚房最深處的流理台，正面有開口存在。

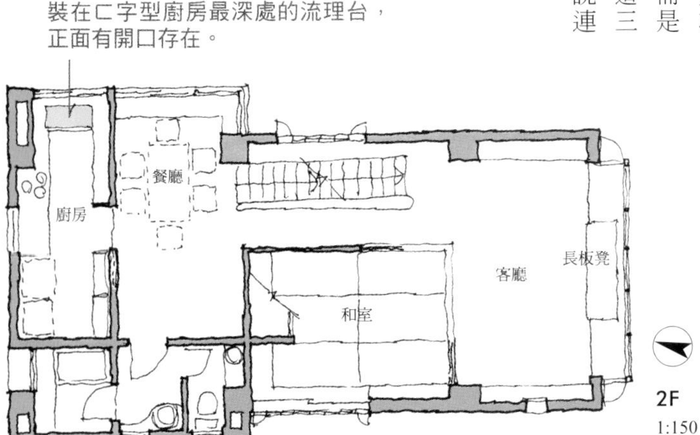

這份格局，在2樓向東的場所設置廚房的流理台。東邊是可以瞭望到遠方的平地，最適合用來讓眼睛休息，因此選擇這個位置。

73 或開或關，變幻自如的「廚房」

廚房的形態有「封閉式」、「開放式」、「半開放式」等三種。各自擁有不同的特徵，必須以生活形態為基準，來考慮要採用哪一種形態。

一般來說，「半開放式」的採用案例數量較多。這是因為它擁有跟封閉式較為接近的特徵(廚房內所發生的油煙跟氣味不會跑到其他空間，內部裝潢等相關規定對廚房的限制，只要在此處對應即可)，另一方面又兼具「開放式」的構造，可以直接跟客廳的人進行溝通。

就算如此，要是仔細審查一遍，還是會找到問題。其中之一是，廚房內散亂的樣子會被看到，讓人不得不去在意。雖然說客廳比較不容易看到調理者手邊的位置(作業台表面)，但總是會覺得，希望可以在沒有使用的時候變得像「封閉式」廚房一樣。

此處所介紹的案例是，在「半開放式」廚房面對客廳一方的開口時，裝上可以收到牆內的拉門，沒有使用廚房的時候可以完全關起來。跟廚房吧檯連在一起的餐桌部分，則是使用吊掛式的拉門，以避免拉門的軌道破壞桌子表面。

這份格局的廚房採用半開放式的構造。但希望在沒有使用廚房的時候，可以進行區隔。因此在餐桌跟作業台之間裝有拉門。

儲藏室 地板 和室 玄關 大廳 壁櫥 客廳 儲藏室 廚房 餐廳 Utility

1F 1:200

使用收在牆內的拉門，可以將廚房完全遮起來，只留下餐桌的部分。

這個部分可以進行開關，在必要的時候把門拉上，客廳就可以成為獨立的空間。

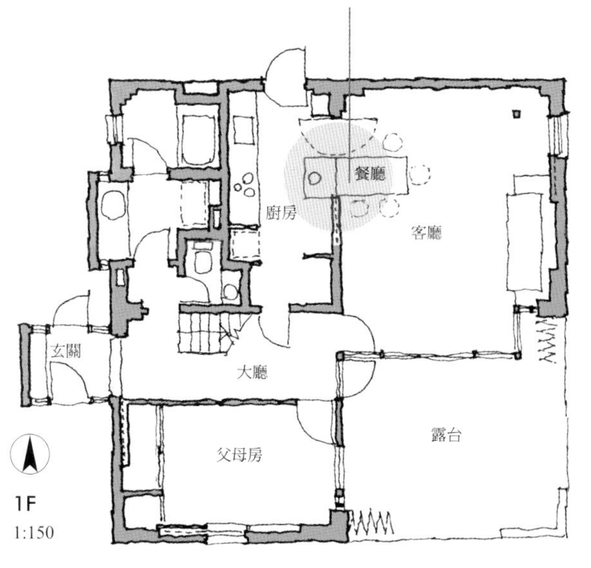

半開放式的廚房，可以讓調理室跟餐桌維持密切的關係，卻又像封閉式的廚房一樣，不讓排煙跟氣味影響到其他空間。可是跟用餐沒有關係的時候，希望可以將視覺上的連繫也切斷，這是回應這種要求的設計之一。

可直接進出的「土間規格」的廚房 74

玄關是一棟住宅最主要的出入口。對訪客來說，這是請求居住者帶領進入的指標，同時也是主人用來迎接訪客的場所。思考一般住宅的格局時，會特別注意玄關的位置，但如果是度假屋，就算沒有設置玄關，使用起來也不會有什麼不便之處。反而是透過露台來進出會比較方便。但就算如此，還是需要有個最後關門的地方，反過來說剛抵達的時候也要有第一個打開的入口，即使沒有設置玄關，還是得決定這個出入口是在哪裡。

此處所介紹的案例，就是將這個出入口擺在廚房的格局。也就是從廚房進入、從廚房外出，用廚房來取代這個家的玄關。如同玄關會有土間(不脫鞋就可以進入的部分)一般，這個廚房也採用土間的規格，讓人可以不脫鞋子就進入。餐桌也一樣是擺在這個地方，讓煮菜跟用餐都可以在土間內完成，就算不小心打翻東西弄髒地板，也不用太過在意。

區分室內與室外的門檻，則是位在廚房與客廳之境界上，此處相當的寬敞，就算進出的人數較多，也可以充分的對應。

這是委託人的度假屋，把廚房兼餐廳的部分當作出入口來使用。此處的地板為磁磚，一直到進入客廳之前都不用脫鞋子。從外面回來馬上又得出去的時候，可以不必脫鞋的簡單吃點東西再出門。

臥房
臥房
露台
廚房
餐廳
暖爐
客廳
壁櫥
和室

1F
1:150

這個廚房兼餐廳的部分，地板不屬於室內，可以不脫鞋子直接進入，烹煮東西或用餐都不用脫鞋。

75 在廚房有效的使用「天窗」

為獨棟的住宅思考格局時，總是希望可以實現集合住宅不容易擁有的，每個房間都有開口和室外相連的格局。

客廳跟個人的房間就不用說，廚房、廁所、浴室等跟水相關的空間(或衛浴設備)，可以的話最好也跟室外相連來進行換氣，這讓設計者傷透了腦筋。

只要在設計格局的時候，小心注意跟水相關的設施，大多數的時候都可以如願。但就算如此，整理其他各種條件、考慮到整體的平衡性之後，也會出現無法在牆上設置開口的狀況。此時可以換個方式，考慮設置天窗(或是高窗)的可能性。「天窗」這種設備，在集合住宅幾乎沒有辦法採用。特別是廚房，牆壁的面積大多用來當作收納，用天花板的開口來進行採光，是非常有效的做法。

此處所介紹的案例，用圓筒形的空間來連繫到天窗，除了採光之外還可以進行換氣，感覺就像是排氣管一般，同時也是有效的換氣系統。這種構造在需要換氣的廁所跟浴室等地點，也可以發揮功用。

設置天窗的廚房。周圍是住宅的密集地，因此住宅整體的開口處較少，以上方的開口來確保光線。

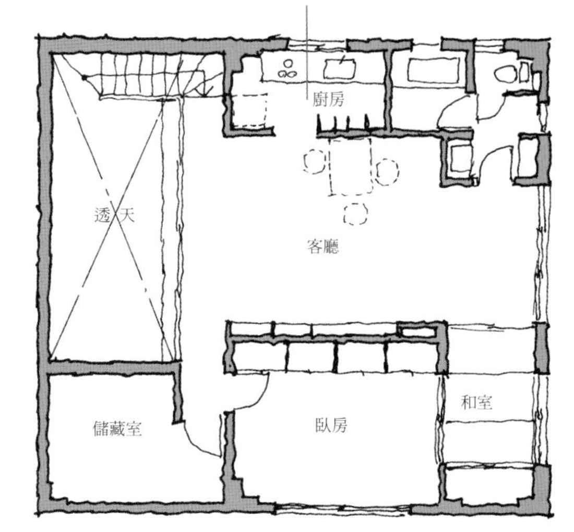

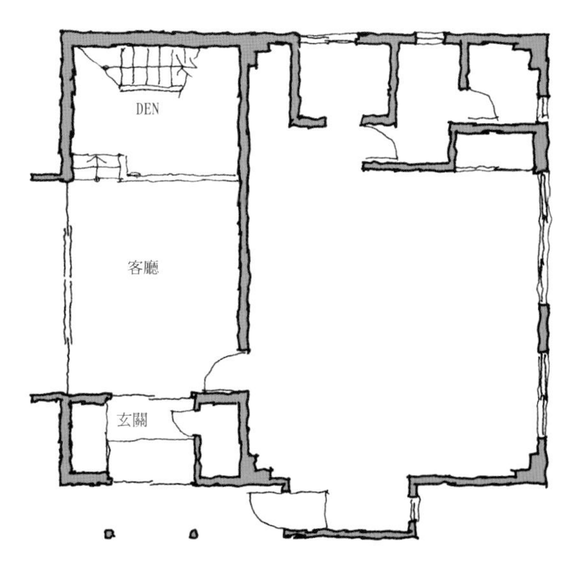

都市內的住宅周圍大多有密集的建築，因此天窗是相當有效的設備。這份格局把跟水有關的設施整合在2樓東側，用1個大型天窗來負責洗手間、浴室、廚房、客廳的採光。

讓廚房成為「穿透式通道」的位家 76

通往隔壁房間的同時，又可以在住宅內部環繞的「洄遊路線」，可以提高格局的方便性，這點在先前已經提過。

這種格局在絕大部分的情況是，只要不是以環繞家中為目的，都可以讓使用者直接前往想要抵達的房間，不用特地通過其他房間。但是在各種格局的設計中，也有像此處所介紹的案例一般，把房間當作「穿透式通道」來融入日常性的動線之中。

仔細觀察這份格局，廚房的位置，原本應該是「中央走廊」的空間。從動線看來，不論是要前往南側的房間還是北側的房間，理所當然的都必須通過此處。這份格局把中央走廊加寬來當作一個「房間」，成為位在主要動線上的「穿越式房間」。

這棟住宅的情況，這個空間的用途是廚房，就算有人頻繁的通過，也不用太過在意。但，若訪客想要使用廁所時，則一樣得通過這個部分，要更加注意整潔的問題才行。

因為是中央走廊的位置，此處無法得到良好的採光，若是沒有準備其他對策，白天也無法得到充分的光線，必須24小時使用人工照明。結果讓天窗成為必備的條件。

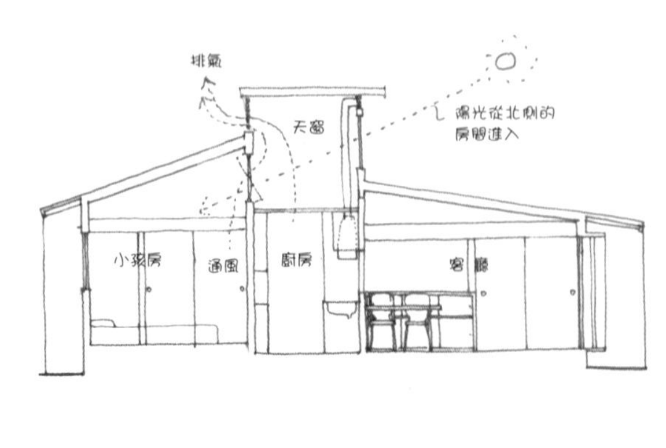

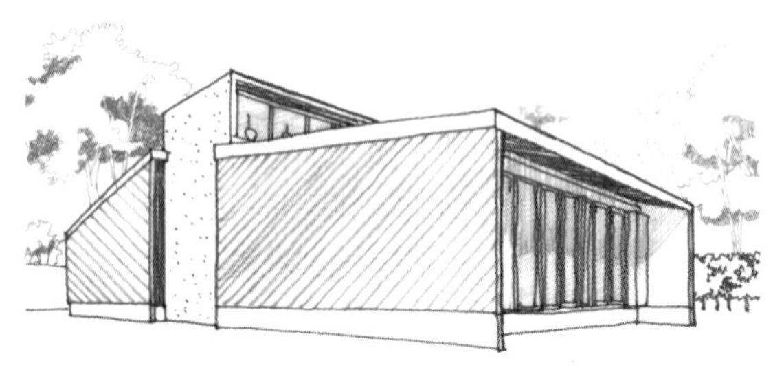

如圖所示，穿過住宅中央的廚房，是前往玄關跟兩個和室的通道。

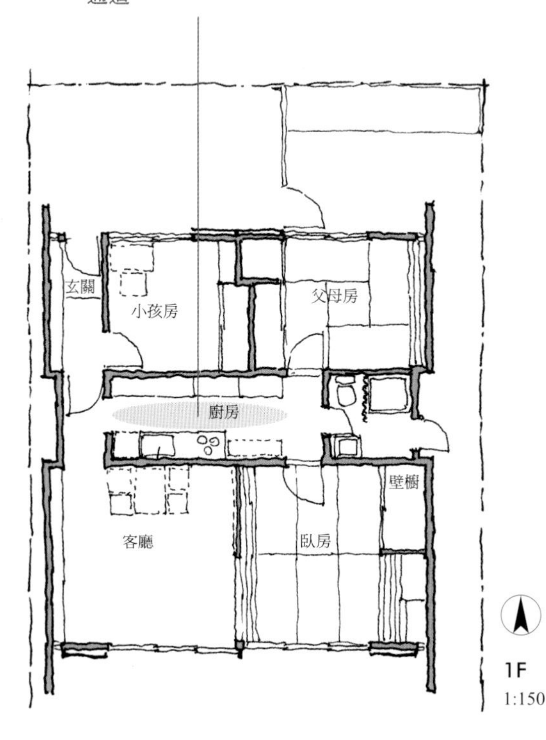

這棟住宅是個特殊案例。這份格局在各種嚴苛的限制之下，找出了勉強符合條件的解答，雖然這並非一般所會採用的設計。在寬廣的走廊之中，通路跟廚房共處一室，使用起來雖然相當方便，但就沉穩的氣氛來看，卻是差強人意。

77 從「廚房」不經意的窺看客廳

以住宅格局的觀點來看廚房，會有三種形態存在。「封閉式」的構造，是廚房本身為獨立的房間。「開放式」的構造，是廚房跟隔壁房間(餐廳)之間沒有牆壁跟門的區隔，可在DK或LDK等格局之中看到。處於兩者之間的則是「半開放式」，一樣在DK或LDK的格局之中可以看到，但廚房跟隔壁的餐廳，有腰牆或天花板垂下來的阻隔存在，只有部分牆壁是開放性的構造。

此處所介紹的，是屬於「封閉式」廚房的格局。這份格局的廚房，位在玄關進來之後的客廳旁邊，為了避免被玄關進來的人看到，也避免廚房的聲音跟氣味影響到玄關，所以採用這種「封閉式」的構造。

「封閉式」的廚房是完全獨立的房間，若是以排除干擾為目的，它會是最佳的選擇。但委託人的家中有小孩需要照顧，希望可以從廚房看到在客廳玩要的小孩，所以在廚房視線的高度，設置可以看到客廳地面的「縫隙」。雖然寬度比較寬，但畢竟只是條縫隙，不大顯眼，也不會影響到整體的氣氛。

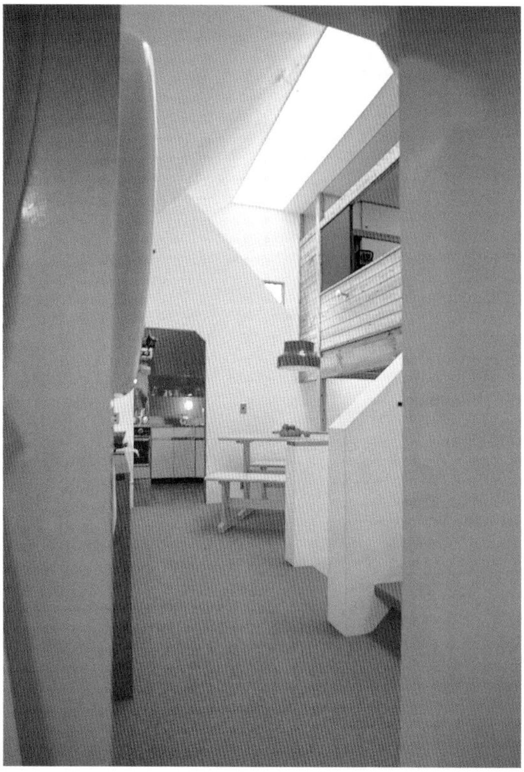

雖然是另一個案例，但一樣裝有用來窺探客廳的小窗戶。

這個家庭有需要照顧的小孩，委託人希望母親在廚房的時候，也可以看到一個人在客廳玩要的孩子，所以在廚房工作台的上方，設置寬度較寬的縫隙。

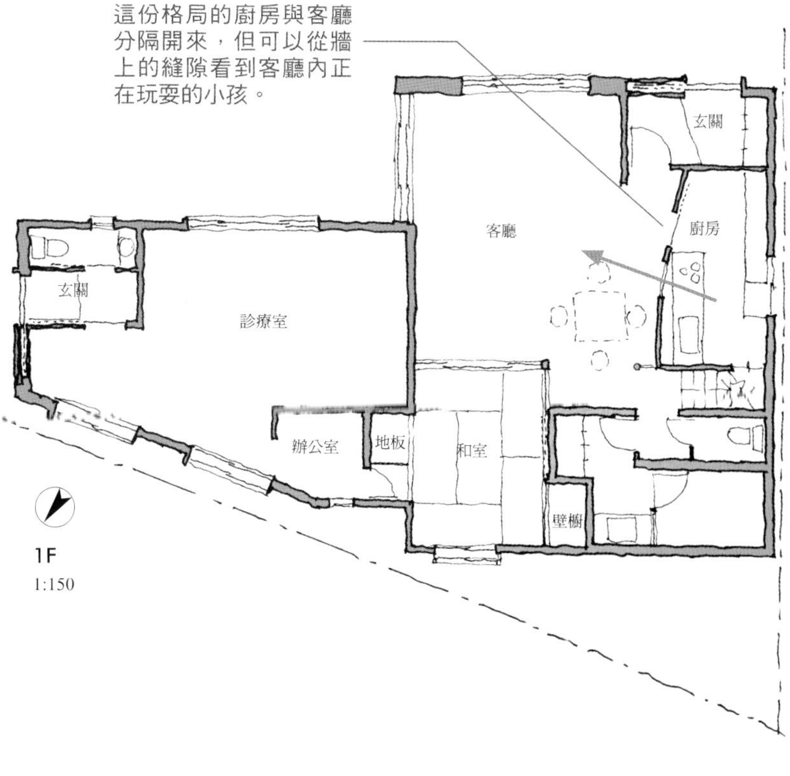

這份格局的廚房與客廳分隔開來，但可以從牆上的縫隙看到客廳內正在玩耍的小孩。

玄關
廚房
客廳
玄關
診療室
辦公室
地板
和室
壁櫥
1F
1:150

如何裝設「後門」 78

讓居住者從廚房直接移動到室外的出入口，被稱為「後門」。這道額外的出入口，可以讓主婦買菜回家的時候，可以直接將肉類跟蔬菜等物品拿到廚房，且馬上放到冰箱內保鮮，或是將空瓶或報紙等資源回收的垃圾先放到室外，就各種方面來看都非常的方便。甚至是在訪客來臨時飲料或點心不足，必須趕緊出門去買的時候，這道後門也是個方便的選擇。

集合性住宅的格局，很少會設置「後門」。但比較一下「居住上的便利性」，設有「後門」的住宅使用起來是方便許多。

而在「後門」外面準備「Service-yard」，則可以更進一步的增加居住上的便利性，也很適合在此設置小屋等另一棟建築物。另外，為了讓主婦可以從後門收衣服，大多還會在後門的附近加上「Utility Space」(用來做家事的區塊等)來擺放洗衣機。

獨棟的住宅要設計出裝有「後門」的格局，並不是件難事。就算如此，有時還是會在各種條件的限制之下而無法如願。用地的形狀與建築物排列上的關係、住宅跟道路的位置關係等等，無論如何都無法設置「後門」的時候，可以改成將廚房擺在玄關土間旁邊的格局。這樣可以直接從廚房通往土間，使用起來的感覺與「後門」相似。

這份格局的後門，位在玄關門廊*的側面，跟玄關共用同一個門廊。這跟廚房與玄關共用同一個土間的形態不同，可以從後門直接走到室外，就使用上的方便性來看，是較為優秀的構造。

要是無法設置獨立的後門，可以讓後門共用玄關的土間。在這份案例之中，打開玄關大門之後要轉身180度才看得到後門，因此雖然共用同一個土間，卻比較不容易被察覺。

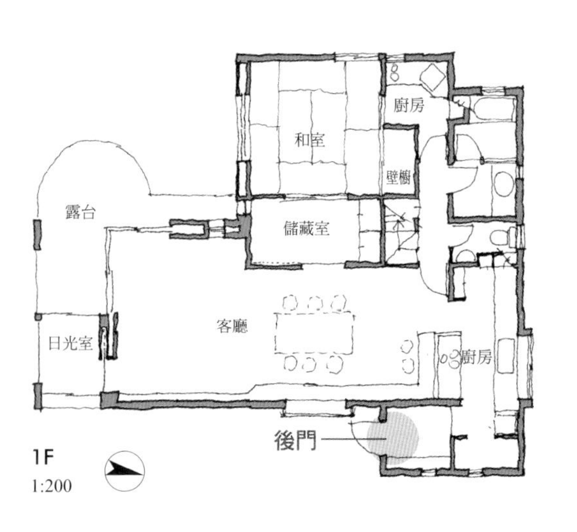

後門使用起來最為方便的形態，是直接跟廚房相連。另外，後門外面如果是停車的空間，則可以在購物回家之後直接把車上的東西拿到廚房，非常的方便。腳踏車的停車位也是一樣。

*門廊(Porch)：玄關外面有遮陽板的部分，外側門廊

這份格局將客廳擺在二樓，廚房也是一樣。這種時候一般不會勉強設置後門，但此處加裝了後門專用的樓梯，讓廚房可以直接從玄關進出。

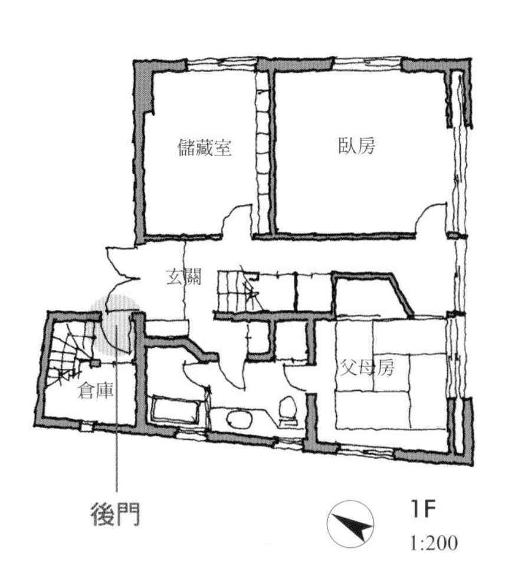

有別於玄關，就算想要設置可以從廚房直接通往室外的後門，卻有可能受到各種條件的限制而無法如願，此時可以像這份格局這樣，採用這種可以直接從玄關進出廚房的路線。

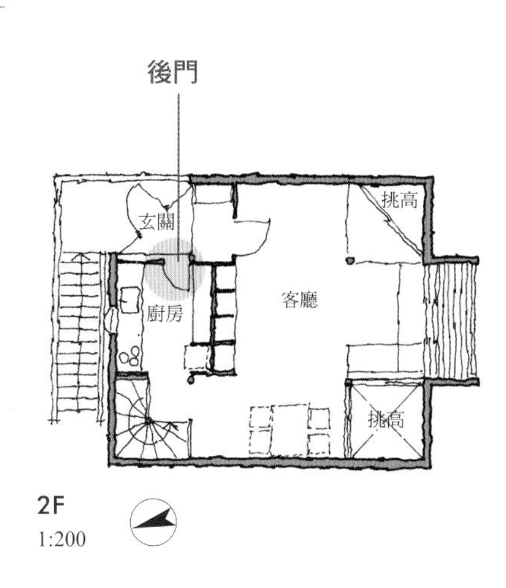

位在玄關的廚房是父母親專用，設有通往玄關的後門。後門與廚房之間設有踏板，可以當作暫時放置空瓶等垃圾的場所，以免影響到玄關的整潔。

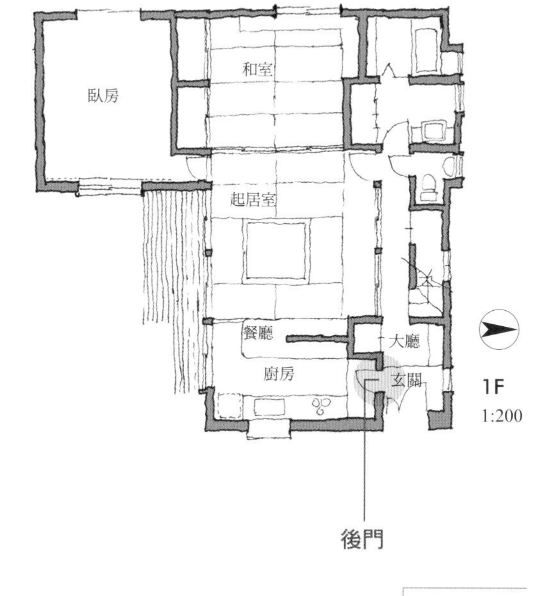

這份格局的後門，雖然跟玄關朝向同一個方向，但位置跟入口錯開，而且是在比較內側的位置，不會被訪客所察覺。透過Utility Space來跟廚房連繫，使用起來非常的方便。

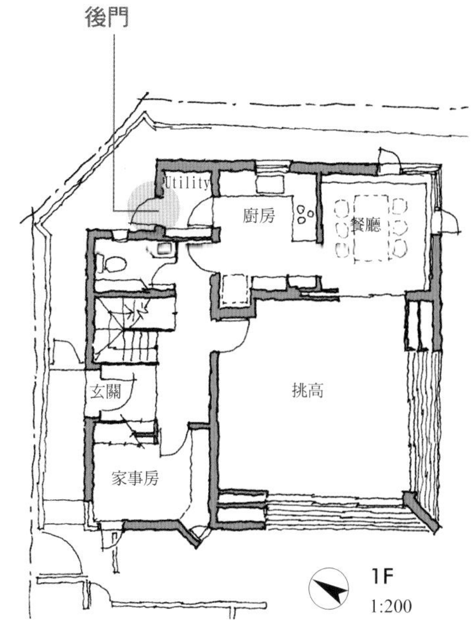

準備「讓眼睛休息」的位置 79

廚房的作業，會隨著食材種類跟調理方式而不同。帶有泥土的野菜、尚未宰殺的魚類等是必須從頭開始處理的類型，或是只需要簡單調理，買的時候已經是加工過的半成品或成品，前者跟後者所需要的準備作業截然不同。但不管是什麼樣的調理作業，在廚房整體的時間之中最久的，是站在「流理台」前面的時候。不光是一開始的準備跟最後的清洗，調理時大多也會一邊用水一邊作業。

先前有提到「流理台」設在靠牆的位置會比較好，這是因為餐具跟調理器具、調味料等各種雜物的收納空間，位在流理台的周圍會比較好使用，因此需要佔用牆壁較大的面積。

可是站在「流理台」前方的時間若是太長，卻也希望可以有用來轉換心情的「讓眼睛休息」的地方。

此處所介紹的案例，是一邊顧及收納空間所需要的牆壁面積的均衡性，一邊在「流理台」的牆壁上設置窗口，讓使用者可以不時的看向窗外，讓眼睛得到休息的格局。調查住宅用地的時候，就事先確認好可以瞭望景色的方位，以此為線索來進行設計。要是真的找不到良好的景色，則可以在窗外種植花卉或是會結果的植物。光是看到植物一天又一天所產生的變化，就可以充分的「讓眼睛休息」。

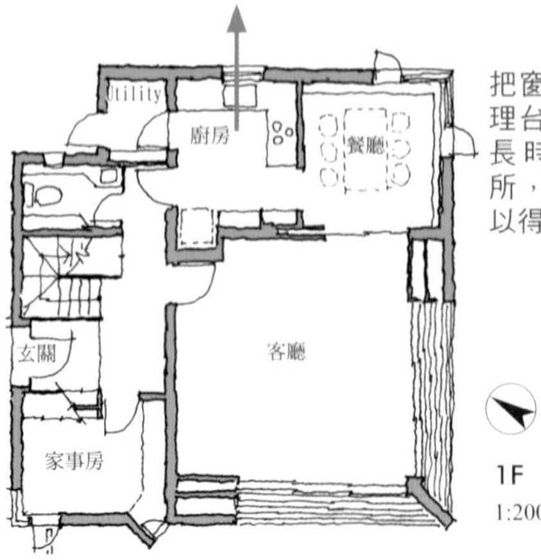

把窗戶裝在廚房流理台這個主婦必須長時間逗留的場所，可以讓眼睛可以得到休息。

Utility　廚房　餐廳　客廳　玄關　家事房

1F
1:200

這份格局，將流理台擺在面向道路的位置，並在眼前的牆壁裝上窗戶，讓使用者可以看到遠方的景色。流理台前方雖然會想要有收納的空間，但可以讓眼睛休息一下的設計，也會讓人感到非常的高興。

這份案例也是在流理台的牆上設置窗戶，讓使用者可以看到外面景色的格局。

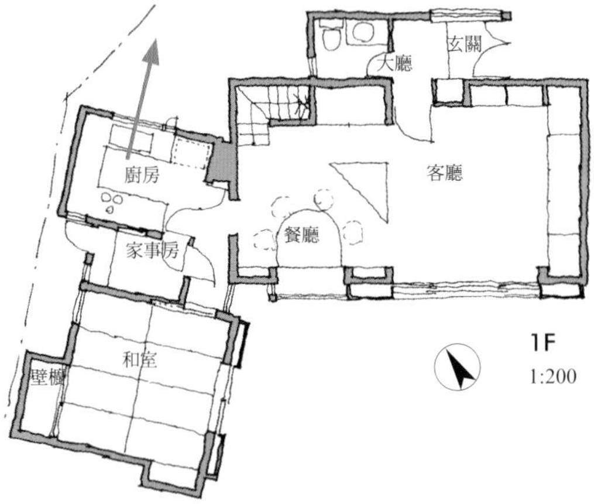

玄關　大廳　客廳　廚房　餐廳　家事房　和室　壁櫥

1F
1:200

站在流理台前方的時候，眼前若是有個窗戶，除了可以讓手邊得到自然光線，還可以在作業途中看向外面，讓眼睛休息一下。這份格局的窗外景色，是種植在庭院中的花草。

把窗戶設在匸字型廚房的最深處，讓人可以看到外面的景色，以免使用者長時間待在此處而感到痛苦。

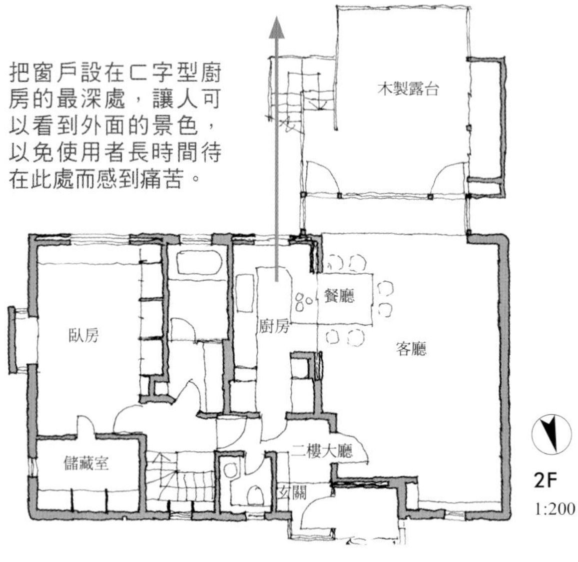

木製露台　臥房　餐廳　廚房　客廳　儲藏室　二樓大廳　玄關

2F
1:200

利用景觀良好的優勢，讓使用者可以從廚房流理台的窗戶看到遠方的風景。希望這種構造可以減輕在廚房工作的負擔，讓作業產生快樂的感覺。

客廳

讓「L・D・K」分別獨立 80

此處所介紹的案例，是客廳、餐廳、廚房各自為獨立的房間，而且可以從走廊分別進出的格局。但區分這三個房間的是，可以收到牆壁內的拉門，在平時可以當作一個大型的空間來使用。在必要的時候區分成獨立空間的這種格局，使用起來相當的方便。實際上，讓關係較為密切的這三個房間分別獨立的格局，有利也有弊。

把「客廳」當作獨立的房間來使用，可以得到會客室的機能，運用起來也比較靈活。而這跟獨立的「餐廳」也有關聯，當客廳有訪客來臨時，餐廳可以當作家族專用的空間(起居室)。像這樣可以讓居住者靈活的運用格局設計，是一種很大的優勢。

另一方面，區分成獨立的房間，會讓人覺得住宅整體的規模比較小，讓內部空間失去伸展性。使用起來總是給人狹窄的印象，成為一種擺脫不掉的缺點。

避免這種缺點的方法之一，是像這份格局一樣，在連繫客廳與餐廳的出入口上，設置兩個房間各享有一半的挑高構造，讓兩個空間可以有一體成型的感覺。

這份格局的客廳、餐廳、廚房分別是獨立的房間。採用這種設計的先決條件，是各個房間都可以分配到充分的大小。

2F

1F
1:150

不光是讓客廳、餐廳、廚房獨立，還分別設置專用的出入口，讓三者可以分開來使用。

81 公共性較強的「客廳」

日本現代住宅的「客廳」應有的形態為何，對於這個問題，我認為就算是到現在，也沒有明確的答案。

宮脇先生常說，希望能為往後的日本住宅，找出足以成為典範的格局設計。大致上的方向性雖然已經有了譜，卻一直都沒有決定性的論調出現。

在日本，格局內的「客廳(Living Room)」在得到這個名稱之前，一直都被稱為「座敷＊」或是「客間(客房)」。在那些時代，這個房間的主要用途，是用來款待客人的會客室，不論採光還是景觀，都擁有格局內最佳的條件，大多是日常中不會去使用的空間。

這個案例所擁有的「客廳」，就是刻意將這種文化保留下來。也就是讓客廳成為主要用來款待客人的房間。這種房間會將客人的方便性擺第一，設計格局的時候會避免跟家人的動線交錯，跟玄關也盡可能維持在最短的距離。在這種場合，客廳就算是在格局中央跟其他房間沒有連繫，也沒有關係。這個「客廳」是為了重現過去的「座敷」與「客間」，因此位在整體的中央，以採光等條件為優先考量。

＊座敷：日本鎌倉時期，貴族豪邸用來宴客的房間，現代住宅則是指高級的和室

這份格局之中的客廳，是以款待客人為主要的用途，性質比較接近以前的「座敷」。為了重現那種氣氛，使用可以面對面坐下的沙發。光是這樣就能給人正式場合的感覺。

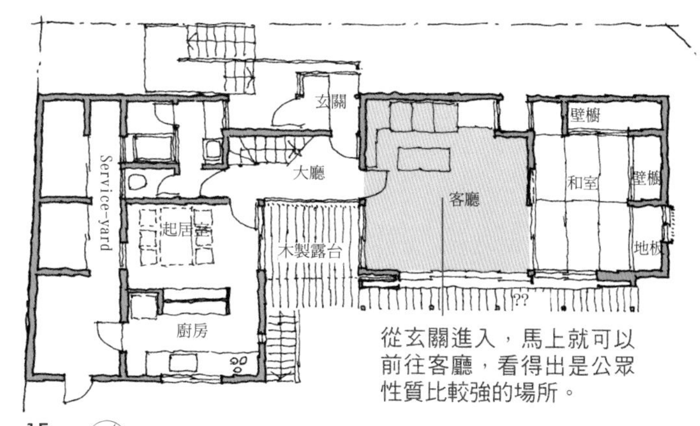

從玄關進入，馬上就可以前往客廳，看得出是公眾性質比較強的場所。

這份格局的客廳大小雖然不到十疊席，但主要的用途是讓主人接待訪客，這個規模已經很充分。房間雖然是面向北邊，但是就會客室來說已經足夠。

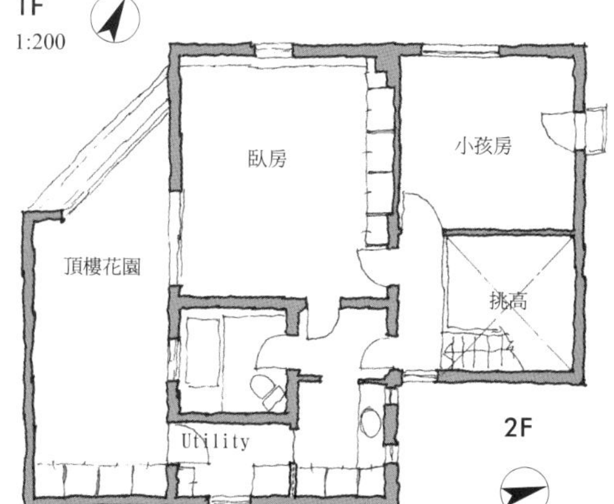

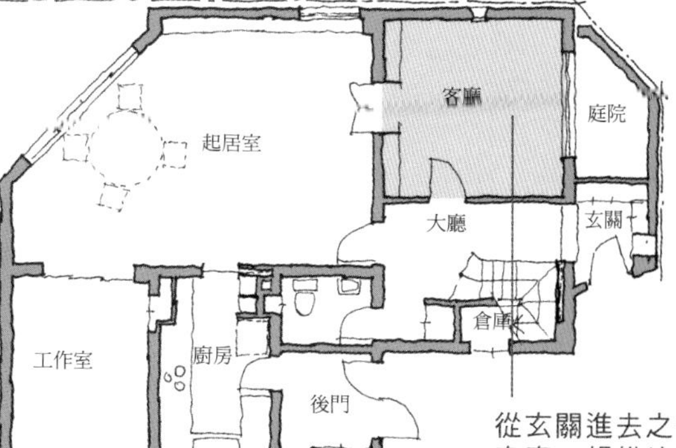

從玄關進去之後馬上就是客廳。規模比旁邊的起居室還要小，相當於專用的會客室或客房。

有「額外因素」存在的客廳 82

被稱為「客廳」或「Living Room」的這些房間，是用餐結束之後移動到此，讓家人歡聚或休閒的場所…這雖然是一般所擁有的印象，但實際上真的是如此嗎？

「客廳」這個空間該怎麼使用，取決於各個家庭自己的生活方式。但絕大多數的時候，不外乎是大家一起看電視或聊天，以「歡聚」的感覺來渡過共同的時間。

對此，宮脇先生總是會說「關於客廳的格局，要先決定電視的位置，然後再來思考誰會在哪個位置看這台電視」，這句話對於設計格局來說，算是一種提示。

不光是看電視，居住者如果對「客廳」的使用方式有明確的希望，還得進行配合來追加額外性的因素。至於這個「具有額外因素的空間」要用壁龕(Alcove)的方式，還是用附屬的小房間來實現，得依照其他各種條件來決定。

此處所介紹的每個格局，都是適合採用附屬的小房間的案例。比方說擺在客廳一角的鋼琴不是為了裝飾，而是想要盡情的練習。或是將附屬的小房間設計成日光室，讓關係極為密切的室內犬來活動等等。

擁有用餐廳的起居室，以附屬的小房間來設置「西式房」，然後將鋼琴擺這裡，成為可以盡情練習的鋼琴室。跟擺在客廳一角當作裝飾的鋼琴有著不同的性質。

跟起居室連繫在一起的臥房，可以當作起居室的一角，也可以當作獨立的房間使用。

露台
西式臥房
起居室
餐廳
廚房
工作室
大廳
Utility
玄關

1F
1:150

這份格局，將一樓南邊勉強可以得到日光的場所當作日光室，成為附屬於客廳的額外空間。另外設有大型的天窗來彌補客廳所需要的光線，所以才有辦法採用這種構造。

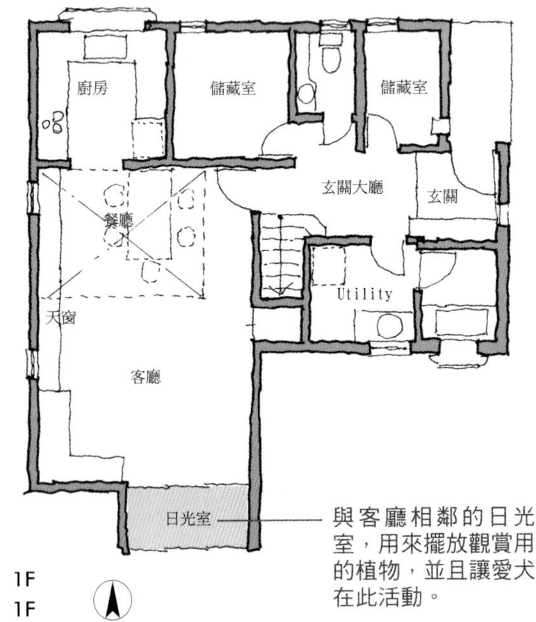

與客廳相鄰的日光室，用來擺放觀賞用的植物，並且讓愛犬在此活動。

這份格局的客廳，以可以用沙發來休閒的空間為中心，加上可以擺設花草等盆栽的場所、享受線上遊戲、看電視的場所等額外的空間。可以按照時間來進行各種活動。

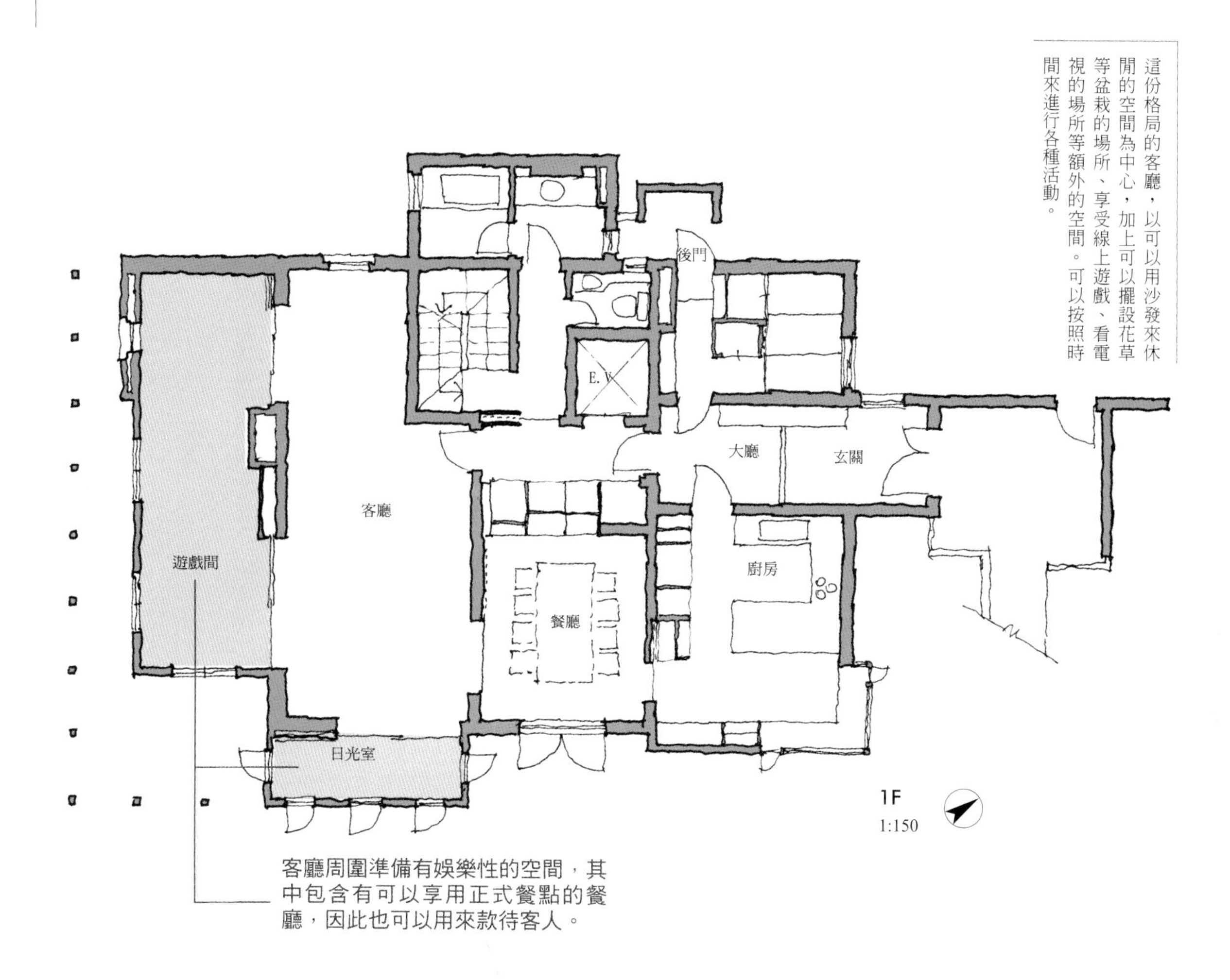

客廳周圍準備有娛樂性的空間，其中包含有可以享用正式餐點的餐廳，因此也可以用來款待客人。

「茶間」風格的客廳 83

先前有提到「客廳」這個房間的用途並不一定，但既然被命名為客廳，其用途不外乎是讓家人聚在一起渡過共同的時間。關於其他的要素，比方說用餐、款待客人等等，都必須配合使用者的生活形態來決定。

讓家人聚在一起的房間，在傳統的和風住宅之格局中有「茶間」，歐美的格局則是有「Den」或「Family Room」，這些都跟「茶間」是同樣的性質。茶間與客廳的差異，原則上是只有親密的客人才能進入，另外則是被當作用餐的地點、被用來做家事等等，這跟LD型的「客廳」幾乎相同。實際上宮脇先生也常常會說，「日本住宅」往後應該會將LD型的「客廳」當作基本的格局。而此處所介紹的案例也正是如此。

這份設計主要的想法，在於如何讓居住者渡過舒適的用餐時間，然後讓家人以餐桌為中心，來進行各種休閒活動。也就是說以餐廳的機能為主，然後追加客廳的要素。這種形態的空間或許可以稱為「DL(餐廳兼客廳)」也說不定。

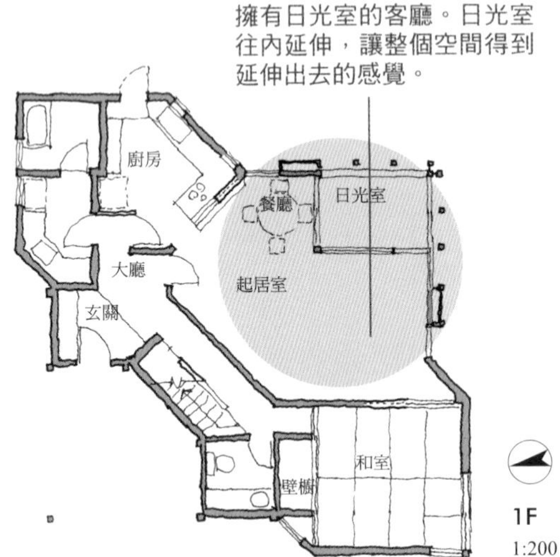

這份格局的客廳兼餐廳，將蔓棚所包圍的日光室融入房間的一部分。觀賞用的植物、雨天時曬在室內的衣物，有時也可以將工作擺在這裡，或是搬張椅子出來，用各種方式來享受生活樂趣。

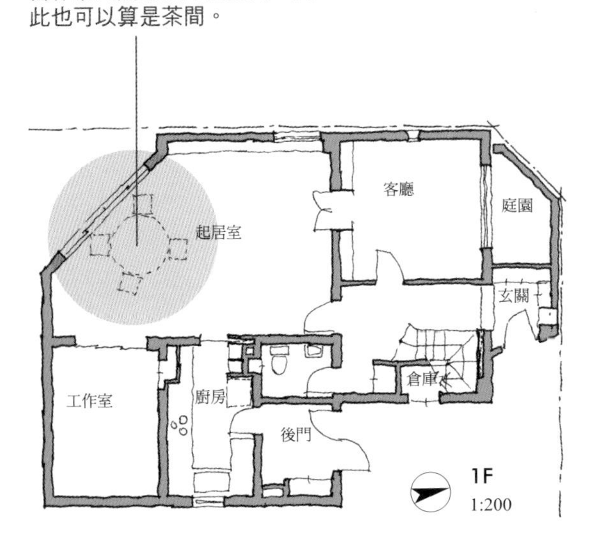

在這份格局之中，給家人使用的客廳，是面向南邊較為寬敞的「起居室」。居住者可以在此用餐、看電視、進行各種休閒活動，使用方式就跟以前的茶間一樣。

可以當作「會客室」的客廳

訪客較多的家庭，會在格局內準備有「接待室」或「客房」等專門用來款待客人的場所。這相當於傳統和風建築之中的「座敷」。

觀賞庭園的風景也是待客的一部分，因此這些房間在格局內大多擁有良好的採光跟景觀，得到了最好的條件。但房間內必須隨時維持清潔，無法讓家中其他的成員使用(特別是小孩，會被嚴格禁止進入)。可是這種必須佔用大量空間的設計，在規模有限的現代住宅之中卻很難實現。

此處所介紹的案例，雖然設有用來款待客人的「客廳」，但在平時也會讓家人作為休閒的空間，設計格局的時候要特別顧慮到這點。

為了達成這種使用方式，平時會跟隔壁的房間整合成一個大型的空間來使用。但在必要的時候可用收在牆壁內的「拉門」簡單的進行區隔，還可以讓玄關直接通往客廳，避免跟其他房間有所接觸。在接待客人的途中，也有準備讓家人活動的場所(餐廳、茶間、起居室等)，當然都可以不用透過客廳直接進出。

這份格局的規模雖然不大，卻設有可以獨立使用的客廳。考慮到委託人工作上常常會有訪客，採用可以利用此處來款待客人的設計。家中其他的成員則可以使用起居室。

1F
1:200

這個客廳以款待客人為前提，從玄關進入馬上就可以從正面前往客廳。

對於常常會有訪客的家庭來說，這種進入玄關馬上就能前往的客廳，可以當作會客室來使用。此時可以將區隔用的拉門拉上，跟起居室進行分隔，成為兩個獨立的房間。

1F
1:200

可以讓人靈活運用的客廳，位在細長建築物的中央，能夠從玄關直接進入，也可以當作單獨的房間來使用。

設置「休閒區」 85

客廳這個房間，要是不知道有什麼樣的人、有多少人會使用，很難提出可以明確對應的計劃。用地規模原本就不大，再加上客廳尺寸受到法律限制時，會盡可能的設置用途較為多元的空間。是否可以實現這點，全都得看格局設計的本領如何。

在有限的空間內實現多元的用途，這跟傳統和風建築之中「鋪設」的思維相當類似，那就是在需要的時候添設必要的物品。但這種方法如果使用在西洋式的住宅，要是平時使用的家具已經佔據相當的空間，將很難在必要的時候挪出足夠的位置。

減少擺設型家具數量的手法之一，是讓建築本身化為家具。此處所介紹的案例就是採用這種手法，降低部分地板的高低，創造「休閒區」來當作人們逗留的地點，就算沒有擺設沙發等家具，也能充分提供讓人休閒的「場所」。

「休閒區」會改變地板的高度，會對無障礙空間造成不小的影響，但只要讓使用者認識到「這裡是家具」，那就不用太過擔心。為了提高舒適性，建議可以在池內的地板裝設暖爐等設備。

這棟住宅最大的特色，莫過於客廳的休閒區。格局圖內雖然只是個圓圈，但圓圈內比地板要低上一層，且鋪上長毛地毯。請想像人們在內圍成圓圈來進行休閒活動的樣子。

玄關
機房
大廳
客廳
廚房

地下室
1:200

休閒區位在這個圓圈內，使用建築物的其中一個角落，在客廳內創造出舒適的空間。

佔據整個房間大半的休閒區。光是觀察格局圖，就可以知道這是個愉快的場所。

1F
1:200

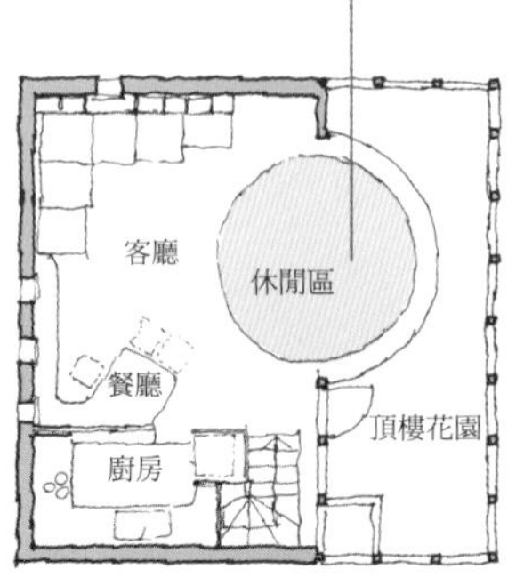

2F

這份格局客廳的中心，是直徑3m的圓形休閒區。池內的地面比周圍要低，屬於氣氛沉穩的場所。在池內的地面鋪上地毯，或是將坐墊拿到池內，就可以讓休閒區本身變成一樣家具。

86 把「客廳」擺在無法穿越的位置

先前有提到具有洄遊路線的格局所擁有的優點，雖然跟這個想法背道而馳，但無法穿越、有如道路盡頭一般的房間，也是有它的意義存在。

考慮到整體面積分配的均衡性，「客廳」在住宅之中佔有最大的空間，創造具有洄遊路線的格局時，一般都會穿過客廳。

雖然也得看洄遊路線的設定方式，但位在動線上的房間大多會受到干擾，很難維持沉穩或寧靜的氣氛。把客廳當作洄遊路線的一部分時，要充分考慮到這點，盡可能從房間的邊緣以最短的距離來通過。

更為根本性的作法，則是將客廳從洄遊路線之中排除，即可完全不用擔心這個問題。也就是說在設計格局時，如果狀況允許的話，最好將客廳擺在動線的盡頭，不要參與洄遊路線的設計。避開客廳並不是件簡單的事情，但要是可以實現的話，客廳將可以得到沉穩、寧靜的氣氛。

此處所介紹的案例，就是成功實現這點的格局。其中之一將客廳擺在距離玄關最遠的動線盡頭。另一份案例則是在玄關以左右來區分私人與公共的空間，實現不會被穿越的客廳。

客廳大多與玄關較為接近，位在整個格局的中央，常常可以看到洄遊路線穿越客廳的設計。此時必須下額外的功夫，才有辦法讓客廳維持沉穩的氣氛。這份格局採用將客廳擺在動線盡頭的方式。

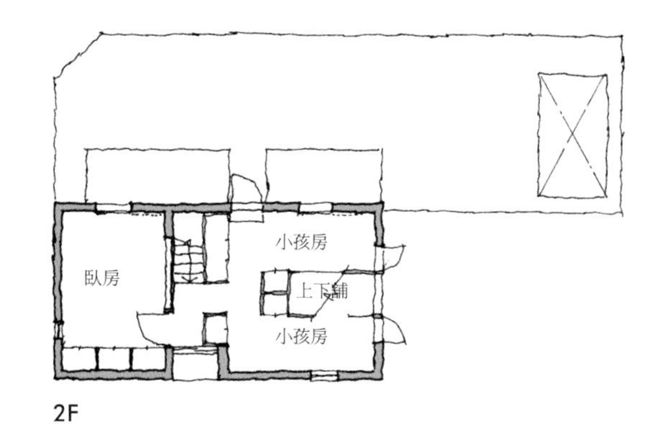

1F
1:200

洄遊路線沒有穿越的客廳，乍看之下似乎不大方便，但卻擁有較高的獨立性，讓客廳得到非常沉穩的氣氛。另外用高低差來跟用餐的部分進行區分。

此處的客廳位在動線盡頭，只有一個出入口存在。像這樣不屬於洄遊路線的客廳，是較為安靜的空間。

完全獨立的客廳。可以從玄關大廳直接進入，就沉穩跟寧靜的氣氛來說是非常理想的形態。

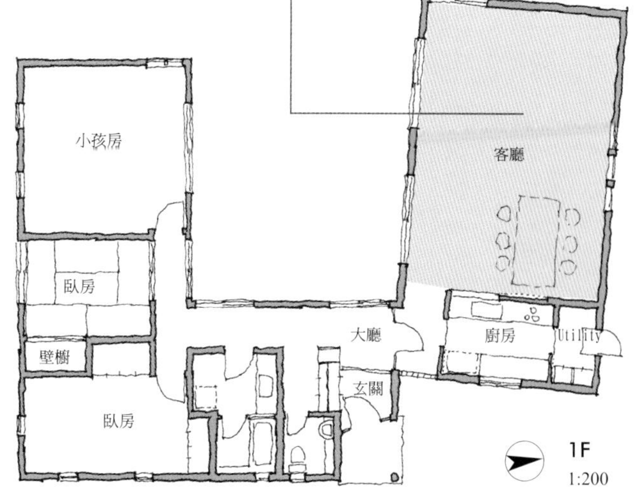

「讓啤酒額外美味」的住宅 87

這份建案的委託人所提出的要求，是「請打造一棟可以讓啤酒喝起來更加美味的住宅」。這種來自委託人的奇想，有時也是讓格局誕生的契機。

但話說回來，要在什麼樣的地點、什麼樣的時機喝啤酒，才會讓人感到「美味」與幸福呢？剛洗好澡的一杯，晚餐之前的一杯，在許許多多的意見之下，最後得到的結論是「假日時白天在室外喝啤酒」的爽快感，勝過所有一切。

位在市中心住宅密集的地區，要怎樣才能確保這樣的空間，最後思考出來的結果是，在客廳旁邊用建築物圍出中庭，並且設置高度與客廳地板相同的木製露台。中庭的中央種有落葉植物，可以讓人在樹蔭下渡過時光。

從格局圖比較不容易看出的是，這份格局另外還設有一個讓啤酒更加美味的構造。委託人喜愛瓶裝的啤酒，但要儲備大量的瓶裝啤酒卻不容易。雖然請啤酒屋外送，但是從玄關搬到存放的空間又很費力。因此準備了可以讓送啤酒的人員，直接進出存放空間的構造。真正實現可以讓人享用「美味」啤酒的格局。

這份格局的主題，是可以讓啤酒更加美味的住宅。飲用的場所是足以確保隱私的中庭露台，盡可能的縮短跟廚房之間的動線。

2F

二樓大廳　W.I.C　壁櫥　壁櫥　和室　和室　書房　挑高

1F

1:150

收納　玄關　大廳　廚房　暖爐　工作室　露台　客廳　餐廳

為了有氣氛地享用啤酒而設置的露台。用具體的格局來回應抽象要求的範例。

88 讓「2樓客廳」更加舒適的構造

一棟住宅就算位在規模較小的市中心、周圍有其他建築密集，只要將客廳擺在2樓，也能得到充分的採光與通風。順利的話，說不定還可以得到不錯的景觀(從建築物之間的縫隙看到遠方的景色，從附近的公園借景等等)。

但是將客廳擺在2樓，雖然可以克服這些天先性的缺點，卻不得不捨棄一般客廳應有的「接地性」。稍微走到庭院晃一下再回到客廳，這種一般來說理所當然的行動將無法實現。彌補這種缺點的方法不在少數，此處所介紹的案例就是其中之一。

首先，為了讓2樓客廳條件最好的南側窗邊成為生活的中心，把窗台設定成長板凳一般可以讓人坐下的高度與造型。窗台下方則是空調的室內機組，以此來對應容易受到室外影響的窗口環境。而在窗戶外側，則是讓鋼筋混凝土的結構體往外突出，讓人可以擺上滿滿的盆栽。雖然無法在此種植大型的樹木，但是用來享受季節性的花草已經非常充分。以此來彌補2樓客廳無法直接前往庭院的缺點。

圖中的客廳東西向較長，因此可以在南側設置大型的開口。窗邊往外突出的部分，則用來擺放盆栽。

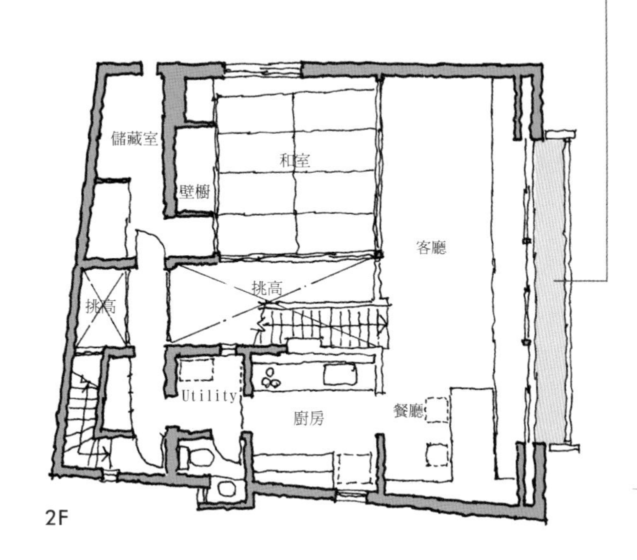

2樓客廳南側窗戶往外突出的部分，是用來擺放盆栽的空間。可以利用此處來享受花草的樂趣，為了彌補2樓客廳缺點而提出的解決方案

用「2樓的客廳」來尋求較好的條件 89

「客廳」位在2樓的格局，一般是因為市中心規模較小、周圍被建築所包圍的用地所採用。但也有受到地理條件的影響，就算不是位在市中心、沒有被其他建築所包圍，結果卻將客廳擺在2樓的案例。其中最大的理由，是為了提高日曬跟採光的效果。

比方說位在郊外的住宅用地，就算用地的規模相當標準，也可能出現土地形狀不均、跟南邊其他用地的高低差在2層樓以上等，難以改變的先決條件。位在南邊的用地只要蓋個兩層樓高的住宅，從我方看來整個南面就都是陡峭的高牆，讓南邊的空間一整天下來都籠罩在陰影之中，幾乎得不到自然光線。

在這種條件之下，若想追求可以讓人舒適生活的空間，結果還是得將客廳擺在2樓。

此處所介紹的案例，就是在這種條例之下所設計出來的格局。就算用地有相當程度的規模，庭院內的植物卻幾乎得不到光線，完全無法讓人有所期待。於是盡可能將建築物擺在北邊，客廳也移到2樓，來創造出採光與通風都很舒適的空間。

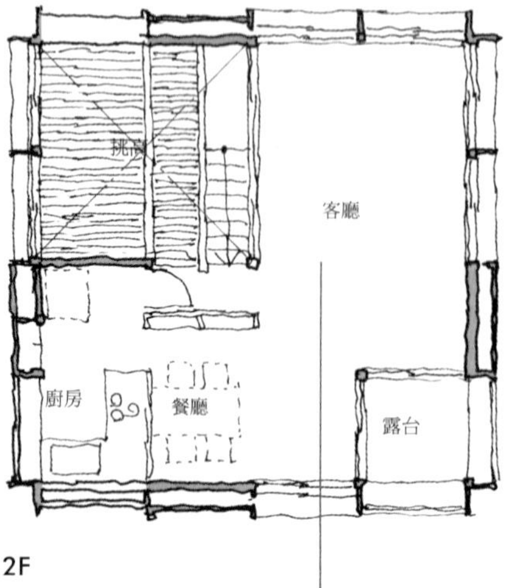

2F

位在傾斜地上的2樓客廳，1樓玄關直接用樓梯連繫到此處。

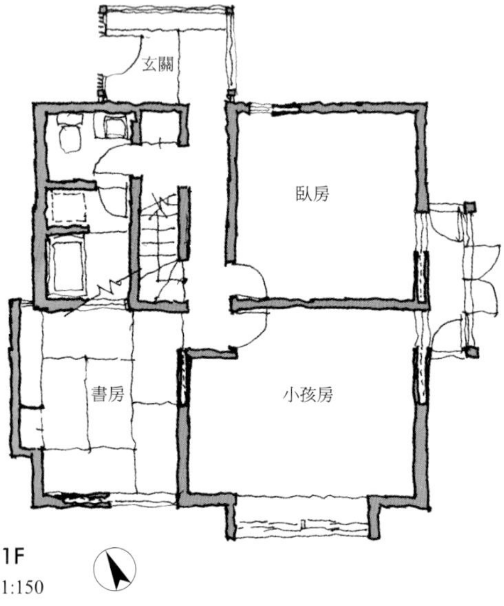

1F
1:150

用地往東傾斜的住宅。考慮到房間與地面接觸的方式，以及周圍的景觀，發現將客廳擺在2樓可以得到比較好的條件，因此設計出這種格局。

將客廳擺在2樓的格局一定有它們的理由存在。這份格局雖然是郊外的住宅用地，但周圍的土地較高，1樓南側得不到充分的日光。

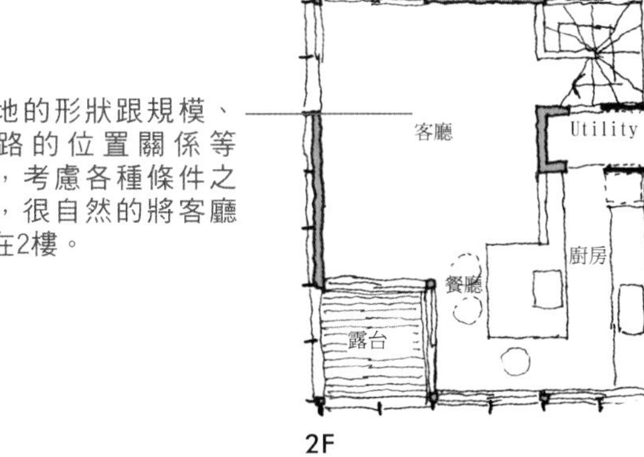

此處為2樓的客廳，讓開口處佔據整個南邊，來確保1樓無法讓人期待的自然光線。

用地的形狀跟規模、道路的位置關係等等，考慮各種條件之後，很自然的將客廳擺在2樓。

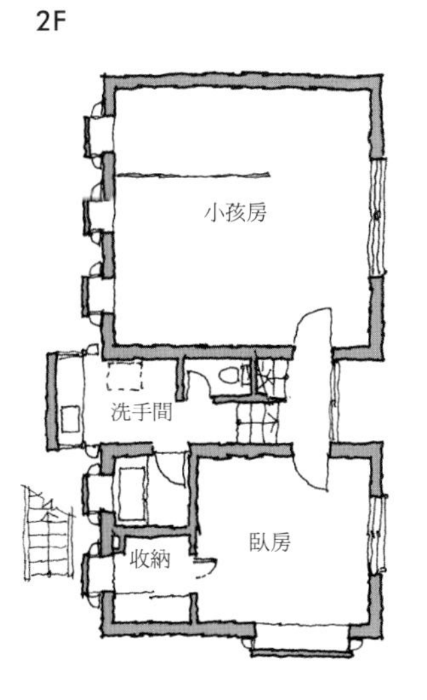

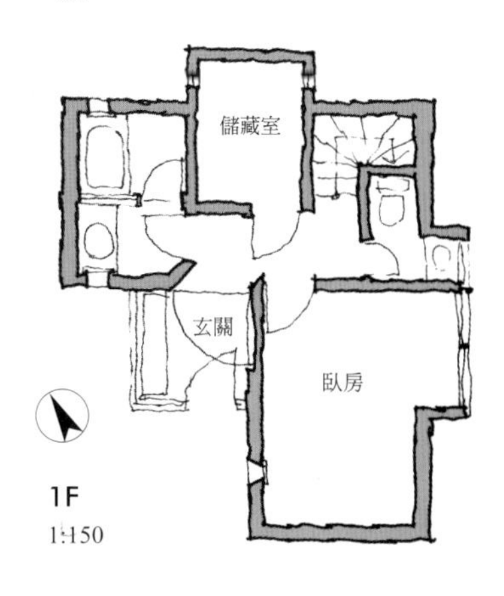

這棟建築物的用地為三角形，形狀跟一般較為不同、規模小、地面傾斜，東西兩邊都是其他建築的護土牆。再加上道路相當的近，只能讓建築靠在護土牆的旁邊，客廳也很自然的決定在2樓。

在大房間內設置「細腰」 90

格局內把各種房間整合在一起的One Room構造，是一間住宅最大的獨立空間。因此在許多場合，這個大型空間都會擁有客廳的機能。用「劃分區塊(Zoning)」的方式來思考格局時，客廳屬於「公共空間」，為了使用上的方便，大多跟餐廳或廚房併在一起，結果形成LDK這種單一大型空間的構造。

話說回來，如果家人一起共用的空間被稱為「公共空間(Public Zone)」的話，那「(L(客廳)」跟「D(餐廳)」跟「K(廚房)」也都符合這個條件。假設家族以外的訪客也會出現在這個「公共空間」的話，那最為恰當的是「L」，「D」跟「K」則多少帶有「私人空間」的感覺。因此就算整合成One Room的構造，「L」跟「DK」也多少帶有不同的意味。

此處所介紹的案例，就是用格局來表現出這個微妙的差異。別讓整個One Room變成平淡的四方形，雖然維持連續性的空間，造型卻像是「葫蘆」一般，在「L」跟「DK」之間擺上「細腰」的構造，以較為籠統的方式來區分「公共」氣氛較強的空間，跟「私人」氣氛較強的空間。

創造「細腰」的時候，若是在此處擺上樓梯，會比較容易進行整合。另外也可以擺上和室或獨立的廚房等等。

木製露台
壁櫥
廚房
和室
客廳
餐廳
木製露台

2F

2樓整體為單一的大型空間，用擺在中央的樓梯，來區分餐廳與客廳。這是用樓梯來當作「細腰」的案例。

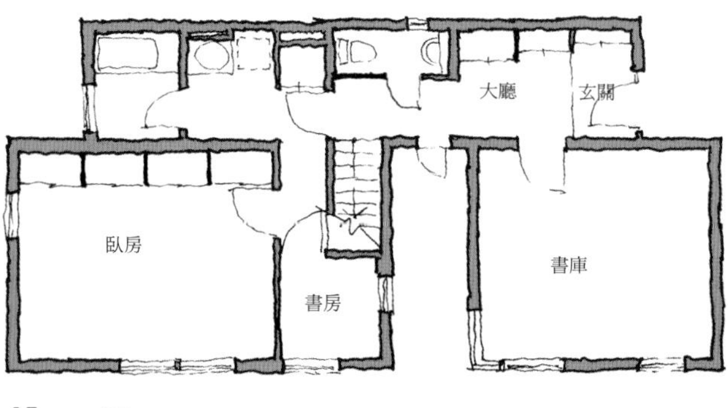

這棟住宅2樓的格局，雖然是單一的大型空間，但是將樓梯擺在客廳跟餐廳之間來當作「細腰」，把性質不同的兩個空間分開。

這份格局在1樓中央設置傾斜的「細腰」，藉此對應用途不同的東西兩個空間。用地的形狀讓建築物變得比較細長，One Room的構造也跟著被拉長，所以用這種方式來提高整合性。

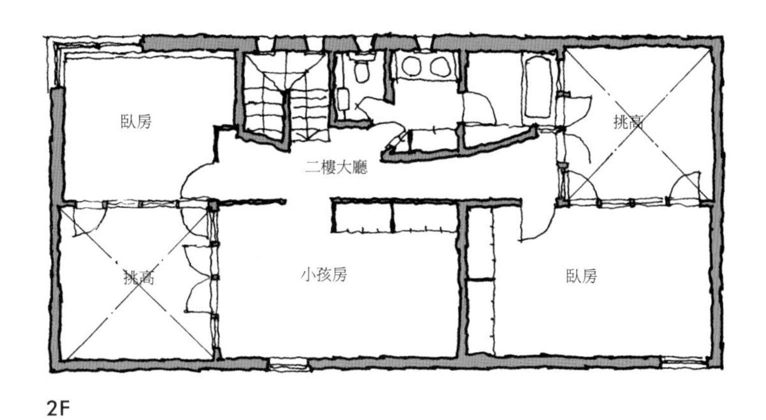

2F

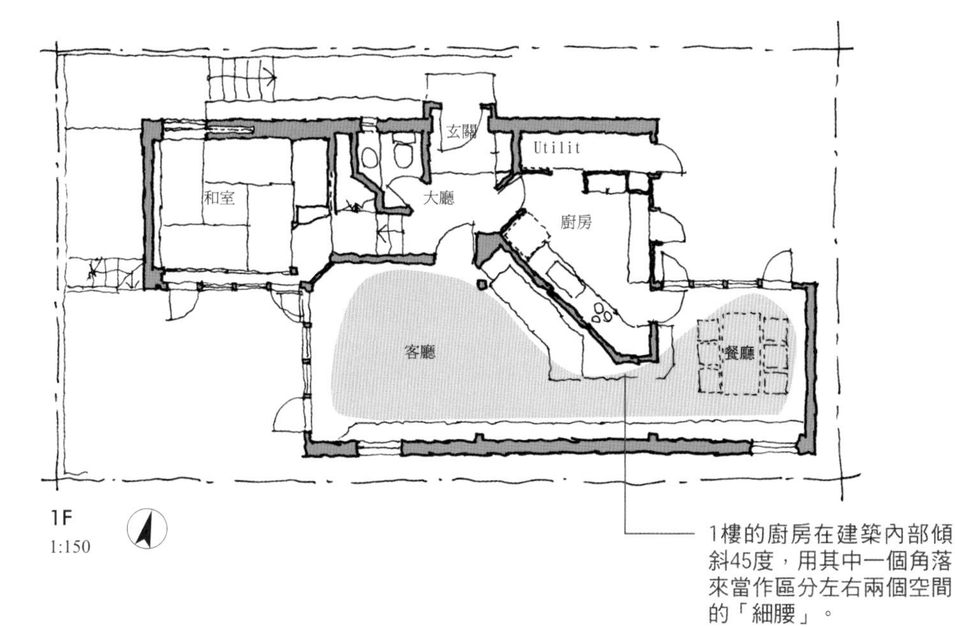

1F
1:150

1樓的廚房在建築內部傾斜45度，用其中一個角落來當作區分左右兩個空間的「細腰」。

這份格局在2樓設置LD型的One Room來作為公共空間。把樓梯當作「細腰」來區分私人要素較強的餐廳，跟公共氣氛較強的客廳。

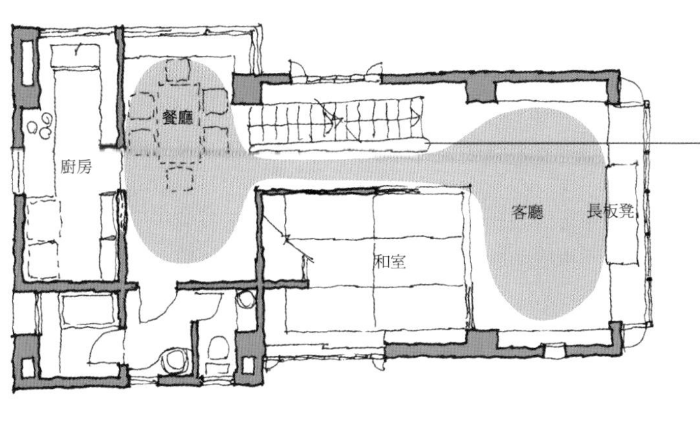

1F
1:150

把從玄關直接帶人通往客廳的這個樓梯當作「細腰」，來區分客廳與餐廳。

在One Room中設置獨立性的「角落」 91

在格局內設置One Room(單一大型空間)的作法，當一棟住宅在各種條件限制之下，規模不如預期，或是無法按照用途來區分房間的時候，會是相當有效的手法。

就算按照用途勉強湊足房間的數量，也只會讓每個房間不大不小，結果使用起來都很不方便。與其陷入這種困境，不如將各種機能整合成單一的大型空間，這樣不論做什麼事情都非常的舒適。

關於這個One Room的設計，準備一個空蕩蕩的大房間雖然也是一種方法，但為了對應多元的用途，最好是多花一點心思。

比方說在某一部分裝設可以完全拉開的「拉門」，在必要的時候將特定區塊隔離，形成獨立的空間。這樣就算突然有訪客來臨，也可以分成「公」「私」兩個部分來使用。

另外也可以在單一的大型空間內改變地板的高度，明確的劃分客廳或餐廳等不同的區塊，使用起來可能會更加的方便。但改變地板高度的手法，跟無障礙空間的概念並不相容，必須考慮到使用者家中的成員。擺設高度較低的家具來區分領域，一樣是設計格局時值得考慮的方法。

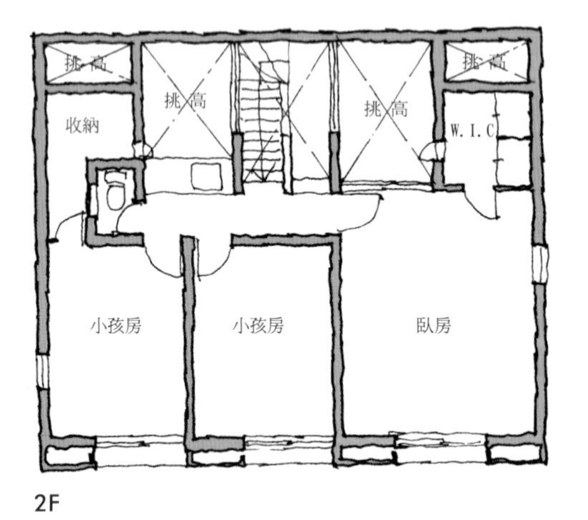

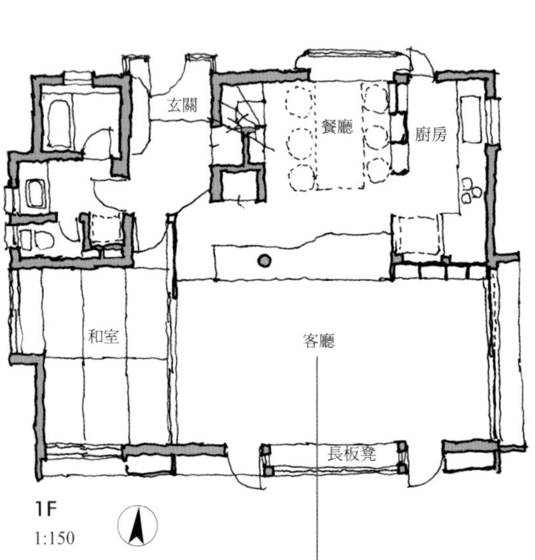

雖然是One Room的客廳，卻是由各個不同用途的區塊連在一起，分別維持獨立的形態。

單一的大型空間，光是這樣使用起來算不上是方便。這份格局事先想好居住者的使用方式，然後設置各個不同的區塊來進行對應。讓人可以一邊享受寬廣的空間，一邊舒適的使用。

臥房

「臥房」的獨立性 92

用來思考格局的「劃分區塊(Zoning)」的手法，會將住宅內的各個區塊分成「公共空間」與「私人空間」來思考。而「臥房」則是「私人區塊」的代表性空間。

在格局之中講到臥房，一般都是指夫婦所使用的房間，也會用「主臥室」來稱呼。一樣屬於私人區塊的「小孩房」，雖然是子女們就寢的房間，但是「臥房」這個場所，以休息為主要用途的含意是更加明確。因此在思考格局的時候，必須非常小心的規劃出可以讓人安眠入睡的場所。

能夠讓人睡得安穩的條件有很多，其中之一是不會被人打擾的寧靜。除了要考量到來自室外的噪音，但只用一面牆壁來區隔「臥房」跟「小孩房」的構造，也會成為打擾睡眠的原因。讓這些房間鄰接在一起的時候，必須用固定式的衣櫃、書櫃，或是儲藏室等放置物品的「空間」來擺在兩者之間，在「聲音」方面確保臥房的「獨立性」。另外則是要注意不可將臥房擺在格局中央，被其他房間所包圍，這點一樣是隔音方面有效的對策。

臥房，特別是給男主人跟女主人所使用的主臥室，會像這份格局這樣，盡可能設計成獨立的房間。把2樓小孩的房間擺在另一端，以避免主臥室跟其他房間有所接觸。

儲藏室
臥房
壁櫥
挑高
小孩房
小孩房

雖然將主臥室擺在2樓，但2樓另外還有小孩的房間，因此將兩個房間分別擺在格局的兩端，讓臥房可以完全的獨立。

2F
1:200

廚房
起居室
客廳
玄關
和室
壁櫥
地板

1F
1:200

這份格局雖然將個人的房間擺在2樓，卻沒有足夠的空間將臥房跟小孩房分開，這樣會影響到雙方的隱私。此時在臥房跟小孩房之間擺設壁櫥等收納空間來當作區隔，是非常有效的對策。

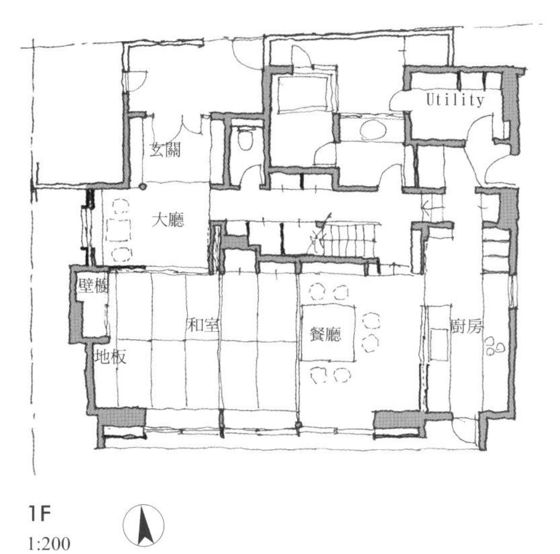

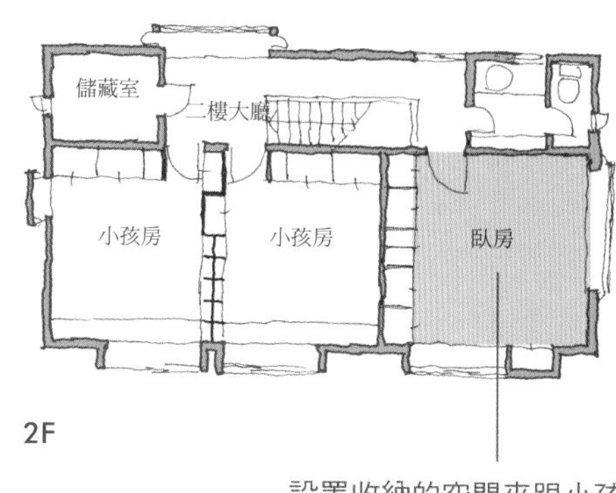

設置收納的空間來跟小孩房進行區隔，以確保主臥室的獨立性。

臥房跟小孩房之間隔著衣櫃跟儲藏室，這是足以保障家人之間隱私的設計。

想要確保隱私，卻又沒有空間可以設置挑高構造來當作區隔時，可以像這份格局一樣，把儲藏室或更衣間(W.I.C)擺在房間之間。這些都是主臥室希望可以擁有的設備，可說是物盡其用。

臥房
W.I.C
儲藏室
二樓大廳
小孩房
小孩房
小孩房

2F
1:200

在規模比較大的格局之中，讓臥房獨立出來的案例。雖然將臥房擺在L型2樓的一角，但是跟3個小孩房都沒有接觸。進入時必須通過書房，跟旁邊的儲藏室一起將其他人的房間完全隔離。

透過書房來進入臥房的設計，牆壁跟其他房間沒有接觸，在隔音方面可以期待良好的效果。

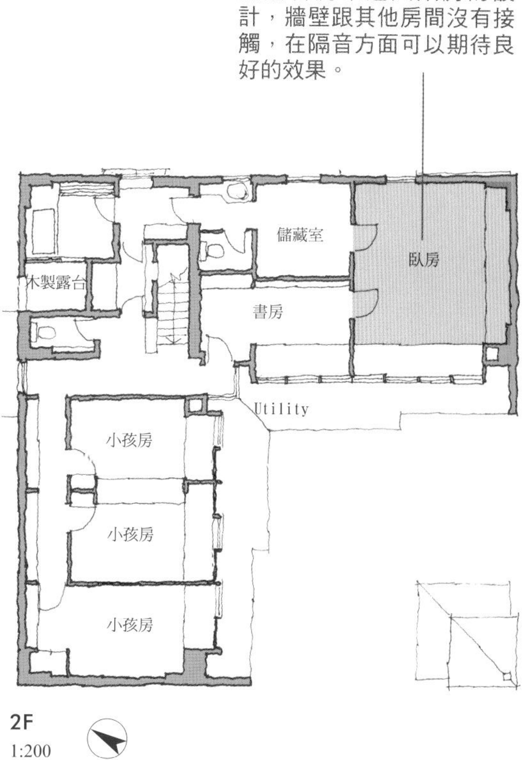

「臥房」暗一點也沒關係 93

宮脇先生對於「臥房」所抱持的印象，可以用柔軟、溫暖、暗淡、羽毛般的柔和來形容，我也說「打造一棟住宅時，希望可以蓋得像子宮一樣柔軟、遍佈著絨毛」。「臥房」必須具備的條件有安靜、沉穩、足以讓人安眠等等，而這些都跟宮脇先生的形容相符。

話說回來，日本建築基準法對「臥房」的定義為「居室*」，指的是以居住為目的來持續使用的房間，為了讓人安全、健康的使用，必須設置充分的開口來確保足夠的採光跟換氣，這是基準法明文規定的條件。

「臥房」若是依照這個基準來設置開口，有可能會在休息的時候太過明亮，因此大多會準備遮陽板來降低室內的亮度，最近則是出現可以從房間內側來進行操作的擋光設備。這種裝置在飯店的窗邊都可以看到，是不錯的參考資料。比方說窗簾、百葉窗、擋光拉門等等。

這裏所舉的例子是附帶遮光蓋的天窗。房間內的地板跟牆壁也都以暗灰色來統一，盡可能的降低反光，成功實現光線較暗的環境。

*居室：日常起居的空間、客廳

臥房是所謂的「居室」，必須依照法規來設置採光跟通風，但常常會顯得太過明亮，無法得到沉穩的氣氛，必須採用擋光設備做為對策。

以光線暗淡的環境為訴求，除了上方帶有遮光罩的天窗之外，整個臥房只有一個小型的開口。

露台
茶室
挑高
臥房
書房
3F

小孩房
小孩房
露台
餐廳
客廳
大廳
廚房
衣櫃
玄關
2F
1:150

94 附屬於「臥房」的空間

「臥房」基本上是男主人跟女主人休息的房間，既然是屬於夫妻兩人的房間，那應該也要有其他各種的機能。

比方說夫妻兩人專用的客廳，可以在就寢之前打發時間，也可以當作書房讓男主人整理帶回來的文件。當然也可以用來換衣服、保管私人物品。「臥房」的規模不同，使用方式也會產生變化。

相對應的，臥房附屬的空間跟造型也會不同。首先必需要有衣櫃的空間，夫妻兩人日常性、季節性的衣物、冠婚喪祭所使用的服裝等等，要有相當程度的空間才會足夠。就算在牆壁設置固定式的家具，也可能因為牆壁的長度而受到限制。

因此在思考格局時，必須考慮是否可以用最低限度的臥房，來加上「更衣室(Walk In Closet／W.I.C)」。

事先確認收納在此的物品數量與種類、收納櫃所需要的造型，來調整櫃子的數量跟深度，通常都可以確保相當程度的收納空間。執行起來雖然比較費工，但非常值得一試。

3F
1:200

這份格局雖然設有儲藏室，但還是有準備放置小型物品的櫃子。

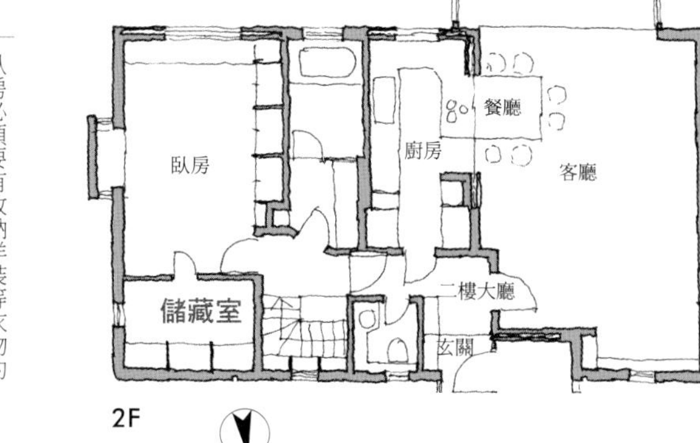

臥房必須要有收納洋裝等衣物的衣櫃，而這份格局另外還追加了儲藏室。只有出現剩餘的空間時，才能採用這種作法。

1F
1:200

追加儲藏室、更衣室、浴室跟廁所的案例

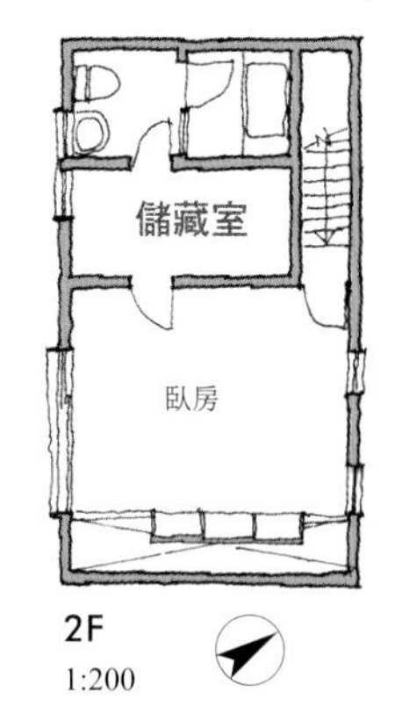

這份案例也是在臥房追加儲藏室，越過儲藏室則是廁所跟浴室。東側為挑高的構造。

2F
1:200

附帶書房跟更衣室的案例，實現用途多元的空間。

和室房

95 鋪有疊蓆的房間…「客廳」的一部分

在格局內設置鋪有疊蓆的房間，最為普遍的方式是，讓「鋪有疊蓆的房間」成為「客廳」的一部分。

設計格局時所能採用的方式有兩種，第一是當作客廳延伸出來的房間，讓和室也能當作獨立的空間使用。第二則是完全屬於客廳的一部分，當作地板使用疊蓆的區塊。

宮脇檀建築研究室經手的案例，絕大多數都是採用第一種方法。用日式的紙門來當作區隔，設計成也能當作獨立房間使用的格局，屬於一種「連續性的房間」。

平常大多是將紙門拉開，當作客廳的一部分來使用。比較常聽到的是擺上卓袱台(座桌)來享用火鍋，或是新年元月的前三天讓大家在此用餐，相當於坐在地板(疊蓆)上的客廳兼餐廳。

而在有事情的時候可以將紙門拉上，當作獨立的和室，利用此處來穿上或脫下和服，或讓突如其來的訪客在此休息等等。

就像這樣，客廳內若是有這種用途不定可以靈活運用的空間，可以讓在客廳所渡過的時間更加充實。

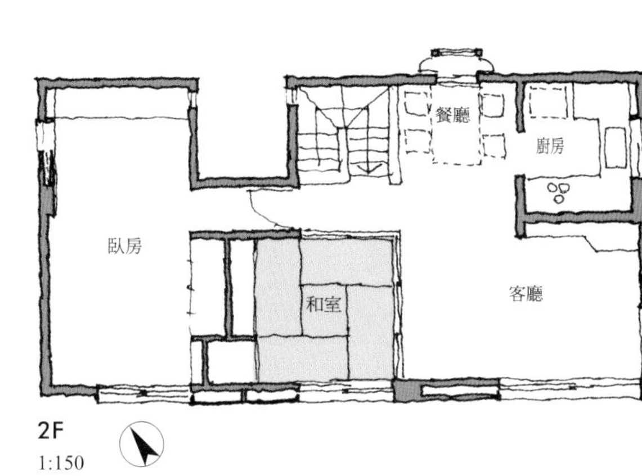

這棟住宅採用客廳在2樓的格局，鋪有疊蓆的房間跟客廳連繫在一起。雖然佈置成佛堂，但同時也是客廳的延長，必要時可以讓客人過夜，運用起來相當的靈活。

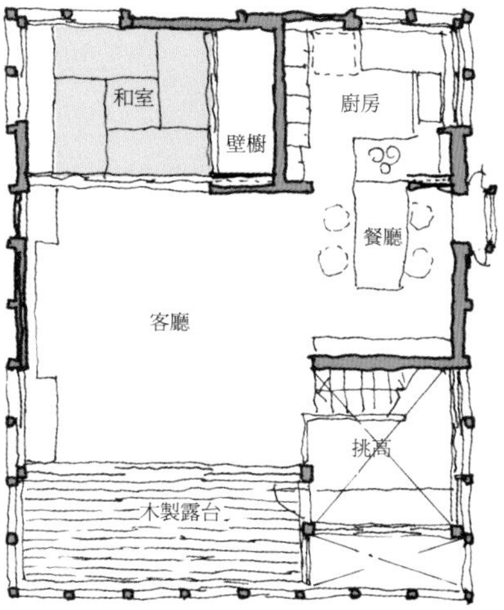

2F
1:150

在這份格局之中，與客廳相連的和室可以當作客房。與客廳相連的4疊蓆半的房間，只要將紙門拉開就能當作客廳的一部分來使用。

這份格局的1樓為辦公室，2樓跟3樓為生活空間，下圖是2樓的部分。規模較小的客廳跟鋪有疊蓆的房間相連，將兩道紙門拉開，此處就可以成為客廳的一部分。

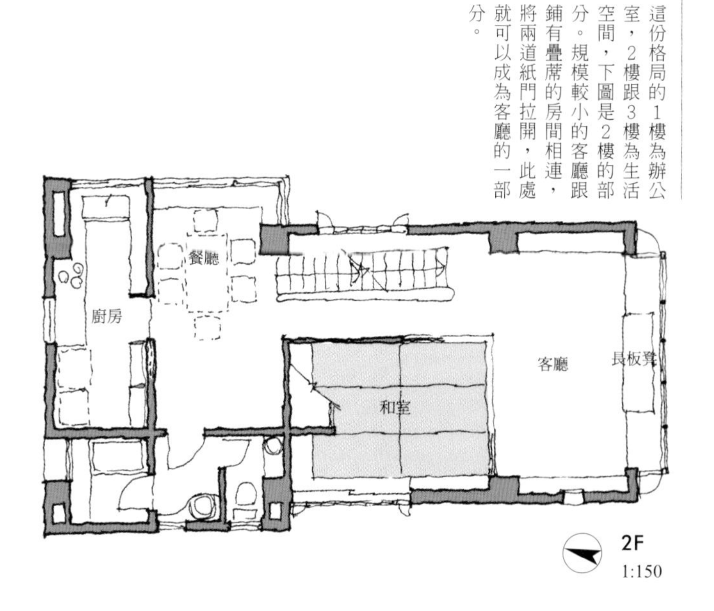

鋪有疊蓆的房間…「兩房相連」 96

在日本的建築之中，房間有和室跟洋室等兩種分類。雖然無法簡單用鋪有疊蓆的是「和室」，沒鋪疊蓆的是「洋室」這種方式來分類，這裏我們暫且用「和室」來稱呼鋪有疊蓆的房間。

兩間和室排在一起，中間用紙門區隔，這是二次大戰前的中等階級住宅，常常可以看到的格局。

這是因為在以前，冠婚喪祭大多是在自家舉行，因此需要可以讓許多人聚在一起，或是讓親戚們一起用餐的大型空間。此時只要將紙門拆下，就可以將兩間和室當作一個大房間使用，這也是為什麼鋪有疊蓆的房間常常都是兩間連在一起。

就算是到了現在，對於習慣在自己家中舉辦冠婚喪祭的地區來說，兩間連在一起的和室仍舊是必備的格局，對於訪客較多的家庭、喜歡宴客的家庭來說，這種兩間連在一起的和室是非常重要的設備。

至於如何在整個格局之中，思考這兩間連在一起的和室，請看此處所舉出的案例。例如讓規模較大的和室獨立出來，跟隔壁西式的客廳形成One Room的構造等等，隨著使用方式的不同，出現案例也五花八門。

兩間連在一起的和室用紙門來區隔，摘下的時候通常會先擺到別的地方，但也可以用完全收到牆內的拉門來取代。

這份格局的和室，預定用來當作客房。把區隔兩間和室的紙門拆下，會成為大約13張疊蓆的空間，可以對應各種不同的條件，這也是和室最大的優勢。

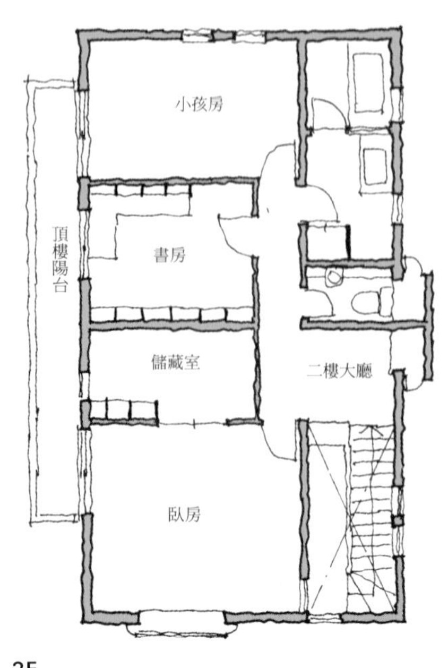

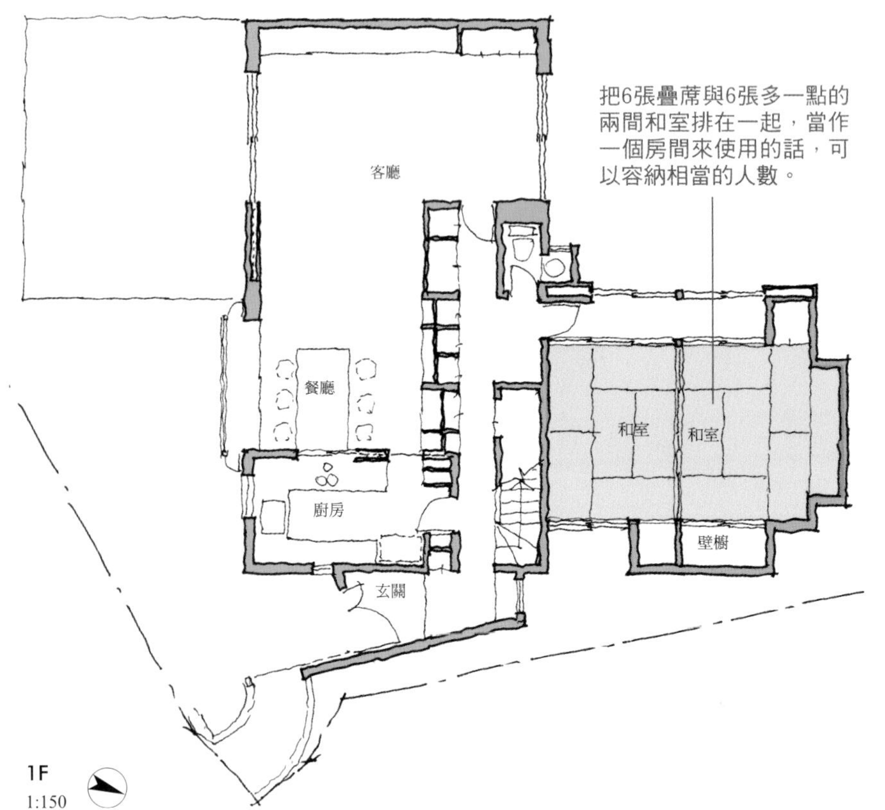

和室在這份格局內被當作臥房跟茶間，同時也是讓客人過夜的房間，如果將區隔兩間和室的紙門全部打開，則會成為14張疊蓆的大小。從客廳看來就像是舞台一般，更進一步擴展使用上的可能性。

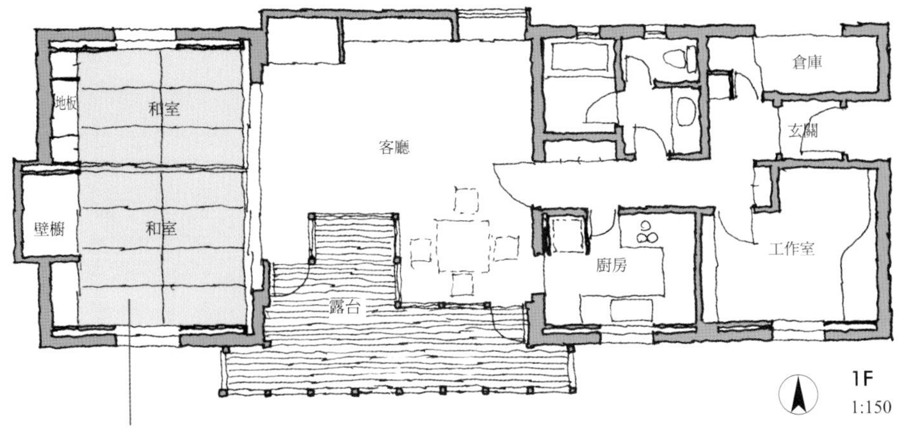

8疊蓆與6疊蓆的兩間和室排在一起的設計。將紙門打開跟露台連在一起，則會形成相當寬廣的空間。

這份格局是4層樓建築之中1樓的部分。上方是家族個人的房間跟客廳，這兩間和室用來款待大量的訪客。合在一起使用可以有14疊蓆的大小，就算有相當多的人數要過夜，也不會有問題。兩個房間的外側用較寬的外走廊連在一起。

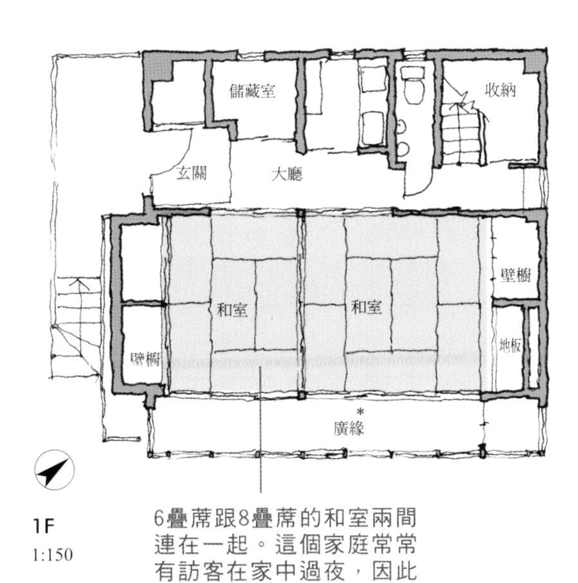

6疊蓆跟8疊蓆的和室兩間連在一起。這個家庭常常有訪客在家中過夜，因此採用這種格局。

＊廣緣：較寬的緣側(外走廊)

鋪有疊蓆的房間…「同居之父母」的房間 97

宮脇先生常常說「要睡鋪被還是床鋪，希望可以由使用者自己決定」。實際上要用哪種形態來就寢，得看格局的房間採用哪一種設計。

宮脇檀建築研究室經手的案例之中，只要有「鋪有疊蓆的房間(和室)」存在，則大多是給父母親等年齡較大的人所使用的房間。這是因為老一輩的人大多是「喜歡睡鋪被」，而且比較習慣疊蓆上面的生活。鋪有疊蓆的房間可以直接坐在地板上，房間內從中央到角落的地面都可以使用，不用將椅子或桌子等家具搬入，房間內的空間較大、使用起來也更加靈活。這些都是鋪有疊蓆的房間才有辦法活用的特徵。

就算如此，只因為有高齡者而選擇和室的案例，往後應該會越來越少。這是因為目前所建造的住宅，擁有和室的格局一間比一間要少，習慣使用疊蓆的人也漸漸的在消失。取而代之的是坐在椅子上、睡在床上的生活方式，兩代同堂的住宅不再使用和室的一天，或許比想像中的還要接近。

父母親的房間是否要鋪上疊蓆，必須跟委託人詳細討論之後再來決定。在這份案例，父母親比較習慣有疊蓆的生活，再加上地板面積有限，希望可以讓空間使用起來更加靈活。

廚房
壁櫥
和室
儲藏室
客廳
廚房
後門
1F
1:150

讓同居父母親當作客廳使用的和室。廚房、浴室、廁所等設備都相當接近，光是在這個房間的周圍就可以生活。

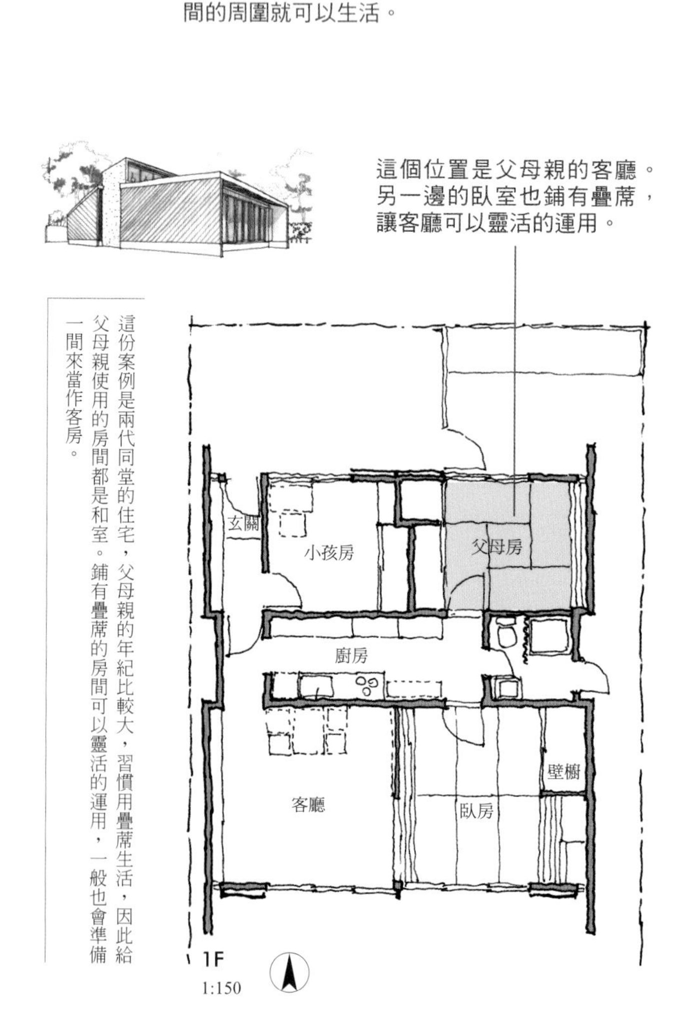

這個位置是父母親的客廳。另一邊的臥室也鋪有疊蓆，讓客廳可以靈活的運用。

這份案例是兩代同堂的住宅，父母親的年紀比較大，習慣用疊蓆生活，因此給父母親使用的房間都是和室。鋪有疊蓆的房間可以靈活的運用，一般也會準備一間來當作客房。

98 鋪有疊蓆的房間…「備用房」其他

鋪有疊蓆的房間從以前就讓人感到熟悉，大多數的人都了解使用的方式(但是在最近沒有和室的住宅漸漸增加)。就算當作練習的場所給不特定的人數使用，也可以簡單的進行區分，非常的方便。

格局之中若是有「備用房」這個名稱出現，則代表這個房間的用途尚未定案。換句話說就是「多功能的房間」，可以用在各種不同的用途上。

備用房的構造不論是和風還是西式都可以，要是沒有特別的想法，大多會選擇運用比較靈活的「和室房」對應起來會比較周全。但備用房在整體格局之中的位置，將大致決定它是要給家人使用，還是給訪客使用。

格局內的「鋪有疊蓆的房間」，也有可能是為了「茶室」等特殊的用途而準備。當作「茶室」使用的時候，必須事先討論由誰使用，準備好專門對應的格局。隨著流派的不同，正式的「茶室」對於壁龕、火爐的形狀、水房(水屋)的場所等等，都有著詳細的規定存在，要好好的進行確認才行。有些茶室會設計成茶道的練習場所。

同樣是用來練習，書法一樣會使用鋪有疊蓆的房間。在其他案例之中，就有出現用來當作書法教室的和室。在這個場合，並非只是準備鋪有疊蓆的房間就好，除了考慮到作為教室的機能性，還要有收納道具所需要的空間。

房間特別多的格局，其中又以備用房的面積最大。

1F
1:200

在這份格局之中，跟1樓玄關相連的6張疊蓆的和室，被當作客房來使用。平時將紙門全部打開，可以跟餐廳一起，形成10張疊蓆的起居室。必須是和室才有辦法這樣靈活的運用。

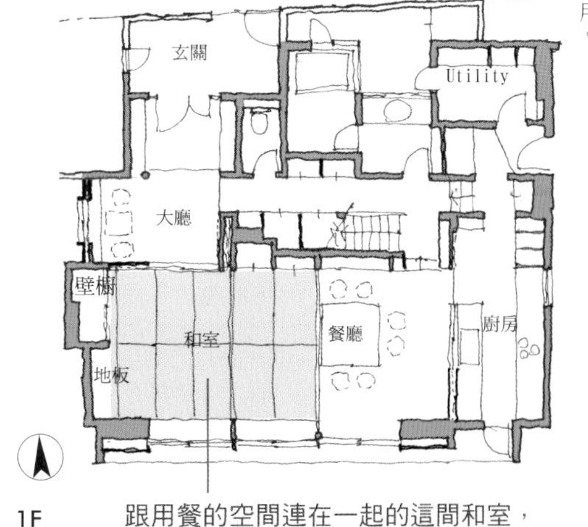

1F
1:200

跟用餐的空間連在一起的這間和室，同時也具有備用房的機能。

會有許多「訪客過夜」的住宅 99

訪客來到家中過夜的機會，感覺比以前要少了許多。就算如此，在跟委託人討論格局的時候，仍舊可以看到希望為來自遠方的親戚或客人準備過夜用的「備用房」。此時對應的方式，大多是在客廳的一角設置「和室房」。

在親朋好友交流較為頻繁的家庭，平時人來人往，結果讓客人過夜的機會也跟著增加。為了對應訪客，大多還是會設置可以靈活運用的「和室房」。但宮脇先生卻也說「客廳也有沙發，準備一條毛毯一樣可行」。

此處所介紹的案例，在1樓準備有兩間連續的「和室房」，讓客人可以在此過夜。兩間連續的和室運用起來比較靈活，就算有兩組客人要過夜，對應起來也沒有問題。

另外還在這個樓層備有專用的廁所跟迷你廚房。泡茶洗碗、享用買回來的便當、煮開水沖泡麵等等，都可以讓訪客自己動手。這樣訪客應該也會比較自在，不用那麼的拘謹。

臥房
儲藏室
臥房
臥房
陽台
3F

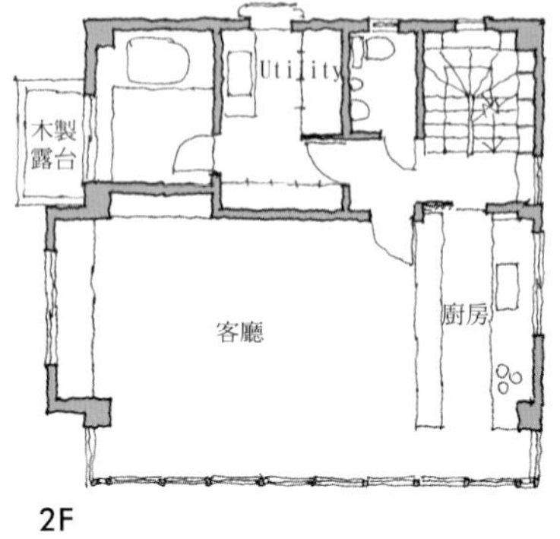

要是有大量的訪客過夜，果然還是得採用這種鋪有疊蓆的房間。

儲藏室
收納
玄關
大廳
和室
和室
壁櫥
壁櫥
地板
廣緣
1F

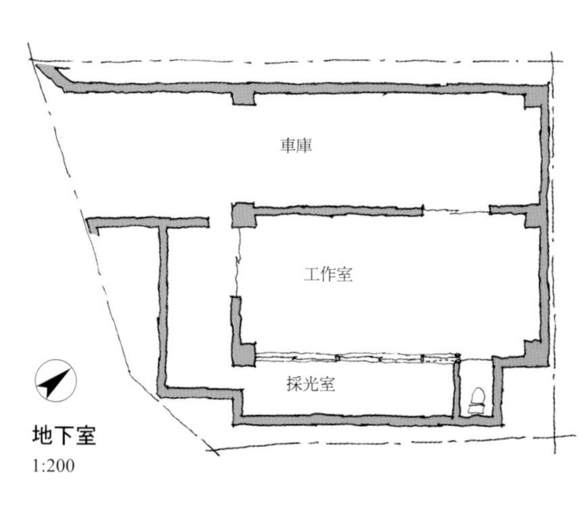

有較多訪客過夜的家庭，設計格局的時候當然也會特別為此而準備。這份格局在1樓設置兩間連續的和室，並準備迷你廚房讓客人可以自己動手使用。

收納空間

「精簡」的生活形態 100

提到精簡的生活形態，首先讓人想到的是家中物品較少，沒有擺的到處都是的感覺。對此所提出的範例是，傳統和風住宅所擁有的生活形態。

傳統的和風住宅，原本就只會在房間內擺上最低限度的家具，隨著季節進行更換，讓平時也能維持精簡、清爽的造型。但是要維持這種生活形態，必須有儲藏各種家具的空間，因此傳統的和風住宅中一定都可以看到「倉庫」或「儲藏室」。

此處所介紹的案例，委託人希望房間內擺的東西不要太多，可以維持精簡的生活形態，所以格局方面也配合這點來下功夫。跟建築一體成型的收納空間分散在房間周圍，讓使用者需要的時候馬上可以將東西取出。「收納空間」如果一眼就能讓人看出來，會讓房間顯得較為繁雜，因此將收納門設計成牆壁的一部分。

施工時候也特別挑選特殊的合頁跟門把，讓收納空間的表面看起來就跟牆壁一樣。

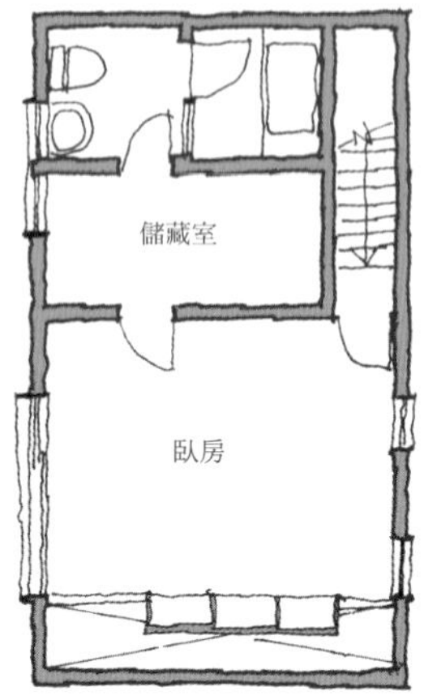

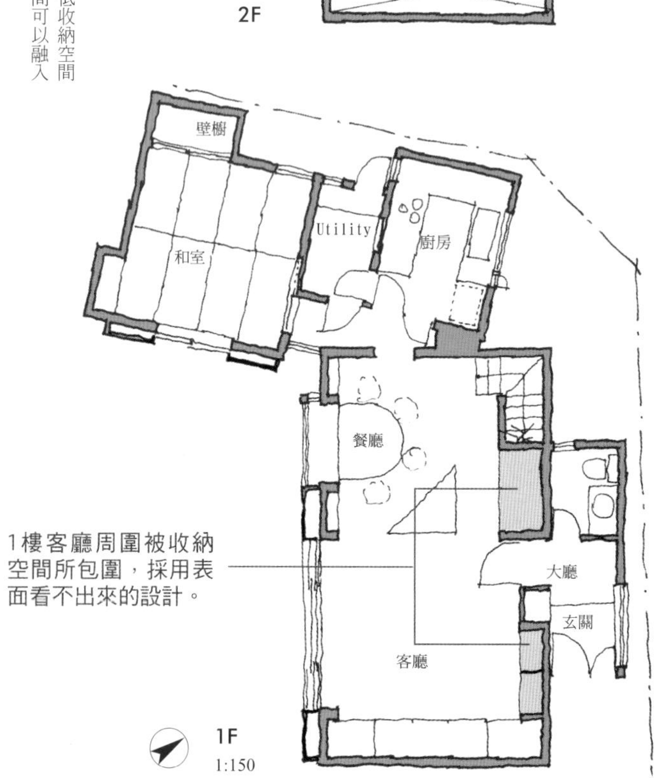

1樓客廳周圍被收納空間所包圍，採用表面看不出來的設計。

這份格局是由夫妻兩人所使用的住宅，為了降低收納空間的存在感，使用特殊的合頁跟門把，讓收納空間可以融入牆壁之中，實現清爽的外觀。

101 用「物品的份量」來決定收納空間

設計收納空間的時候，要是該裝的東西裝不進去，那就沒有任何意義。狀況允許的話要事先調查收納的對象跟場所，算好尺寸、數量跟形狀，準備好適當的空間。

收納空間，原則上必須設置在使用場所的附近。比方說在室外使用的物品，理所當然的會存放在室外的倉庫(小屋)內。另外也會讓家族共用的物品存放在「公共空間」，私人物品存放在「私人空間」。

收納空間所需要的面積，被認為是住宅總面積的大約10%，但實際決定的時候還得顧慮到每個人的狀況。必須注意的是，收納空間擺不進去的東西(體積不合等等)，理所當然的會被擺在房間各處。

但也無法因為這樣，就隨便加大收納空間的尺寸，結果佔用太多的地板面積。受到這些條件的限制，思考格局的時候，最好事先調查預定收納之物品的「容量(Volume)」有多少，以免出現剩餘的部分。

比方說玄關，必須收納的物品有鞋類、雨具、大衣等等，它們所需要的容積各不相同。因此在玄關土間的牆上設置收納的時候，要隨著存放物品的種類來改變深度與寬度。這種作法還可以一邊確保收納空間，一邊維持玄關土間面寬度。

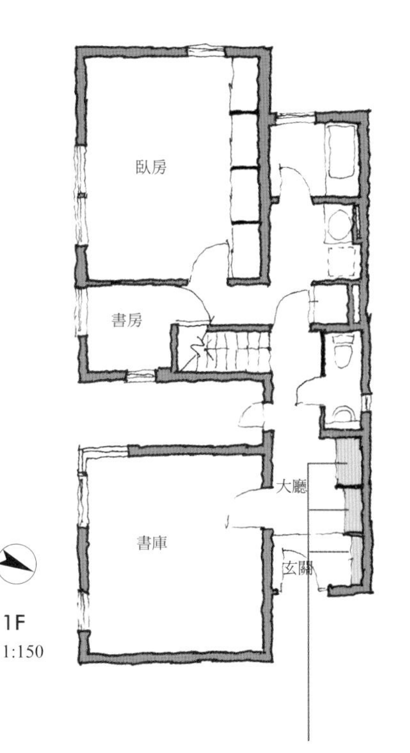

玄關大廳的右側排放有收納的空間。配合預定放置的物品來決定各個收納櫃的寬度。

在這份格局之中，玄關土間到內側樓梯之樓梯口的走廊，寬度漸漸變窄。這是因為從鞋櫃到廁所的各個收納空間，需要的容積各不相同，結果形成這種造型。

收納
壁櫥
地板
和室
廣緣
儲藏室
大廳
和室
玄關
壁櫥
1F
1:150

從玄關進入大廳後，左側漸漸變窄的造型。內部確保了收納所需要的空間。

把「更衣室」當作格局的中心 102

若是住宅的規模較小，絕大部分的格局都會採用One Room(單一大型空間)的構造，好比說委託人的度假屋，要實現迴遊路線就不是件那麼容易的事情。理由之一是，One Room的空間本身就是魅力的重點，不用設置迴遊路線就已經相當充分。就算具有「迴遊性」的空間可以讓人體驗無限延伸出去的感覺，其中所擁有的魅力很難輕易被放棄。讓人不得不去思考有什麼樣的方法可以兩全其美。

此處所介紹的案例，是以L字型的One Room為基本，把廁所跟浴室擺在最深處。

這份有趣的格局看起來就像法螺一般，越往深處越是狹窄。位在這個法螺核心(建築物的中心)的是更衣室，分別與玄關大廳跟One Room的最深處相連，讓人可以直接從此處穿過。也就是用此處來形成「迴遊路線」。

法螺一般的造型，在最深處會給人不小的阻塞感，但是透過這個可以穿過的更衣室(衣櫃)，整個空間顯得更加活潑，使用方式也更加多元。

最深處的「臥房」跟最外側的玄關，都可以使用這間更衣室，讓居住者生活起來更加方便。

雖然是小規模的住宅，還是可以看出中央的更衣室(W. I. C)是整棟建築的中心。

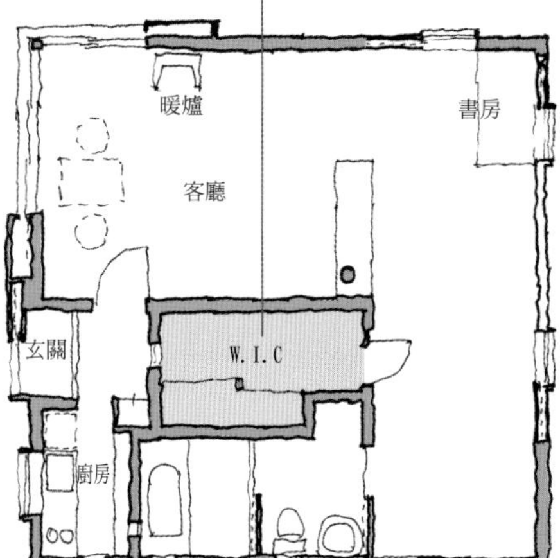

這份格局在中央設置可以讓人通過的更衣室(W.I.C)，來形成具有迴遊性的動線。降低狹窄空間所造成的壓迫感的同時，也得到生活上的方便性。

103 要在哪裡「換衣服」

居家休閒的衣服、外出(工作、買東西、看電影)用的衣服、修剪花草等園藝活動所穿的衣服，依照場合與狀況來換上不同的服裝，是現代生活的基本需求。

換衣服的動作，大多是在「臥房」等個人的房間內部，擺放衣櫃的場所進行。較為特殊的服裝先擺在一旁，工作用的套裝跟居家用的休閒服要在哪裡換上，建議在思考格局的時候先模擬一下。

一般來說，1樓是餐廳或客廳、2樓是臥房(個人房間)的時候，早上起來首先會到1樓享用早餐，然後到2樓換上工作用的衣服(西裝或洋裝等)，再次下樓出門。回家之後則是先上2樓換上休閒服，再下樓到客廳看報紙。每天重複的這個動作感覺似乎自然，但是在趕時間的時候，小小的移動距離卻會成為意想不到的負擔。

要是能在1樓客廳的一角，設置放工作服跟休閒服的衣櫃，以及換衣服用的小區塊，則可以將不必要的移動距離省略，減少生活上的麻煩。也不會出現外套跟褲子隨便亂脫的景象。

下方的案例，是在同居父母的房間與客廳之間，設置兼具緩衝機能的儲藏室，當作換衣服的場所。

在客廳或餐廳存在的那個樓層，設置外出或回家時用來換衣服的場所(衣櫃等)，可以省略無謂的移動距離。這份格局把衣櫃擺在客廳轉彎過去的不顯眼地方。

小孩房
小孩房
露台
餐廳
客廳
廚房
大廳
衣櫃
玄關
2F
1:150

將這個部分設定成換衣服的場所。

臥房如果位在2樓，則大多也會在2樓換衣服。但如果餐廳是在1樓，用餐結束之後若是可以直接換衣服出門，則回家時也不用先上2樓更衣，生活起來會比較方便。這份格局將1樓的儲藏室設定成換衣服的場所。

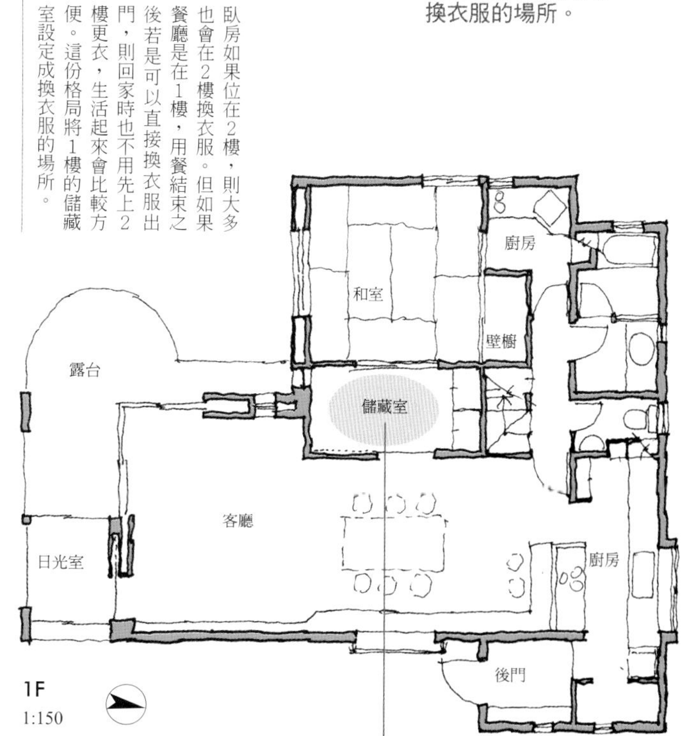

這份格局將此處設定成換衣服的場所。

家事房

104 為了「家事」而準備的空間

格局之中可以看到被稱為「家事房」或「家事區」等空間。用字典重新確認「家事」一詞，日本的『新明解國語辭典』的定義為①家庭內所發生的事情②在家庭內生活必須要做的工作，例如煮飯、洗衣、照顧小孩等等。另一本字典則說明是經營、管理一個家庭所需要的工作。當然，在格局的場合，指的是新明解國語辭典②的定義，但是在思考格局的時候，大多會將煮飯跟照顧小孩分開。思考「家事房」的時候，必須記住的另外一點是由誰來使用。這將決定設備的位置使用起來是否方便。

此處所介紹的案例，是由主婦來負責家事。因此，跟主婦的另一個主要工作場所「廚房」進行組合，來設計做家事的空間。

這種時候可以有兩種解答模式，第1種是加寬廚房的後門，把此處當作「家事區」。洗衣機擺在這個地方，可以一邊煮飯一邊洗衣服，還可以直接前往Service-yard(廚房外的小後院)曬衣服的場所。

另外一個案例，是將餐桌旁邊吧檯的一部分當作「做家事的區塊」，煮飯的同時還可以接電話、看資料、顧及客廳的狀況，是讓家庭的「管理」作業進行的更加順利的格局。

把四方形廚房的外面、餐桌的另一側當作家事的場所。就算規模較小，也能在格局上下功夫來實現做家事的區塊。

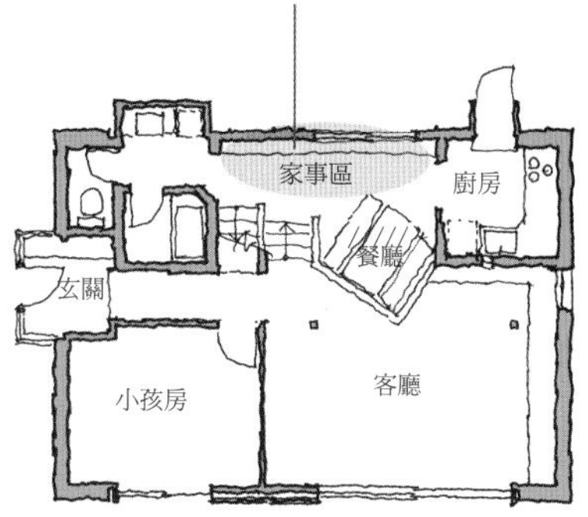

1F
1:200

這份格局，把可以收納小型物品的吧檯裝在1樓廚房前往洗手間、浴室途中的空間。電話、對講機、傳真機都集中在此，成為管理信件跟帳單等各種情報的場所。

跟廚房相鄰的一角設置Utility Space。還有通往室外的後門，使用起來非常的方便。

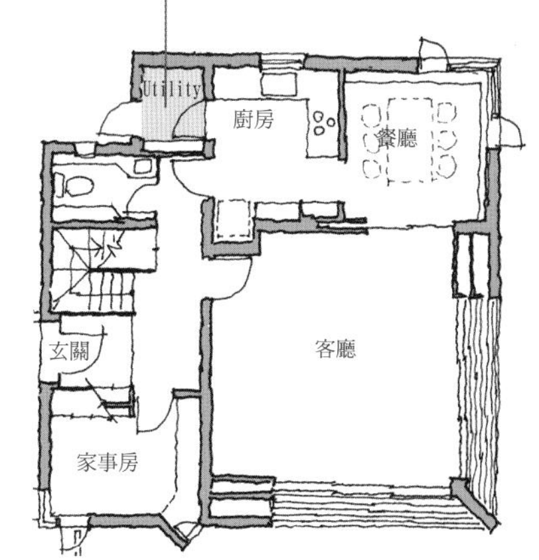

1F
1:200

這份格局在廚房的旁邊設有Utility Space，另外還在玄關旁設有名為家事房的空間。縫補的衣物、手藝等進行到一半的工作擱在此處也沒關係。

進入玄關，可以看到變化豐富的玄關大廳，此處可以用最短的距離前往1樓的各種空間，在結構方面實現了最短的動線。

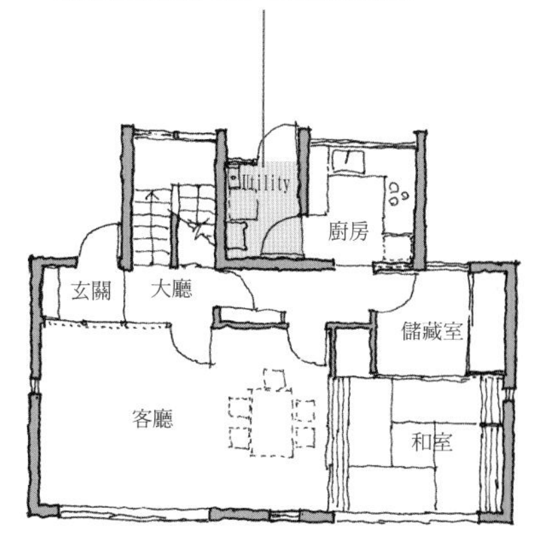

1F
1:200

跟廚房相鄰的部分，設計成讓家事集中在一起的空間。用此處跟另一邊的儲藏室來將廚房夾住。

「1個場所」主婦就已經夠用 105

對職業婦女來說，做家事的時間相當有限，會讓做家事變得更加辛苦。

下班回家到就寢之間的時間，必須煮飯、洗衣服、陪小孩作功課、整理信件、繳交帳單、看報紙等等，必須完成的工作像山一樣多。

時間有限但工作繁多的時候，同時進行不同的工作，有時會比一件一件完成更有效率。但是要實現這點，必須在設計格局的時候讓各種工作集中在同一個地點，盡可能的減少四處移動的必要性。

此處所介紹的案例，就是為了實現這點而設計的格局。在One Room的起居室中央，設有固定式的餐桌，除了用來做家事之外，還可以寫信或陪小孩做功課。餐桌另一邊的牆壁，設有洗衣機跟水槽，可以一邊洗衣服，一邊用併排的廚房設備煮飯。

這個廚房擺在起居室的其中一邊，如同壁龕(Alocove)一般，三個方向用牆壁圍起來，不容易被其他人所看到。因此就算洗碗洗到一半，也可以毫無顧慮的先放下來做其他事情，對主婦來說相當的方便。

書房
Utility
廚房
陽台
起居室
2F

把廚房跟Utility Space精簡的整合在一起。大部分的家事都可以在此完成。

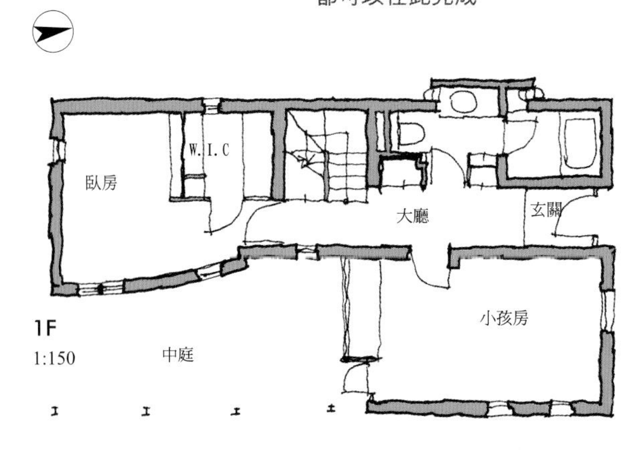

這份格局讓主婦可以一邊煮飯一邊陪小孩作功課，趁有空的時候將衣物分類來放下去洗，各種工作全都在一個地點完成。對於職業婦女來說是相當令人高興的設計。

106 讓各種「家事」集中在同一處

「家事」指的是一個家庭生活所須的各種作業，其中最主要的工作，或許就是準備每天的三餐。基於這種思考，廚房在格局之中會跟其他家事分開，獨自的進行設計。但是看在做家事的人眼中，家中的工作是一樣接著一樣，整天下來並沒有明確的區分。每次有事就得進出特定的房間，光是這樣就讓人感到疲倦，作業起來的效率也不佳。

這份案例，是增加廚房的空間，把家事相關的基本設備(洗衣、煮飯)全都集中在此，讓絕大部分的家事都可以在此完成的格局。因為採用這種設計，做家事的人(這個家庭為主婦)一天得花很長的時間待在此處，雖然想準備更加良好的環境，但受到用地與道路位置關係的限制，最後只好妥協(至少可以照到早晨的太陽)。

像這樣把家事相關的空間全部集中在一起，讓整體的格局也能精簡的整合，為客廳跟餐廳確保了充分的空間。

儲藏室
挑高
倉庫
倉庫
小屋內

2樓廚房之所以是長條形，是因為把廚房延伸出去的部分，當作家事的空間。

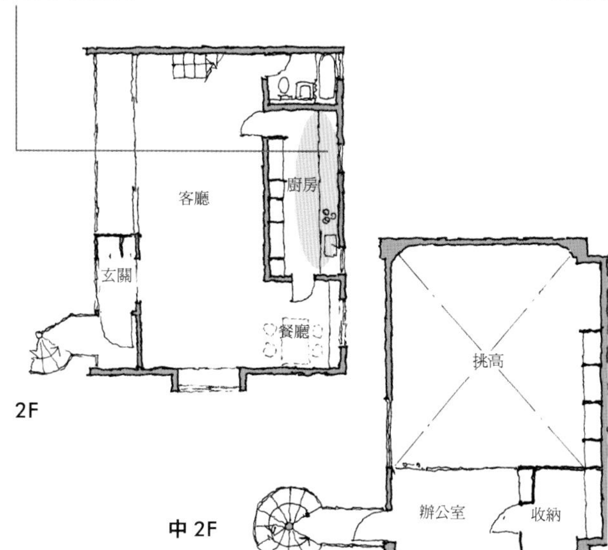

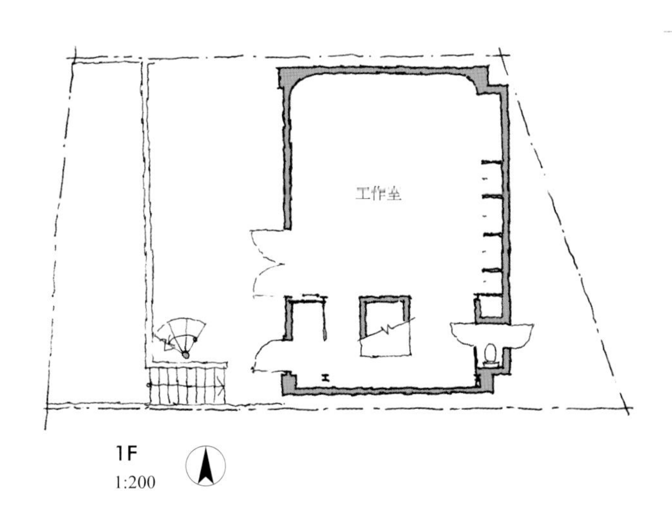

這份格局，在5疊蓆多一點的廚房內，設有洗衣機、烘乾機、桌子等Utility所需要的一切機能。所有家事都能在此完成，讓整體格局也能精簡的整合。

讓「廚房」跟「Utility」一體化 107

最近在格局中常常可以看到的，被稱為「Utility」的空間，這個房間也被稱為「多機能性空間(Utility Space)」，是一個沒有限制用途，什麼事情都可以在此進行的房間。實質上幾乎等於是「家事房」(或洗衣間)。

絕大部分的格局，會將Utility設在廚房的附近，跟「家事房」一樣設置洗衣機或燙斗架，空間足夠的話，也可能在雨天的時候用來曬衣服(或放置收進來的衣服)，將看到一半的書放在此處，或是將做到一半的手藝暫時先擺在這裡。

此處所介紹的案例，是Utility沒有採用獨立空間的設計，而是跟廚房整合成一個大型的房間。這種設計，可以讓使用者同時進行煮菜跟洗衣等各種不同的工作，也可以得到比較大的空間，讓這個房間的使用方式變得更加多元。在這份格局之中，這個房間的南面與3個房間相鄰，左右較為細長，成為連繫這3個房間的走廊(通道)。這個設計同時也為這份格局實現了可以在家中進行環繞的「洄遊路線」。

假設Utility的空間預定是由主婦來使用，位在廚房的附近，理所當然的可以增加使用上的方便性。這份格局為了達成這個目標，將廚房跟Utility整合成在一起。

在廚房隔壁、後門的另一邊，設有Utility的空間。各種家事都可以在此進行。

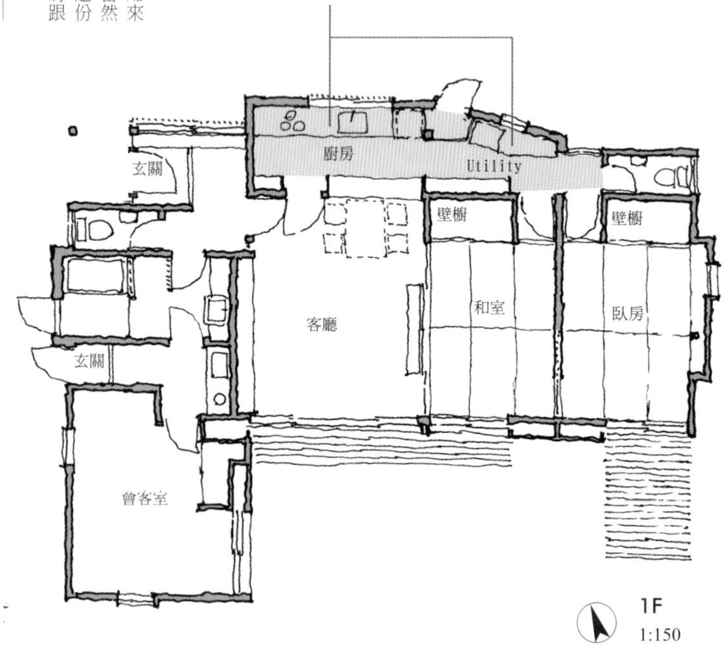

108 洄遊路線包含「家事房」

根據先前所提到的，家事在字典之中的定義，經營、管理一個家庭所需要的所有工作，都包含在內。就這個觀點來看，「家事房」可以說是一間住宅的司令室。

設計格局的時候，總是希望設置能夠在家中進行環繞的「洄遊路線」。設計這條動線的時候如能把「家事房」也納入其中，則可以更進一步的活用「指令室」的機能。

之所以會特別提到這點，是因為日本最近的住宅，將每天生活上的安全、保全與防災檢查機能集中在一起的「住宅情報面板(或是住宅綜合資訊顯示器)」已經漸漸普及，而「家事房」是使用這種設備的理想地點。

這種情報顯示面板，會將門鈴與對講機等室外的情報、廚房等跟火有關之場所的火災警報、廁所跟浴室緊急狀況的響鈴、門窗上鎖的狀況跟警訊等等，集中在一起。如果裝在屬於「洄遊路線」之一部分的「家事房」，則不論是在住宅內的哪個部分，都可以馬上趕到，使用起來非常的方便。

若是將跟電腦網路或電視等情報通訊機能的插座，或是冷氣、熱水器、照明等設備的控制面板，也集中到「家事房」內，則可以更進一步提高住宅「司令室」的機能。這也是將「家事房」設置在「洄遊路線」之中的最主要的理由。

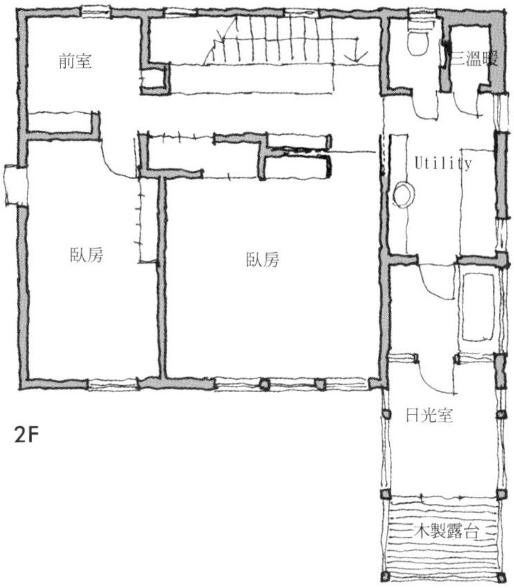

2F

不光是廚房，家事房也包含在洄遊路線之中，讓主婦可以顧及家中的每一個角落。

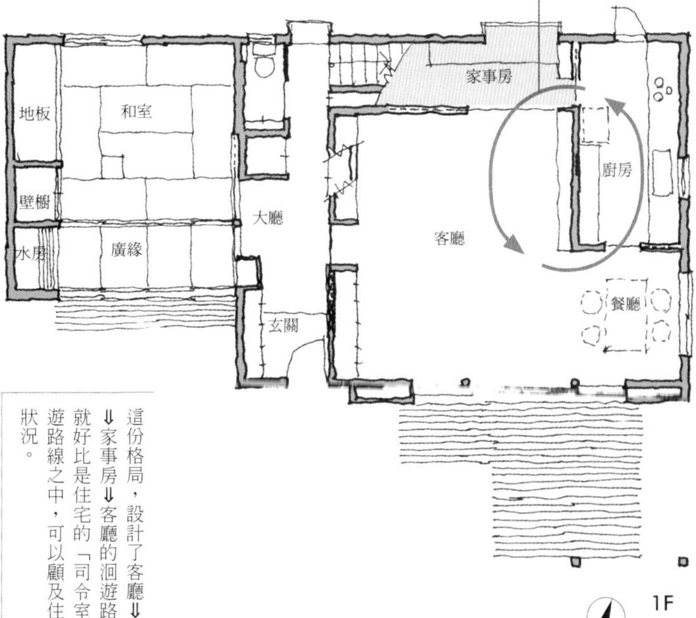

這份格局，設計了客廳⇓餐廳⇓廚房⇓家事房⇓客廳的洄遊路線。家事房就好比是住宅的「司令室」，融入洄遊路線之中，可以顧及住宅內整體的狀況。

1F
1:150

鋪有疊蓆的「家事區」 109

「疊蓆」具有良好的絕熱性跟緩衝性，是日本自古以來一直都有在使用的優良建材。同時也具有吸濕性，耐用且摸起來舒服，又容易打掃。除了這些適合用來當作地板的特質之外，還可以直接在疊蓆上面將物品攤開來作業，或直接躺下來小睡片刻，當作床鋪來使用。

就像這樣，疊蓆這種材料具有許多優點，運用起來也相當靈活。用來當作「備用房」的地板，可以讓單一房間得到各種不同的用途。這對家事房(或是家事區)來說也是一樣，只要鋪上疊蓆，就算空間有限，也能擴充房間的用途，提高使用上的方便性。

此處所介紹的案例，是在廚房旁邊，設置約3張疊蓆的「家事房」。就格局來看，這個房間位在廚房深處，是無法穿越的動線盡頭。而這同時也代表這個空間有著沉穩的氣氛，再加上地板的疊蓆，家事做到一半若是感到疲倦，可以當作休息室來稍微打個盹。

鋪有疊蓆的房間，可以將收進來的衣物直接攤在地板上、當作燙衣服的作業台，整個房間內的地板面積都可以拿來作業，使用起來非常的有效率。

廚房 餐廳 和室 客廳 2F

位在西側角落的3張疊蓆的房間，是預定用來做家事的空間。實現小規模住宅很不容易擁有的家事房。

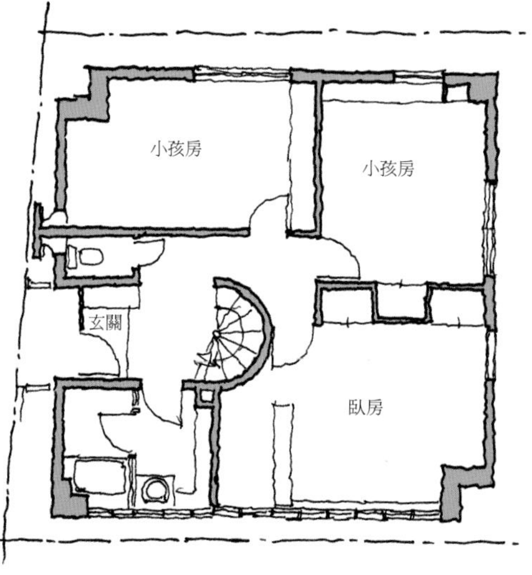

規模較小的住宅，在廚房另一端設置約3張疊蓆的家事空間。之所以選擇疊蓆，是因為整個地板面積都可以拿來使用，家事做到一半感到疲倦時，也能在此處稍微躺下來休息。

110 用「滑道」來收集要洗的衣物

過去在各種家事之中，「洗衣服」是數一數二的重勞動。到了現在這個時代，只要按下開關，就算離開去做其他事情，洗衣機也會全自動的從脫水到烘乾一切自動完成。

那麼，這台洗衣機應該擺在什麼樣的位置？關於這點，有許多不同的意見存在。宮脇先生認為「洗衣機應該擺在更換內衣的場所」。這樣將換洗的衣物脫下來之後，就可以直接扔到洗衣機內。在日本，洗衣機常常會擺在洗手(洗臉)間內，就是因為這裡大多是洗澡前脫衣服的場所，絕大多數的時候，都是在此更換要洗的內衣褲。

另一方面，將洗衣機擺在廚房或Utility、家事房的時候，則可以一邊洗衣服一邊煮飯，或是同時做其他家事。洗好衣服之後，還可以直接從後門拿到外面去曬。

此處所介紹的案例，是將洗衣機裝在1樓的後門。理由是因為住宅位在海邊附近，家中成員常常會穿泳裝回來，直接把後門當作更衣間使用，把換洗的衣物留在此處。但另一方面，平時換洗的衣物則是脫在2樓的洗手間。

為了解決把衣服從2樓拿下來的繁瑣性，設計格局的時候在洗手間旁邊裝有「滑道(Chute)」的入口，把髒衣服丟入之後，可以從1樓後門旁邊的走廊進行回收。而浴室剛好位在洗衣機的正上方，因此也另外設計，讓洗澡盆的排水可在洗衣服的地方再次利用。

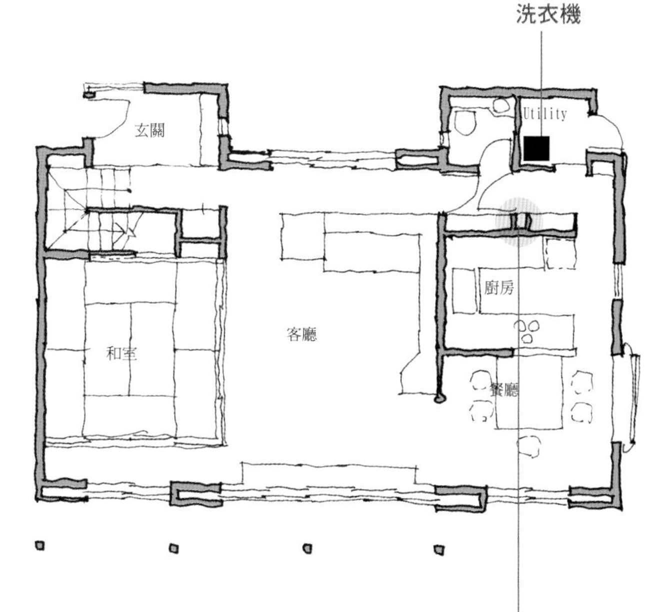

這個位置設有從上連到下的滑道，2樓是更衣室兼洗手間的內部，可以將髒衣服一口氣的搬運到此處。

這份格局的設計概念，是要讓居住者可以一邊洗衣服一邊在廚房作業，因此將洗衣機設在1樓後門。但骯髒的衣物會脫在2樓洗手間附近，為了省下搬運的勞力，設置滑道來直接送到1樓。

較為寬敞的「Utility」 111

在一份住宅的格局之中，被稱為Utility的這個空間該怎麼使用、要擺在整體格局之中的哪個位置，進行最後的判斷時，決定性的因素，是要看身為居住者的委託人自己怎麼想。

比較常見的，並不是所有家事都集中在Utility進行的類型，而是只擺一台洗衣機，純粹當作洗衣間來使用的方式。Utility的位置必須依照它的用途來決定。當作洗衣間來使用的時候，大多是擺在廚房的隔壁，同時也設有後門。

此處所介紹的案例，就是屬於洗衣機擺在Utility，同時也將後門設在此處的格局。身為後門內的小空間，大小卻是2張疊蓆又多一點。在這個感覺較為寬敞的空間內，設有洗衣機、水槽、熱水器，「洗衣間」的機能是應有盡有。

此處原本是後門，整個空間的地板為土間(室外的地面)，讓人可以直接走到室外曬衣服。但Utility的地板應該是室外還是室內，意見並不一定。

如果注重Utility與廚房的關係，想要在兩者之間來去自如，則必須盡可能的將兩個空間的地板高度湊齊。如果是像這份案例一樣，前往室外的機會比較頻繁，則採用土間的地板會比較方便。

這份格局最大的特徵，是廚房後門的土間。尺寸設定的較為寬敞，將洗衣機、水槽、熱水器都擺在這裡，當作Utility Space(洗衣間)來使用。

位在廚房隔壁的Utility。採用土間(室外)的地板，跟水有關的家事都可以在此進行。

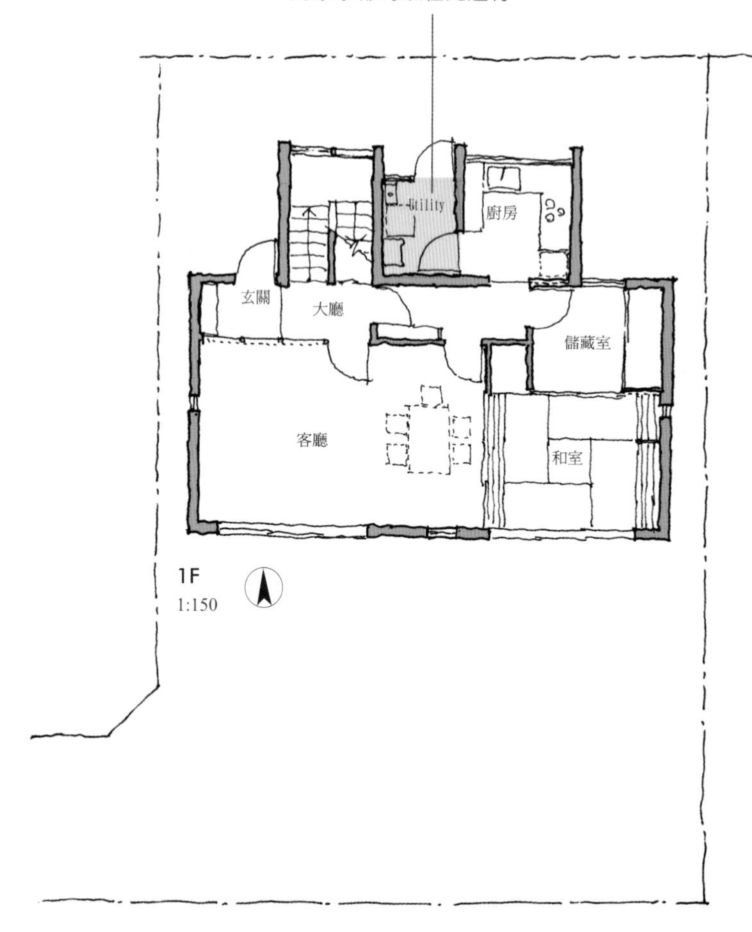

浴室、廁所

將「浴室」擺在第一 112

宮脇先生常常說「有一百戶家庭，就有一百種的格局」，沒有兩個家庭的格局會是一樣。每個家族都擁有自己的生活方式，家中成員各不相同，住宅用地的形狀跟土地氣候條件也是千差萬別。面對這所有不同的條件來追求最為合適的解答，怎麼可能出現兩個完全相同的答案。思考格局時，影響最大的因素，大家第一個想到的或許是用地周圍的環境。但居住者的生活形態，才是決定格局時最為關鍵的因素。

此處所介紹的案例，委託人非常的喜歡洗澡，每天入浴3到4次。為了回應這種生活方式，設計格局時一切以「浴室」為最優先的考量。

一間浴室使用起來舒不舒服，除了寬敞的空間之外，最重要的還是格局之中的位置。從早上起來的第一件事，到中午、睡覺前等等，如果一整天下來都要使用的話，理所當然的必須考慮到光線跟景觀。

從各種角度進行檢討，浴室的位置決定在2樓東南邊的角落。南側考慮到用地跟道路之間的距離，設置日光室來保護隱私。東側的開口只比浴缸要高一點，剛好可以享受到早晨的陽光。浴室的地面採用防滑且容易乾燥的軟木地板，來對應使用的頻率。

有一百個家庭，就有一百種格局。格局可以說是將一個家庭的生活形態，化為實質的形體。這份格局考慮到居住者每天入浴3～4次的生活習慣，將浴室擺在第一優先。

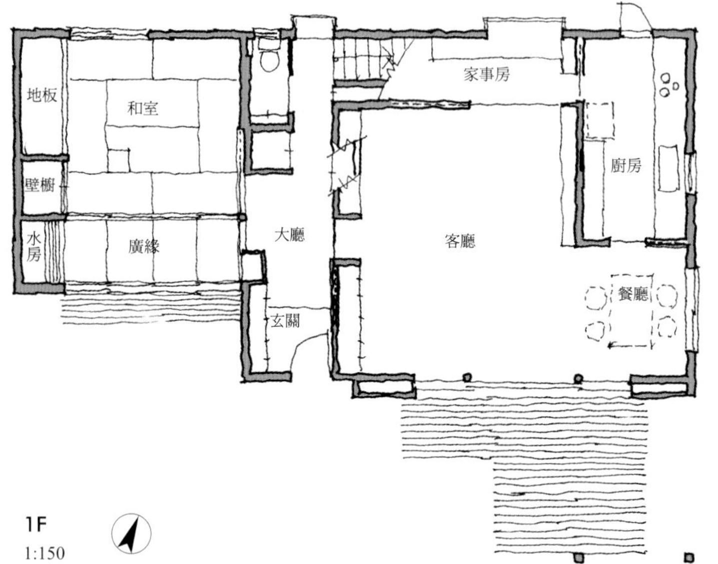

面東側的浴室，是這份格局最先決定好的部分。打開面對日光室的開口，充分享受泡澡的樂趣。

113 從「浴室」享受風景

從溫泉勝地的露天溫泉所擁有的高人氣，就可以看出日本人非常喜歡一邊入浴一邊享受風景。

最近的集合性住宅，浴室幾乎不會設置窗戶，完全倚賴人工照明。或許是因為如此，討論住宅格局的時候，常常可以看到「可以享受景觀的浴室」這種要求。但是受到用地周圍環境的影響，以及隱私上的顧慮，這個目標並非一定都有辦法達成。

此處所介紹的案例之一，用地位在崖上，可以看到遠方的景色，附近也沒有可能會危及隱私的其他建築。面對這種條件的時候，可以毫無顧慮的在整片牆上使用無框、固定式的透明玻璃，來盡情的享受風景。確保景觀的同時，也在在裝設的手法上下功夫，來解決換氣上的問題。

另一個案例，是委託人度假屋的浴室。住宅的用地位在後山的斜坡上，經過確認不用擔心隱私方面的問題，在浴室的牆壁採用整面的窗戶。窗外跟自然的環境相當接近，可以稍微享受到露天溫泉一般的氣氛。

無論如何，能夠享受風景的浴室，先決條件都是要周圍環境允許，才有可能實現。

浴室的位置幾乎在2樓的正中央，在南面設置開口。完全是用來享受景觀的窗戶。

木製露台 臥房 餐廳 廚房 客廳 儲藏室 大廳 玄關

2F
1:200

因為是獨棟的住宅，才有辦法在浴室設置窗戶。除了顧及通風跟採光之外，還積極的活用周圍良好的條件，實現可以享受窗外風景的設計。

讓浴室往景色最好的方向推出去來形成角落，在此設置L型窗戶，盡情享受景觀的格局。

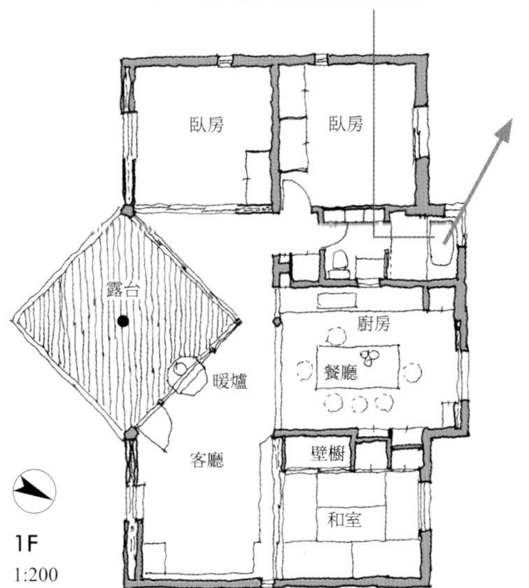

用地範圍較大、跟鄰居維持一定以上的距離、樹木較為茂盛，如果擁有這些條件，則比較不用去擔心隱私的問題，可以創造出這種格局的浴室。實現露天溫泉一般，一邊瞭望景色一邊入浴的設計。

附帶「三溫暖」的浴室 114

起源於芬蘭的「三溫暖(乾式蒸氣浴)」，魅力在於那爽快的排汗作用。其中也有可以設置在一般住宅的類型，雖然多少給人奢華的感覺，但設置的案例還是漸漸增加。

三溫暖的使用方式，一般是反覆進行蒸氣浴跟冷水的刺激，設置的時候雖然會跟浴室進行搭配，但組合的方式卻也相當多元。其中最容易使用的，是三溫暖的入口面對浴室內梳洗用的空間。隨著格局設計的需求，也有可能是跟浴室並排，或是位在浴室的對面，透過更衣室在兩者之間移動。

三溫暖有乾濕兩種方式，乾式是用電熱器來將石頭加溫的類型，會達到將近100度的高溫，必須準備萬全的防火對策。另外也必須考慮到設置三溫暖的地點，周圍溫度會跟著上升。在檢討格局的時候，必須檢查周圍是否有容易受到高溫影響的物品，準備好隔熱的對策。

此處所介紹的案例，是採用石塊加溫的乾式三溫暖。

為了提高使用上的方便性，將三溫暖的入口，裝在浴室梳洗空間的旁邊。浴室也不是採用一般的綜合式衛浴(Unit Bath)，而是特別進行訂製。市面上雖然也有販賣單人用的三溫暖，但空間相當狹窄，因此選擇2～3人用的類型。

在討論浴室的時候，委託人可能會要求裝三溫暖。目前市面上有販賣各種家庭用的三溫暖，使用方式也相當多元，必須跟委託人詳細討論喜歡的款式。

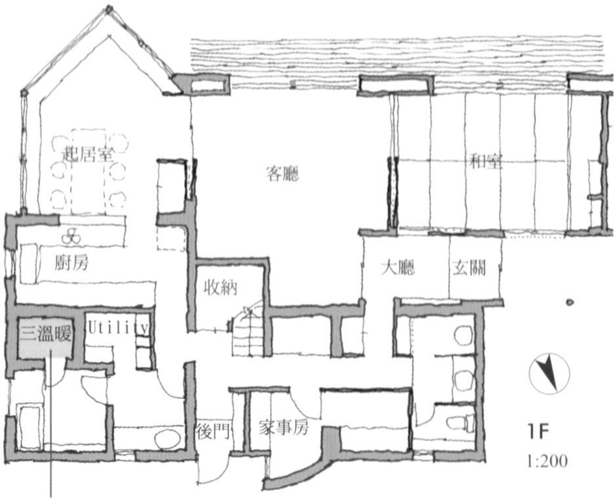

成功將三溫暖的入口裝在浴室內的案例。

裝有衛浴設備的空間，是許多細微要素互相干涉的場所，光是要讓牆壁移動1公分，就得細心的調整其他所有設備的位置。這份格局在這樣的場所之中，成功實現了附帶三溫暖的浴室。

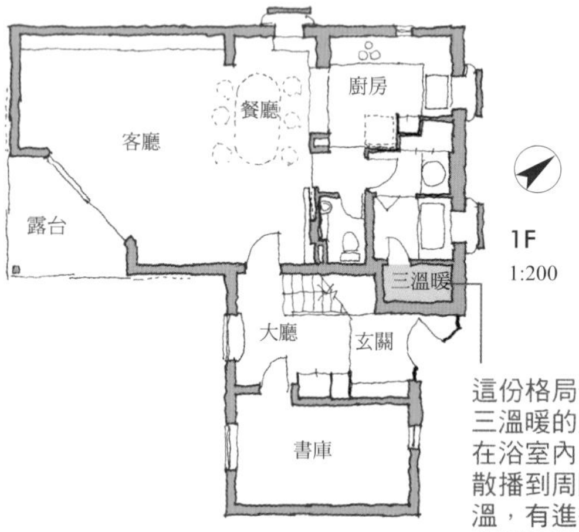

這份格局也是將三溫暖的入口裝在浴室內。對於散播到周圍的高溫，有進行充分的隔熱對策。

設計格局的時候，必須考慮到三溫暖的種類跟使用方式。這份格局將高溫的三溫暖，擺在跟浴室面對面的位置，流汗之後可以直接出來使用浴缸等設備。

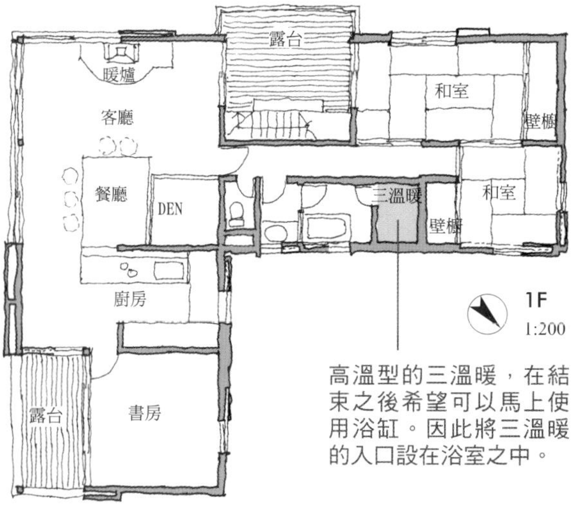

高溫型的三溫暖，在結束之後希望可以馬上使用浴缸。因此將三溫暖的入口設在浴室之中。

115 面向南邊的明亮「浴室」

浴室等被統稱為「衛浴設備(Sanitary Space)」的部分，在設計格局時，大多會擺在建築物的北側。其中雖然有許多理由存在，但最主要的原因，莫過於南側必須讓給其他房間使用。

一般家庭使用浴室的時間，都是傍晚到晚上。因此浴室這個空間，比較不會去在意採光的問題，這點或許也是原因之一。

但面向南邊的浴室跟其他浴室相比，氣氛可以說是截然不同。就算使用的時間是在傍晚到晚上，面向南邊的浴室感覺也比較大方，使用起來較為舒爽。特別是在假日等白天的時候使用，毫無疑問的可以體會到其中的落差。

想要設置面南的浴室，在思考格局的時候多少要下一些功夫。如果只是將衛浴設備之中的浴室，擺在面向南邊的位置，則比較不會有什麼困難。

此處所介紹的案例，將浴室擺在2樓，正好是在1樓玄關上方的位置。但這種設計，有可能會讓浴室被玄關外的小徑看到。為了避免這點，將玄關口遮陽的部分設計成盆栽的造型，在此種植密度較高的植物。從浴室往外看出，感覺則像是坪庭(迷你的中庭)一般，別有一番風情。

儲藏室
臥房
陽台
臥房
臥房
3F

在南方設置開口，並裝上露台，阻擋來自於外面的視線。讓人盡情的享受陽光。

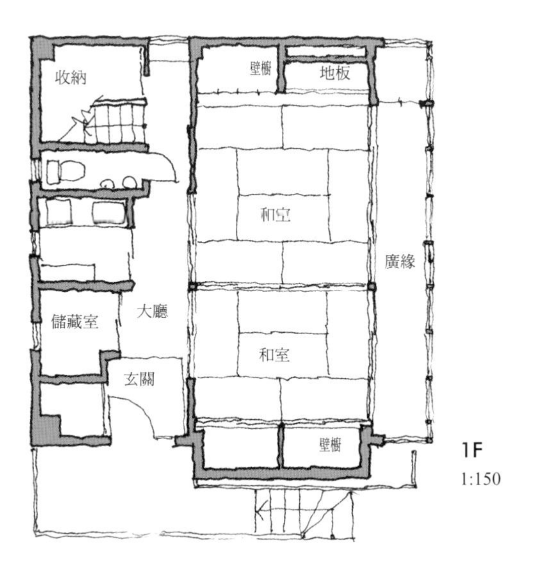

一般被稱為衛浴設備的部分，大多是位在格局的北邊。但如果可以實現面向南邊的浴室，則陽光所帶來的明亮跟舒爽的感覺，不是北側浴室所能比擬的。設計格局的時候，可以思考一下是否可行。

兩間「浴室」116

一間住宅內設有兩間浴室的設計，在兩代同堂的「分離型」格局中，常常可以看到。但是在只有一個家庭使用的一般住宅之中，兩間浴室的格局並不常見。這種案例比較少的理由，可能是受到住宅規模的限制，也可能是昂貴的衛浴設備超出預算，理由並不一定。但是跟委託人進行討論的時候，希望能有間浴室，若真的無法辦到的話至少加裝一間淋浴設備，此類的要求偶爾還是會出現。

設置兩間浴室的時候，較為一般的手法是一間擺在「公共區塊」，另一間擺在「私人區塊」。公共區塊的浴室，主要是給小孩跟過夜的訪客使用，私人區塊的浴室則是男女主人專用。在這個場合，第二間浴室的位置大多是在主臥室內或隔壁。

包含淋浴在內，自從綜合式衛浴(Unit Bath)普及之後，浴室的位置也變得比較容易設計。特別是那更加簡便的防水處理，讓人在設計格局的時候少了許多顧慮。但造型只能從現存的製品之中挑選，讓格局設計的自由性受到限制。此時也能考慮浴缸跟梳洗一體成型的現成品，牆壁跟天花板則是按照現場的狀況來訂作。這種方式除了享有簡便的防水性能外，同時也某種程度的擁有設計上的自由，在討論格局的時候不妨當作選項之一。

這份格局雖然是部份共用型的二代宅，但在1樓跟2樓的同一個位置，各裝有一間浴室。為家中兩個世代分別準備不同的衛浴設備。且位在上下樓的同一個位置，讓排水的管線整合在一起，得到管線配置上的優勢。

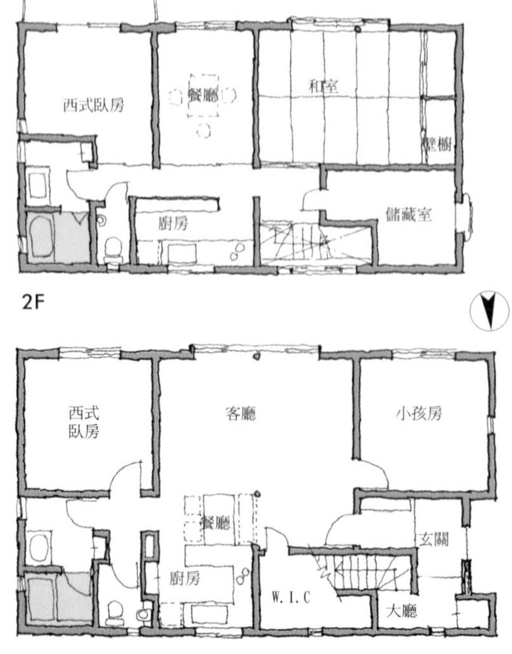

建物上下樓的同一個位置各有一間浴室。兩代同堂的住宅常常都會準備兩間浴室，考慮到效率的問題，也會出現這種格局設計。

規格不同的兩間浴室。1樓是空間較大的浴室，2樓是以實用性為優先的衛浴間。

這份格局一樣準備有兩間浴室。1樓的浴室，是在現場施工製作的，空間比較充裕的主浴室。2樓是市面上所販賣的衛浴設備，預定會以淋浴為主。

設置兩間浴室(或是更多)時，大多是其中一間給家族共用，另一間專門給主臥室使用。要是訪客較多的話，則其中一間可以是給外人專用的浴室。

考慮到給訪客使用上的問題，在1樓設有浴室。2樓則是給家族使用，透過頂樓花園來得到明亮的採光。

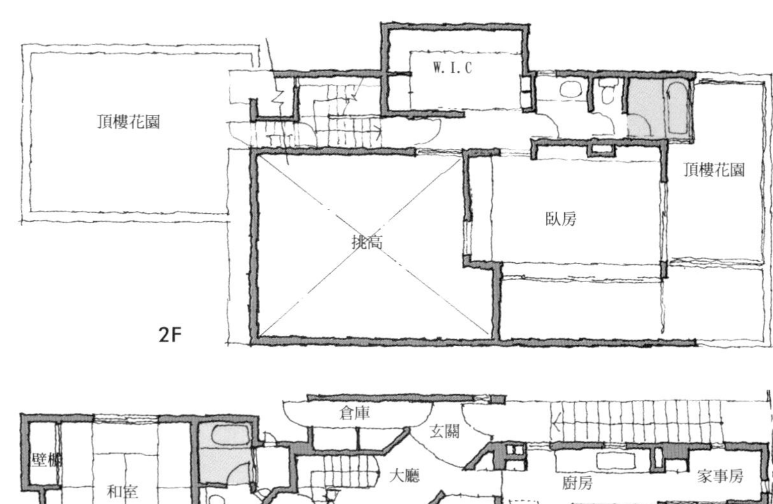

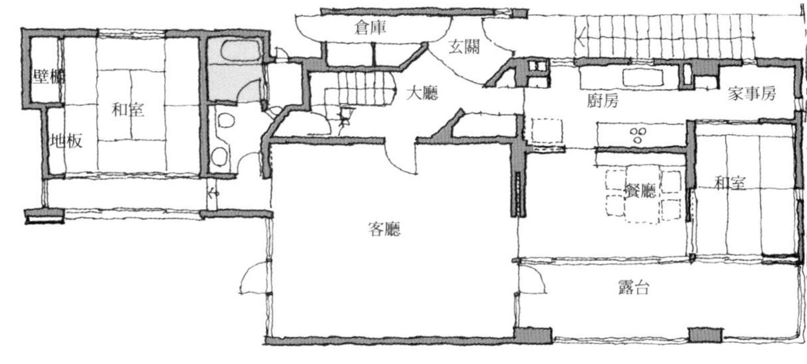

這份格局一樣準備了兩間浴室。1樓的浴室是家人共用，2樓的浴室是主臥室專用。專用的浴室是飯店式的「3合1」型，如果使用的人數有限，住宅採用這種浴室也無妨。

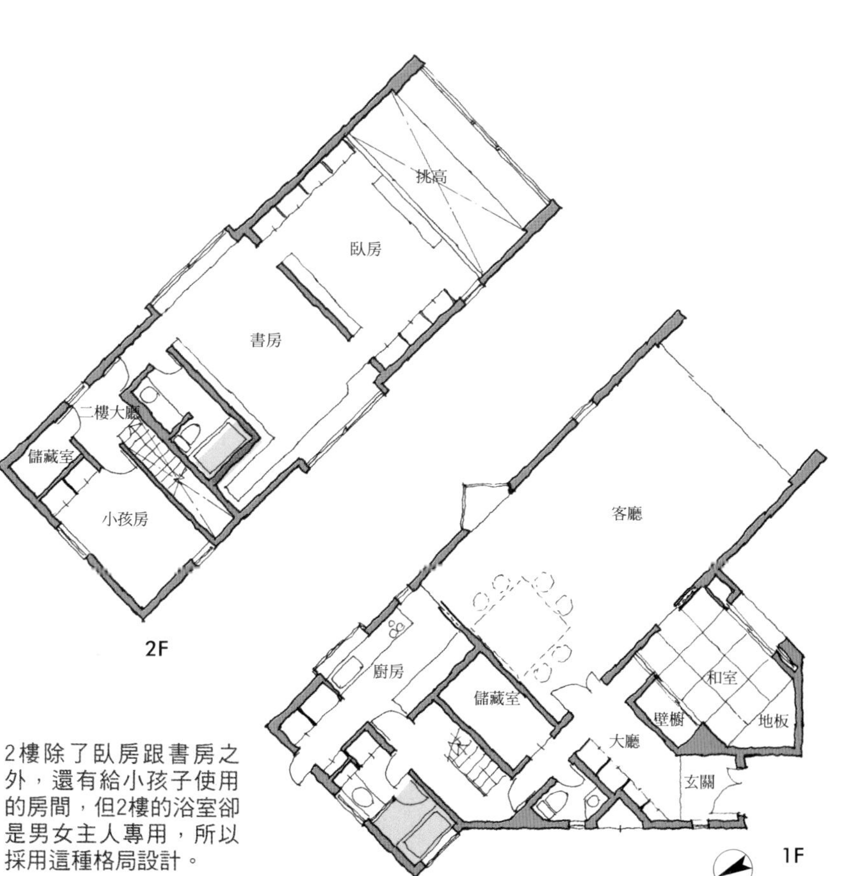

2樓除了臥房跟書房之外，還有給小孩子使用的房間，但2樓的浴室卻是男女主人專用，所以採用這種格局設計。

能夠保護隱私的「採光」手法 117

獨棟住宅，就算是必須維持高度隱私的「浴室」，為了採光與通風、為了活用良好的景觀，最好還是要設置開口。這點被認為是住宅跟公寓等集合性住宅在格局設計上最主要的不同點。

能夠保護隱私，又能得到充分採光的手法，比較簡單的作法是，在開口處的外側裝上百葉窗，將來自外側的視線給擋下來。只是這種作法，從浴室內側往外看的時候，百葉窗的框架就像是監牢的鐵條一般，感覺並不會太舒服。要是能夠使用天窗的話，則可以在確保隱私的同時，又得到舒適的亮光。

2樓的浴室面對行人較多的道路，為了保護隱私並防止噪音，採用封閉的構造。但還是希望有自然的通風跟採光，因此讓牆壁的一部分往內凹陷，並在此設置窗戶。

另一種方式，則是像此處所介紹的案例一般。「浴室」如果跟隔壁用地的境界線，或是行人較多的道路距離比較接近，可以讓外牆的一部分往內凹陷，創造出像坪庭(迷你中庭)一樣的空間，然後讓浴室的開口位在此處的兩側。這個空間跟前方的道路成垂直，因此絕對不會被道路看到內側的景象。採用這種手法，可以安心的在浴室設置窗戶讓風吹入，又能得到充分的採光。在凹陷的空間種上植物，還可以一邊入浴一邊享受坪庭的景色。

挑高
DEN
書房
小孩房
臥房
更衣間
陽台
2F
1:150

牆壁的一部分往內凹陷，
讓兩側得到採光的同時，
也阻擋來自外側的視線。

118 讓風從「洗手間」吹過

洗手間這個空間，大多位在浴室前方，同時也被當作更衣間來使用。設計格局時，不會為這個空間分配太多面積。這同時也代表牆壁的長度有限，可是洗手間大多會佔用許多牆壁面積，結果讓通風跟採光的開口設計起來更加困難。

洗手間內伸手可及的牆上，必須設置棉布用的收納、肥皂跟洗衣精的收納、吊毛巾的掛鉤、放置藥盒或掛眼鏡的場所，馬上就會被擺滿。在這種狀況下尋找通風跟採光用的開口，會發現只剩下相當於和室欄間＊的部分可以利用。把天窗設在此處的手法，實際上也常常被拿來使用，但是位在手伸不到的高度，使用起來相當不便，開口面積也不大，採光效率算不上是良好。

此處所介紹的案例，就是為了解決這點而設計的格局。讓面向外側的部分牆壁往外凸出，並將洗臉台設在此處。這樣可以將往外凸出的部分當作天窗使用，兩側也能裝上讓風通過的窗戶。也就是說用凸窗來當作天窗，並將洗臉台、化妝台設在此處。凸窗的正面為牆壁，在此鑲上整面的鏡子。正上方是天窗，照射進來的光線會透過鏡子反射，讓洗手間得到充分的亮度。

＊欄間：位在和室邊緣，從天花板垂下來的窗戶

難得有機會打造獨棟的住宅，會希望洗手間、浴室、廁所都能得到充分的通風與自然光。但是在鄰家距離較近的都市之中，必須顧慮到隱私的問題。這份格局用凸窗來當作天窗，巧妙的解決了這個問題。

在洗臉台的部分用凸窗來當作天窗的格局。讓牆壁往外凸出，並將洗臉台裝在此處，讓風可以從左右吹進來。

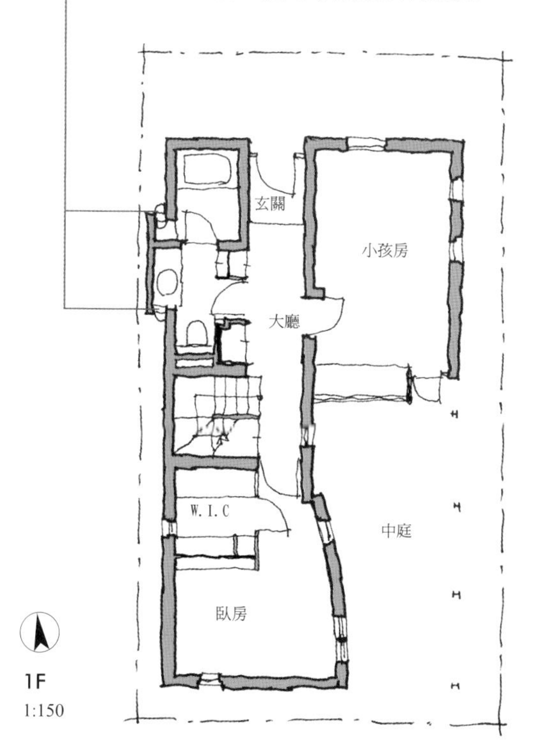

「化妝間」的機能屬於私人區塊 119

化妝室，顧名思義是女性用來化妝的房間。但如果更加明確的定義成專門用來化妝的房間，則「化妝間(Powder room)」這個稱呼或許會比較貼切。在格局設計的領域之中，很少會看到女性專用的「化妝間」。大多是用「洗手間」等別的房間來兼任。許多時候甚至不是房間，只是將化妝台擺在房間的一角來使用。

「洗手間」大多位在浴室的旁邊，必須具備更衣間的機能。根據格局「劃分區塊(Zoning)」的概念，浴室如果是讓家人共用，會屬於公共區塊。但化妝卻是極為私人的行為，考慮到這點，如果要在「洗手間」追加「化妝間」的機能，最好是讓洗手間或浴室位在個人房間(臥房)的旁邊，設計格局的時候盡可能的擺在私人區塊附近。

另外，如果要當作「化妝間」來使用的話，洗臉台最好要有專門用來化妝的空間。要是可再多一張板凳，則會讓使用者更加高興。女性化妝的時間並不一定，如果是10分鐘左右的話，站著或許也沒關係，但可以坐下總是比較好。

機房
玄關
大廳
儲藏室
臥房
臥房
從浴室延伸出來的空間，在此裝上大型的化妝台跟收納，當作化妝間來使用。
1F
1:200
廚房
餐廳
壁櫥
和室
客廳
2F
挑高
小孩房
3F

這份格局為3層樓的構造。小孩房在3樓、客廳等公共空間在2樓、主臥室在1樓。位在1樓浴室旁邊的更衣間，具有化妝間的機能。這是將化妝室擺在臥房等私人區塊之中的案例。

壁櫥
和室
Utility
廚房
餐廳
客廳
大廳
玄關
1F
1:200
跟2樓的臥房連在一起的化妝間，是女主人專用的空間。
儲藏室
臥房
挑高
2F

給夫妻兩人使用的格局，規模雖然不大，卻擁有各式各樣的機能。1樓玄關的部分已經有廁所，因此在2樓臥房的旁邊，準備有可以當作化妝間的空間，精簡的整合在浴室的外面。

1樓跟2樓都有廁所，其中一間的空間較為寬廣，於是追加了化妝間的機能。2樓私人的空間設有浴室、更衣間、化妝台，化妝台的部分準備有較為寬廣的空間。

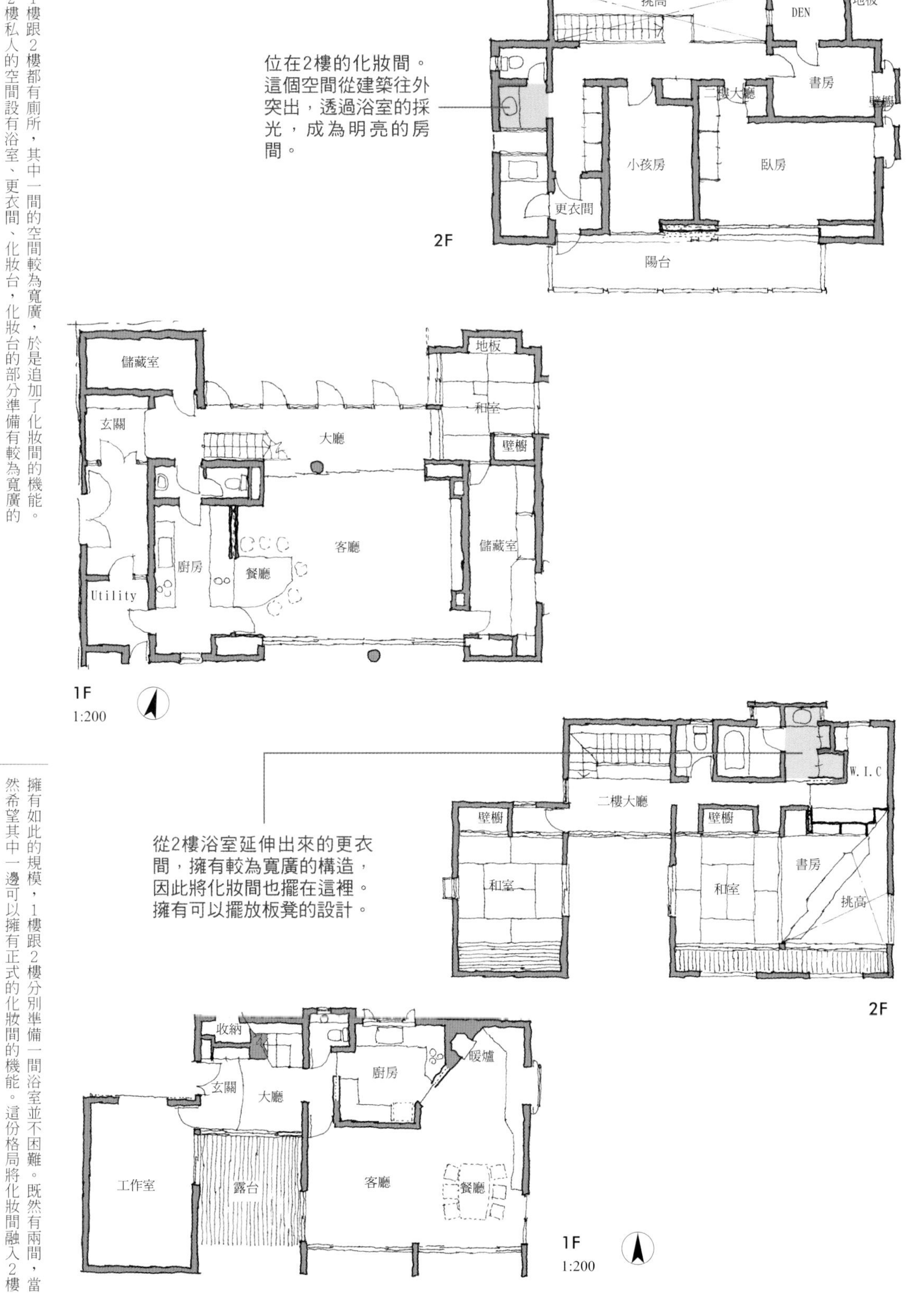

擁有如此的規模，1樓跟2樓分別準備一間浴室並不困難。既然有兩間，當然希望其中一邊可以擁有正式的化妝間的機能。這份格局將化妝間融入2樓衛浴設備的其中一部分。

直接通到臥房的「洗手間」 120

要讓一般所謂的「小型住宅」，也就是地板面積有限的住宅，成為舒適、不會感覺到狹窄的空間，得在設計格局的時候下相當的功夫，才有辦法實現。

比方說走廊，這本來只是讓人穿越的場所。可是純粹當作「通道」來使用的話，對小型住宅來說實在是太過浪費。哪怕只是牆壁的厚度也好，如果可以在牆上設置收納櫃的話，則可以讓走廊的用途變成「通道＋小型物品的收納櫃」。

另外，可以在家中進行環繞的「洄遊路線」，也是讓小型住宅的空間變得極為豐富的有效手法。可以在住宅內部繞圈，就算狹窄也能得到延伸出去的感覺。

但小型住宅如果沒有注意動線上的設計，則會讓各個房間失去沉穩的氣氛，有時甚至成為一種缺點。對此，雖然無法成為洄遊路線，但不通過此處就無法進入其他房間的格局，會是相當有效的手法。

此處所介紹的案例，就是採用這種設計，將「洗手間」擺在臥房的入口處。洗手間可以當作化妝室來使用，也可以當作洗澡前脫衣服的場所。以這種方式來跟臥房相連，跟設置在私人區塊沒有兩樣，使用上的感覺讓人滿意，節省空間的效果也無話可說。

洗手間跟東側的和室連在一起。從廚房也可以進入，兼顧洄遊的機能。

玄關
廚房
壁櫥
小孩房
小孩房
小孩房
客廳
和室
1F
1:200

將洗手間、更衣間擺在廚房跟和室之間，平時當作通路來使用的格局。有人在使用的時候雖然無法通過，但這裡是洄遊路線的一部分，只要從另外一邊走就可以了。

這個位在2樓的洗手間一樣設置有兩道門，其中一邊跟臥房連在一起。

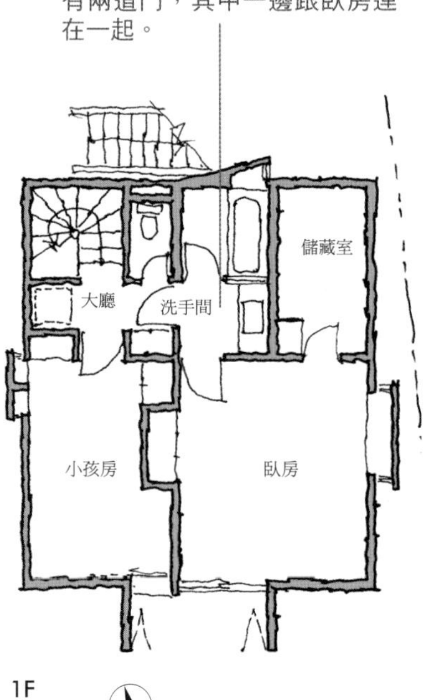

將格局精簡的整合在一起的重點，是盡量減少純粹只是通道的部分。這份格局將洗手間擺在臥房的出入口，兼具通路的機能，實現了精簡的格局。

121 「廁所」要有兩間

「廁所」、「洗手間」、「浴室」、「廚房」等「跟水有關」的房間，要盡可能的集中在一起，這是思考格局的基本。考慮到管線等設備的位置，自然而然的就會得到這種答案。

但「廁所」要有兩間、甚至更多，卻也是設計格局的基本之一。此時將廁所分散在不同的地點，也是不得已之下的妥善方案。

違反基本原則來設置兩間廁所的理由 在於一間給家人使用、一間給訪客使用，這樣不但方便，還可以保護隱私。

「廁所」如果只有一間的話，很有可能是跟洗手間、浴室等設備整合在一起。宮脇先生說「洗手間跟浴室是極為私人的空間，父親痔瘡用的軟膏、母親的假牙、內衣等等，此處有著只有家人才會知道的各種小秘密」。

我們當然不想讓訪客看到有這些秘密存在的場所，訪客若是看到也會覺得很尷尬。也有人會認為，至少該將廁所分離出來，就算如此「廁所」仍舊只有一間，在所有家人的使用之下，很難維持整潔。如果能有兩間廁所，其中一間給訪客使用的話，還可以增加「化妝間」的機能。

這份格局在1樓跟2樓都有廁所。位在1樓玄關附近的廁所跟浴室相連，擁有比較寬敞的空間。但客廳位在2樓，因此也為2樓設置一間廁所。

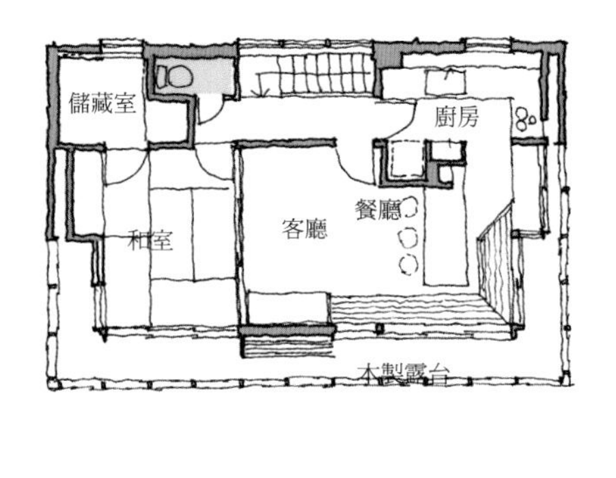

2F

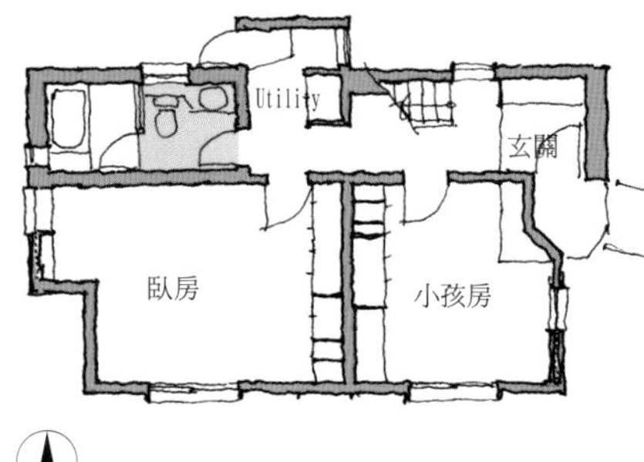

1F
1:200

這份格局的兩間廁所，分成位在1樓給私人空間使用的廁所，跟2樓給客廳等公共空間使用的廁所。不過實際上並沒有分得那麼仔細，只是秉持一樓一間會比較方便的想法。

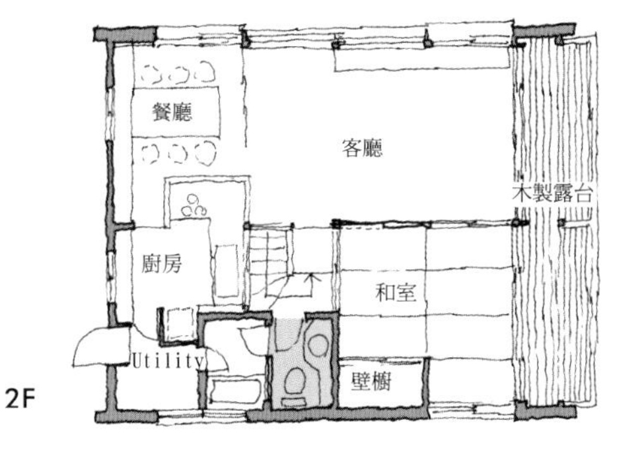

2F

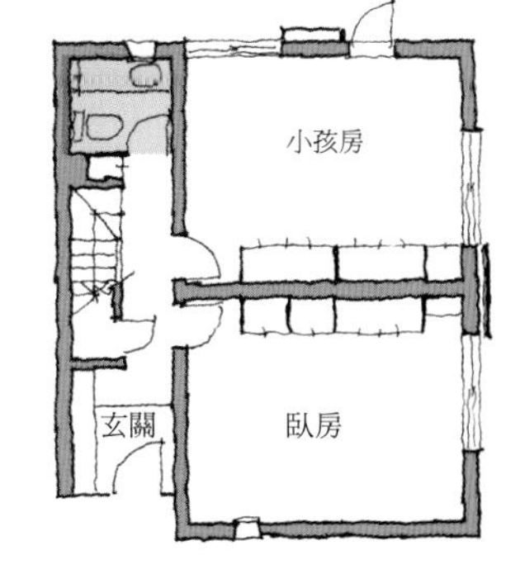

1F
1:200

設有小便斗的「廁所」 122

曾經有太太跟我們商量，說家中上小學的男孩小便時總是「會把廁所弄得很髒」。原因似乎是因為小孩總是忍到最後一刻，常常還沒瞄準就已經尿出來。不過真正的原因，其實是讓小男生以站的姿勢來使用西式馬桶。這點在美國康乃爾大學建築系教授Alexander Kira的報告(THE BATHROOM 衛浴空間與人體工學)有詳細的說明。這位小男孩的原因跟人體的構造有關，並不是教他小心使用西式馬桶就可以解決。

日本在二次大戰之前，西式馬桶尚未普及，日式「廁所」的格局大多是組合蹲式馬桶跟小便斗，只要稍微注意使用方式，就不會有弄髒的問題存在。這對於解決男生小便的問題相當有效，到了現在也有一定程度的使用案例存在。

此處所介紹的，就是使用小便斗的案例。要設置小便斗，當然需要某種程度的空間。最近雖然有販賣給一般住宅使用的小型小便斗，但使用上的方便性卻差強人意。既然決定要裝，最好是在設計格局的時候，就檢討看看是否能給予專用的空間。

在討論格局的時候，委託人希望能夠裝設小便斗。在西式馬桶普及之前，小便斗的存在是理所當然，要是空間允許的話，最好還是能夠有。

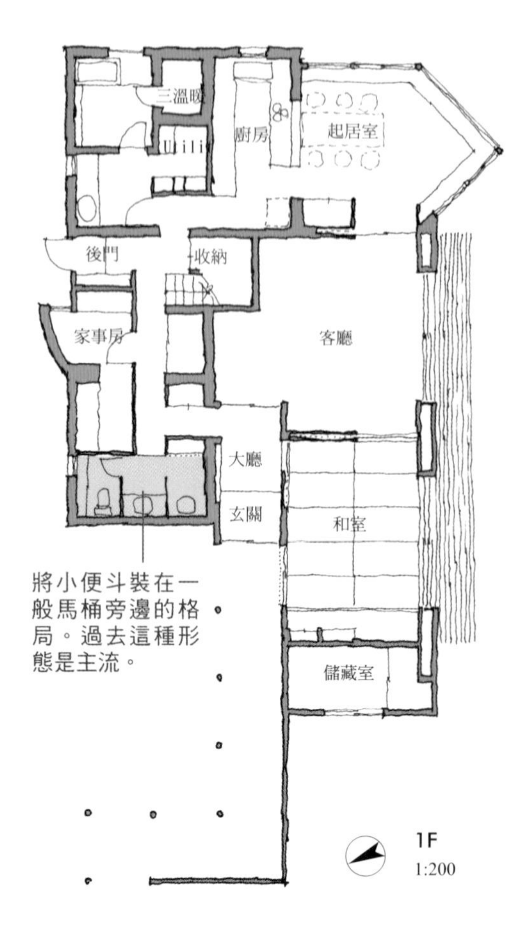

將小便斗裝在一般馬桶旁邊的格局。過去這種形態是主流。

陽台
臥房
壁櫥
二樓大廳
透天
工作室
2F
1:200

此處是以不同的角度來設置小便斗跟馬桶的案例。

這棟住宅的2樓是設有個人房間的私人區塊，位在此處的廁所，除了西式馬桶之外還設有小便斗。雖然是考慮到家中男性較多，才決定採用這種設計，但小便斗原本就是廁所應該要有的設備。

123 如何讓廁所「3 in 1」

在一間浴室內設有浴缸、馬桶、洗臉台等3項設備的設計，被稱為「3 in 1」(三合一)型的浴室。飯店房間內的衛浴設備，幾乎都是採用這種形態的設計，講解的時候只要說是「飯店內常常可以看到的那種浴室」大家馬上就能理解。

從設計格局的觀點來看，採用這種設計，除了比較容易將衛浴設備整合在一起，還可以節省跟水有關的設備所需要的空間，特別是整體規模較小的住宅，可以得到許多的好處。

但是對於每天都得使用的居住者來說，有人洗澡的時候其他人無法上廁所，洗完澡後整個空間會有一段時間都濕淋淋的，衛生紙也有可能被弄濕等等，有不少的問題存在，使用起來實在稱不上是舒適。

特別是對習慣在進入浴缸之前，先在一旁清洗身體的日本人來說，這些問題尤其難以避免。明知如此，仍舊採用這種構造理由，完全是因為格局整合上所具有的優勢。

此處所介紹的，就是為此而採用「3 in 1」浴室的案例。必須注意的是，廁所周圍的防濕對策。盡可能拉開馬桶跟浴缸的距離，並在中間設置區隔，並且注意進入浴缸泡澡的時候，馬桶不會出現在視線內。

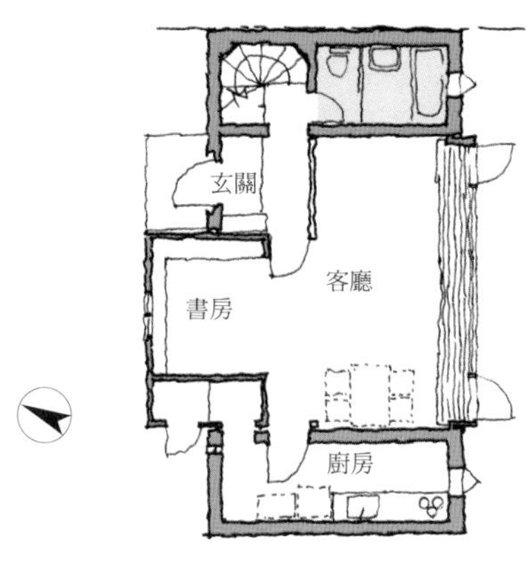

這份格局基於規模上的考量，採用「3 in 1」的浴室。為了增加使用上的舒適性，盡可能的拉開浴缸跟馬桶的距離，並用玻璃來區分浴缸、洗臉台跟馬桶，還增加了馬桶地面的高度。

「3 in 1」的衛浴

1F 1:200

各種條件與地板面積較為嚴苛的時候，可以試著考慮「3 in 1」的衛浴。這棟住宅是在獨立的浴室旁邊設置洗手間(兼更衣室)，並在此處追加廁所的機能，就面積來看相當的寬敞。

「3 in 1」的衛浴

1F 1:200

設置「3 in 1」的衛浴時，最讓人無法忍受的，是洗澡時的水氣讓廁所(馬桶)周圍也變得濕淋淋的。這份格局讓兩者的地面產生高低落差，並且用幕簾來阻擋水氣所造成的影響。

位在玄關附近的「廁所」 124

設計擁有兩間「廁所」的格局時，將其中一間擺在玄關附近。之所以擺在入口的附近，不用多加解釋也看得出來，是為了要讓訪客使用。

也因此這間廁所必須具有較為寬大的空間，並維持整潔的狀態。準備小小的吧檯來放置給客人使用的毛巾，跟擺出些許的植物(花瓶、盆栽也可以)。

另外，如果還能擁有Powder Room(化妝間)的機能，也能讓女性客人在此補妝。要達到這點，必須有可以照出整個上半身的鏡子，跟與此相對應的照明設備。化妝的時候，如果有從下往上的照明會相當方便，可以的話要盡可能的採用。因為是將廁所設在玄關，要注意當訪客站在玄關土間的時候，廁所不可以成為視線的焦點。特別是廁所的入口，要再三的進行檢查。請看此處所介紹的格局，實際確認一下廁所跟玄關的位置關係。

另一間廁所則是給家人使用，位置是在小孩房跟主臥室的附近。這間廁所雖然不需要化妝間的機能，卻要準備充分的收納空間，來放置家人所使用的各種物品(藥品、化妝品、毛巾、棉布等等)。

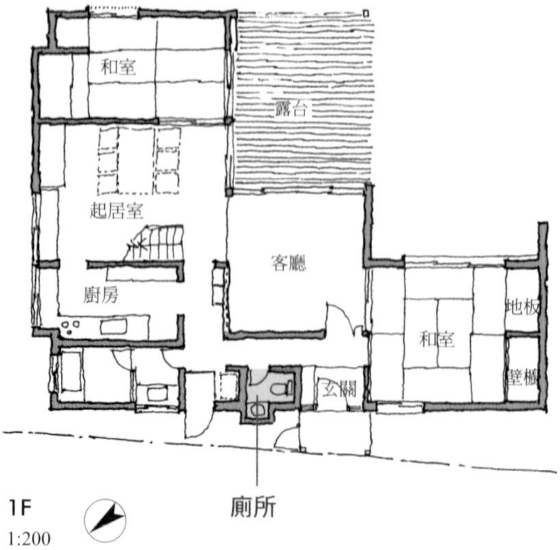

從玄關進去，左邊馬上就是廁所的格局。2樓的廁所是家人專用。這個家庭的訪客不在少數，1樓的廁追加了化妝間的機能。

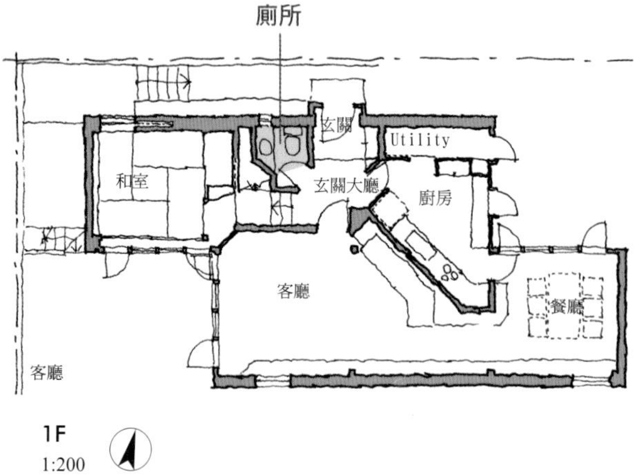

設置兩間廁所的格局案例。2樓的廁所是給家人專用，1樓則是位在玄關的旁邊。1樓廁所的空間較為寬敞，預定是要給訪客使用。

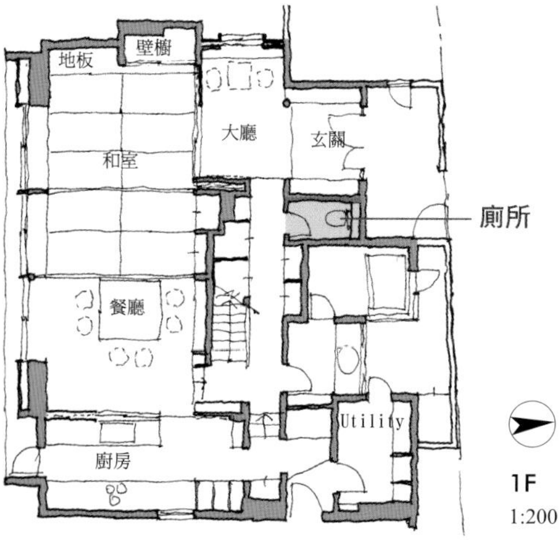

這份格局擺在玄關的廁所，預定可以帶領客人前去使用。廁所前方的走廊，是走廊在中的格局設計，光線較暗，因此另外設置天窗來進行採光，藉此得到充分的亮度。

小孩房

「小孩房」有最低限度的空間即可 125

小孩房，是伴隨小孩成長的空間，設計起來有它的難度，這點我們等一下會詳細的探討。以小孩為對象所設計的房間，會以睡眠跟讀書為主軸。但是當小孩長大、踏入社會之後，設備與空間卻還是跟當初一樣，這點總是讓設計格局的人傷透腦筋。長大成人、踏入社會之後，應該要改成普通大人的房間，但這又如何跟小孩房進行區別呢？

對於這個問題，有一位委託人提出這樣的說法「這個家是我為了自己而建造的，沒有必要給小孩房特別好的待遇。況且小孩總是會獨立，要是房間太過舒適，會讓小孩總是賴在家中不肯離開」。

此處所介紹的，就是跟這位委託人一起討論出來的格局。小孩房的大小，跟公司員工宿舍的房間差不多，只能勉強容納床舖、衣櫃、桌子等最低限度的設備。

另外，宮脇則是說「小孩成長到一定程度之前，不需要小孩房」。雖然說讓小孩擁有自己的房間，可以刺激他們獨立自主的精神。但是就日本的現況來看，小孩房常常是孩子用來逃避跟躲避的房間。另一方面也有父母會覺得，不管小孩在做什麼，只要乖乖待在自己房間內就好。與其造成這些現象，那還不如不要有小孩房，這是宮脇先生的觀點。

小孩房是格局內特別不容易分配的部分，因為小孩很快就會長大，總有一天會獨立出社會。這份格局以小孩總有一天會獨立為前提，只給予最低限度的空間。

3間小孩房併排在一起，如標題所示只分配最低限度的空間。

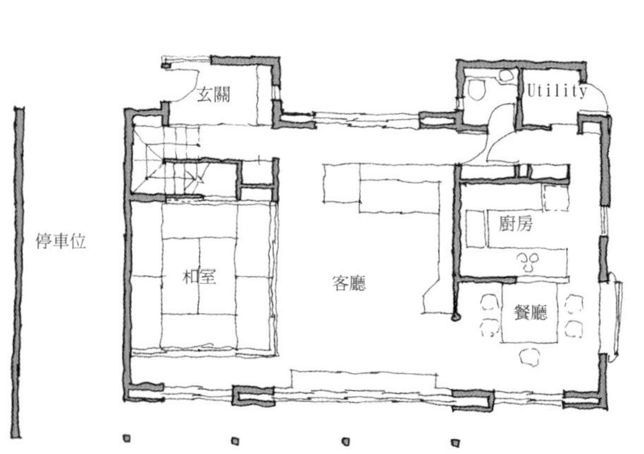

126 「小孩房」的家具可以事後再來準備

設計格局的時候，基本上會以居住者現在的狀況來思考。目前感到不便的地方、想要做的事情、想要的設備等等，設計格局的作業，可以說是為這些需求找出解答。

可是一棟宅蓋好之後，會持續使用20年、30年。這段期間家人會不斷的成長、家中成員也會持續的改變，讓生活形態產生變化。因此在思考格局的時候，最好也思考一下到時該如何進行改建。雖然是以「現在」為基本，還是得顧及5年、10年之後的狀況。

回頭看看「小孩房」。思考格局的時候，「小孩房」這個房間要怎麼分配，並不是件容易的事情。

孩子們持續不斷的成長、轉眼之間就已經是大人。比方說設計格局的時候還是幼童，幾年之後則是小學生，再過幾年則是國中、高中生，小孩周遭的環境也不斷跟著改變。

以變化特別迅速的孩童時期為對象的「小孩房」，與其進行周全的計劃，不如以可動式的家具為中心，在日後展開靈活的對應。

此處所介紹的案例，在設計的時候小孩處於幼兒時期，因此將「小孩房」當作「遊戲室」，設計成較為寬廣的空間，準備在日後配合小孩的成長，另外進行區隔。

這份格局，2樓的小孩房空間，在小學等低學年的時候不會進行區隔，當作一個比較大的房間使用。進入高學年之後再擺上家具來區分出個人的房間。小孩房的使用方式，會隨著小孩的年齡而變化，設計起來並不容易。

分配給孩子們的空間，規模跟臥房相同，且沒有使用牆壁等固定性的區隔。

1F
1:200

將1樓寬廣的空間當作小孩子們的房間，完全沒有設置任何的區隔，一切交給日後來對應。

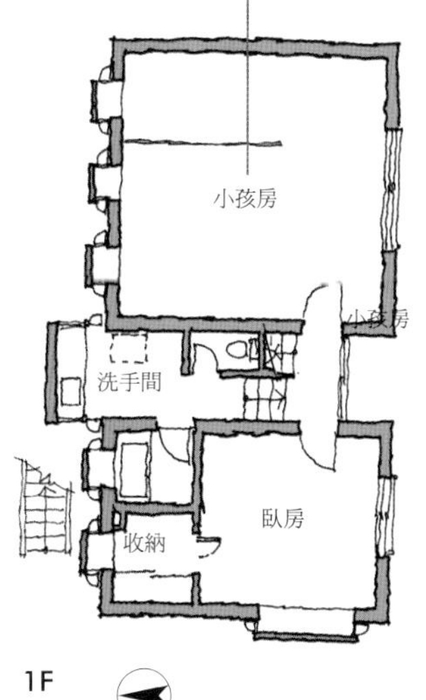

1F
1:200

2F

這份玄關位在2樓的格局，將小孩房擺在1樓的部分。對象是3位男生，在小學低學年的時期，寬敞的房間同時也可以當作遊戲間。等進入高學年之後，會用家具來劃分出各自的房間。

127 讓祖父母的房間跟「小孩房」上下重疊

兩代同堂的同居型住宅，在設計格局的時候，考慮到高齡者行動上的方便性，一般會將父母親的房間擺在1樓，將主臥室跟小孩房擺在2樓。

木造或鋼筋混凝土，隨著建築材質的不同，狀況多少會產生一些變化。特別是祖父母房間的上方，應該分配子女家庭的哪個部分，必須經過充分的考慮再來決定。同居者是先生還是太太的雙親，這點也會影響到同居者之間的關係，來自2樓的噪音，很有可能會造成婆媳之間的不和。

特別是木造住宅時，2樓所發出的聲音會比想像中的還要大，極有可能會遭到1樓的人抱怨。高齡者通常比較早休息，要是活動時間較晚夫妻在2樓走動，很可能會妨害到他們睡眠。就算婆媳平時關係良好，但是受到干擾的時候，小小的問題也有可能成為火種。

為了防止這種狀況發生，可以在格局方面下點功夫來解決，也就是將小孩房擺在祖父母臥房的上方。如此一來，就算2樓發出聲音，也可能因為「疼愛孫子」而忍耐下來。

將小孩房間擺在祖父母房間正上方的格局。比較1樓跟2樓，位置關係顯而易見。

上下樓層之間的噪音問題，並非只有集合性住宅才會發生，兩代同堂的住宅也有可能出現。1樓大多是給祖父母使用的空間，將別的生活空間蓋在上方的時候必須多加注意。比較可以避免問題的作法，是將小孩房擺在他們的2樓。

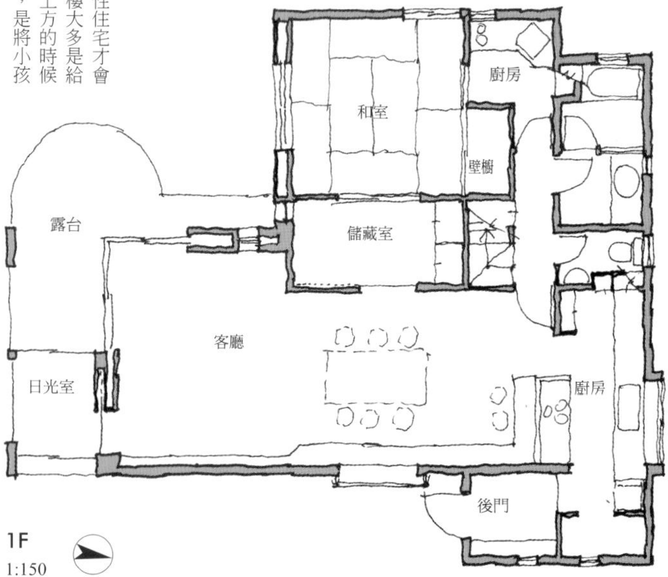

128 享受非日常生活的「閣樓型」小孩房

在週末或暑假等長期的假期中，前往度假屋(Weekend House)渡假。此時讓人期待的是，從工作之中解放出來的輕鬆感，以及非日常生活的新鮮氣氛。

平時住在都市的人，之所以會尋找靠山靠海的住宅用地來打造度假屋，也是為了體驗那非日常生活的環境。提到追求非日常生活的環境，有一次跟某位住在鄉下的委託人討論度假屋的格局時，他跟我這麼說「水跟綠地這些大自然，平時就已經可以看到，對自己來說位在都市的公寓，才算得上是非日常性的環境」。本人平時看不到的環境，才算得上是非日常生活的空間，說起來也確實如此。

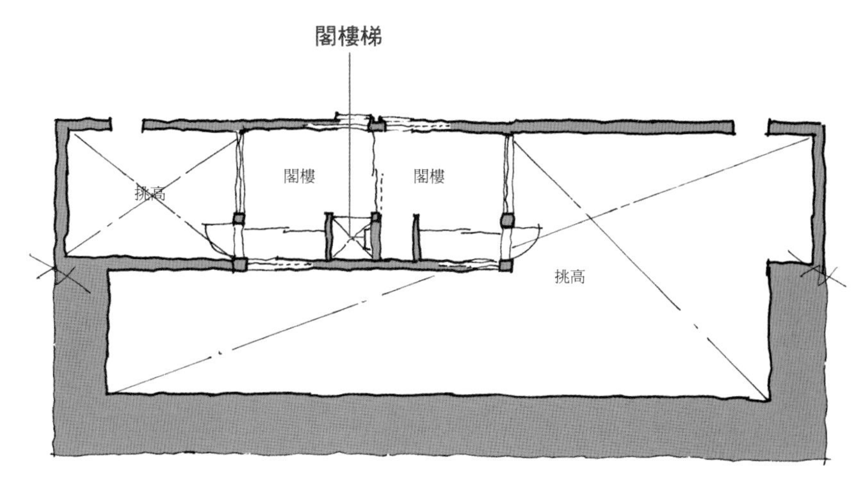

度假屋的格局，擁有大型的挑高構造，2樓的兩間閣樓被設計成小孩房。用閣樓專用的伸縮梯來進出，對小孩來說就像是秘密基地一般。

此處所介紹的案例，是平時住在都市的委託人，蓋在濱海地區的度假屋。在細長的建築中央設置廚房、浴室、廁所等跟水有關的設備，然後用U字型的One Room圍繞起來。光看造型，就能想像那開放性的氣氛所能帶給人的新鮮感，與非日常生活的體驗。

特別是設在此處的小孩房，位在廚房跟浴室上方的閣樓。要前往這個房間，必須使用裝在牆上的閣樓用伸縮梯，將天花板的門打開才能進入。如果每天都在此處生活，應該會感到相當麻煩，但是對小孩來說，這種非日常性的構造應該會非常的好玩。

「孩子們專用」的客廳

「小孩房」應該怎麼設計，這個問題並不容易回答。如同先前所提到的，宮脇先生最擔心的，是讓「小孩房」變成孩子們「逃避用的房間」，不願意出現在客廳、餐廳等家族聚集的場所。

這種狀況的對策之一，是不要將小孩房設計得應有盡有。先前介紹的案例，只讓小孩房擁有員工宿舍一般的規模。如果房間內只有最低限度的設備，那自然而然的，就會為了追求必要的物品而離開房間。

讓這種思考更進一步的發展下去，我們也可以將「小孩房」一部分的機能集中在另一個地方，來成為孩子們共同使用的場所。此處所介紹的案例，就是採用這樣的格局設計。

這份格局，把二樓大廳擺在「小孩房」的外面，將孩子們共用的書籍跟參考書、字典集中在此。另外還有電腦跟電視，讓此處成為讓孩子們離開房間，進行各種活動的「小孩專用的客廳」。

在這裡，小孩專用的客廳位在2樓，剛好可以設置天窗。回應孩子們的要求，裝上可以看到星星的天窗，還準備有觀測星星用的望遠鏡。像這樣下功夫來設置足以吸引他們興趣的設備，也是避免小孩躲在房間內的方法之一。

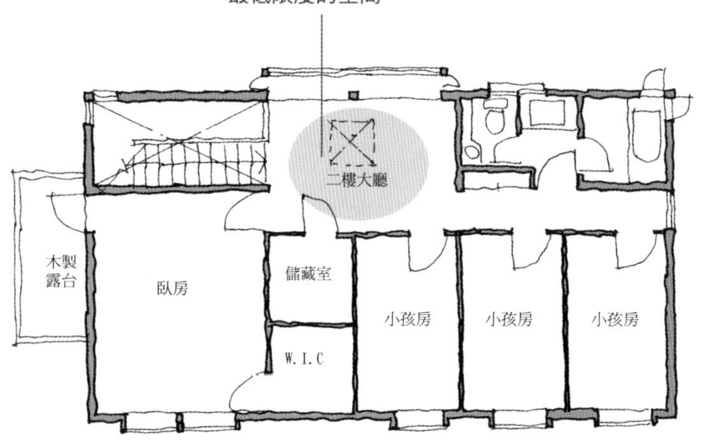

小孩之所以會躲在房間內不出來，是因為小孩房內的機能太過齊全。這份格局以另一個觀點來思考，將一部分的機能擺在室外，設置了小孩專用的客廳。孩子們共用的電腦跟電視、參考書等等，全都擺在這裡。

第3章

額外的空間

到目前為止，我們分別用整體與個別的觀點，審查了各種不同的格局圖。用地的形狀與方位、建築物的造型跟位置、房間的配置跟連接方式、各個房間的設備…等等。回過頭來拿起一張格局圖，各位是否已經可以在腦中描繪出這些景象了呢？

格局圖內有各式各樣的房間，按照各自的用途，分別擁有自己的稱呼。其中也有「畫室」跟「書庫」等，日常生活中不會看到的名稱。觀察一張格局圖最有趣的部分，應該算是這些不屬於日常生活必須用到的設備。或者該說，滿足日常生活所需要的最低限度的格局之後，再進一步追求額外的部分，才是設計格局的精髓所在。

第3章我們將來看看這些，一般住宅並不需要，但如果有的話某人會很高興的房間。把一般住宅必備的「用餐」、「就寢」等基本部分擺在一旁，一起來觀察這些屬於次要性的，卻又希望可以擁有的設備。

可以讓人感到高興的空間

擁有「書庫」130

物品繁多，希望可以有足夠的收納空間，這是打造一棟住宅的時候，永遠都必須面對的課題。

家中的東西擺得到處都是，有人說這是富裕生活的象徵，是日本住宅之中極具代表性的一種現象。宮脇先生則是說「家中物品如果擺得到處都是，就代表沒有設計好收納的空間」。他在設計格局的時候，總是會先去瞭解委託人所擁有的「物品」，列好清單之後，以此為基準來準備這棟住宅應該擁有的收納空間。

有些人所擁有的特定物品，或許是跟他的職業有關，份量會比一般要多出許多。比方說「書本」就是其中之一。

擁有大量藏書的場合，要是能準備「書庫」這個專門擺放書本的空間，使用起來將會非常的方便。

此處所介紹的案例，是在玄關旁邊設置「書庫」的格局。這是住宅內主要動線的一部分，也就是常常會有家人通過的場所，收納在此處的物品，使用起來會相當方便。就如同圖書館的格局，「書庫」最好是要擺在閱讀室的旁邊，以提高使用上的方便性。

但此處為個人專用的空間，可以直接在書庫內擺上閱讀用的桌椅。必須注意的是書本有它們固定的尺寸，設計「書庫」的時候必須先調查委託人所擁有的藏書來分配書架，以免出現無謂的部分。

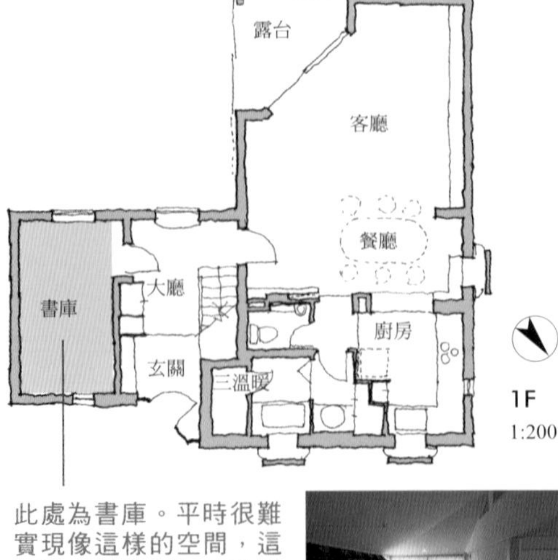

此處為書庫。平時很難實現像這樣的空間，這同時也是這份格局設計上的主題。

因為工作擁有大量的藏書，因此，住宅內沒有被使用的空間(Dead-space)幾乎都會被書櫃所佔據。如果要講究使用上的方便性，並確實增加容量，果然還是得準備正式的書庫。這份格局還在入口的一角設有讀書用的小桌子。

大廳
玄關
臥房
書房
書庫
1F
1:200

以收藏書本為明確的目的。擁有大量藏書的場合，必須設計出類似這樣擁有書庫的格局。

有些家庭會擁有大量的藏書。雖然將各種可以利用的空間都改成書櫃，但是要一勞永逸的解決問題，果然還是得設置書庫。要是能在書庫內擺張小桌子，則更加方便。

位在書房隔壁的書庫。事先掌握藏書的數量，確保了充份的空間。

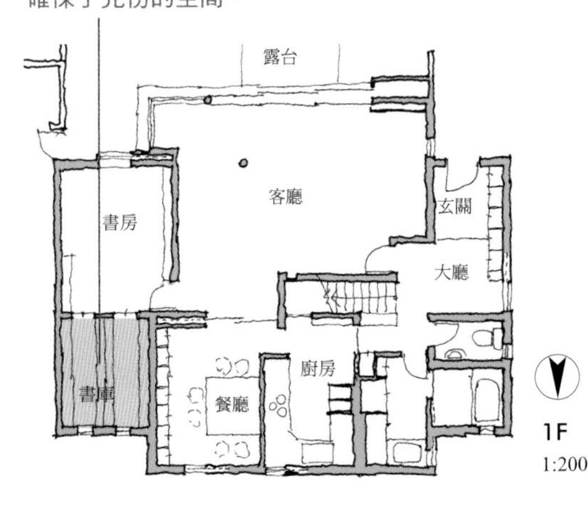

這份格局幫位在客廳旁的書房，準備了自己的書庫。書房距離餐廳不遠，讀書累了可以到客廳休息，或是當作餐廳的延伸來喝杯咖啡。

131 在「樓梯間」裝設書櫃

對於喜歡書的人來說，享受閱讀的方式相當多元。用餐結束之後直接坐在椅子上閱讀，或是移到客廳柔軟的沙發上，以較為輕鬆的姿勢來閱讀，也可能是睡前躺在床上看書等等。

對於這些書本平時應該放在哪裡，大家似乎也都有著自己的堅持。如果藏書的數量超過一定程度，則應該在格局內特別設計放書的場所。

要是比較常在客廳或餐廳進行閱讀，基於方便性的考量，最好是將「書櫃」當作這些房間的一部分。但這些場所，原本就已經有自己的用途，就算放置書架，最好也不要太過顯眼的框架型。

此處所介紹的案例，是利用「樓梯間」的牆壁來設置書櫃。同時也當作選擇當天睡前所要看的書籍的場所。

覺得差不多該睡的時候，從1樓客廳走到2樓的臥房，剛好可以一邊確認家中的藏書，一邊選擇今晚所要閱讀的書籍。有別於閱讀本身的樂趣，這也會是一段幸福的時光。

「樓梯間」的牆壁，面積超出一般所預料，要設計出書櫃所能使用的深度並不困難，用來當作取代「書庫」的存放地點，是相當有效的選擇。

以收納空間的觀點來看書櫃，深度不用太厚、分割成較小的區塊也能使用，設計格局的時候可以盡量將沒有使用的空間拿來利用。這份格局選擇樑跟支柱等較厚的空間來設置書櫃。

位在樓梯間的書櫃。這雖然是2樓的格局，實質上卻擁有4層樓的構造，樓梯較多，所能確保的收納空間也跟著增加。

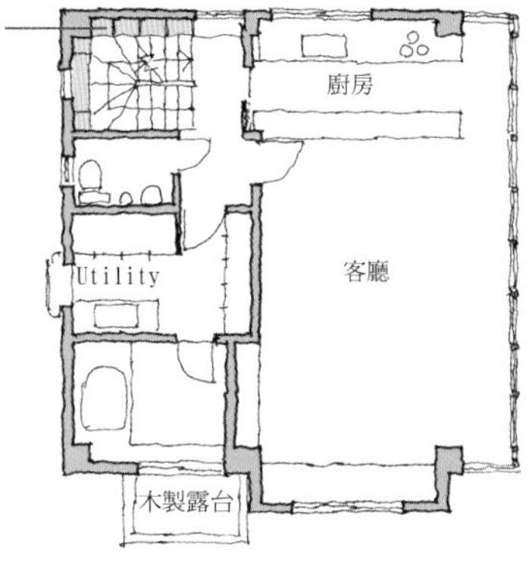

2F
1:200

在樓梯旁邊設置一整面書櫃的格局。設計樓梯間的時候稍微計算一下，會發現要確保像這樣的空間並不會太難。

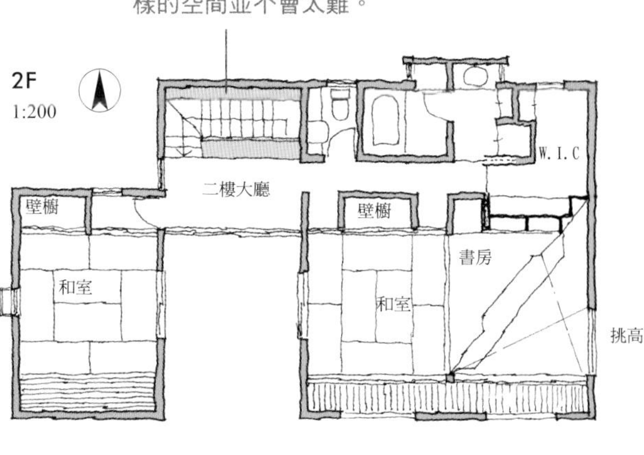

為樓梯準備了1.8m×3.6m的空間，其中0.9m的寬度保留給樓梯使用，剩下的部分裝設書櫃。在委託人的要求之下，設計成這種可以一邊前往2樓，一邊選擇睡前所要看的書籍的構造。

「露天平台」是客廳的一部分 132

決定格局規模的要因不在少數，其中又以建築基準法所規定的「建蔽率」跟「容積率」，擁有決定性的影響力。

這兩者都是住宅跟用地面積的比率，「建蔽率」是建築面積與用地面積的比率，「容積率」則是地板面積跟用地面積的比率。設計格局時用來當作基準的，是兩者與用地面積的比率，因此建築用地的大小如果充分，則幾乎不用去在意。但這項規定在都市內卻相當嚴苛，一般所能找到的用地，很難擁有充分的住宅規模。

進行格局設計的時候，會以整體的均衡性為優先。比方說想要讓客廳再寬一點，此時如果忽視整體的均衡硬要執行的話，則有可能會讓整個格局變得相當奇怪。

在這種場合，用地內要是有可以當作庭院的空間，則可以像此處所介紹的案例一樣，採用與客廳相連的「露天平台」。「露天平台」不會算在建築面積之中，但如果高度與客廳的地板相同，感覺就好像是客廳延伸出來的空間一樣。雖然得看有沒有多餘的用地可以利用，卻可以一口氣讓客廳的空間加倍。

當然，「露天平台」沒有屋頂，只有沒下雨的時候才能跟客廳一起使用。但如果搭上蔓棚，則可以在天氣好的時候，形成非常舒爽的空間。

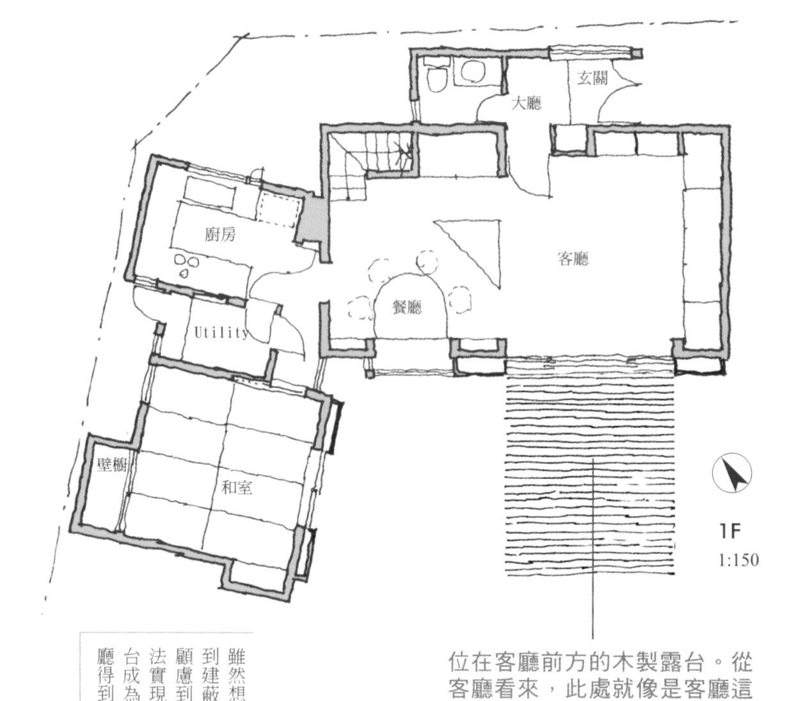

位在客廳前方的木製露台。從客廳看來，此處就像是客廳這個空間的一部分。

雖然想要更加寬廣的空間，卻受到建蔽率、容積率的限制，或是顧慮到整體格局的均衡性而沒辦法實現。此時可以採用讓露天平台成為客廳一部分的手法，讓客廳得到多一點的空間。

133 區分「公」與「私」的「露台」

用「劃分區塊(Zoning)」的方式來思考格局時，兩種區塊要分配在哪個位置，又要用什麼樣的方式連在一起，對於這個問題，我們可以看到各式各樣的解答。第106頁所介紹的這份格局，是委託人的度假屋。

將位在中央的「露台」旋轉45度，就有如「釘子」一般的釘在這個One Room構造的大型空間內。也就說這份格局的設計思想，是以這根「釘子」來將「公共空間」與「私人空間」區分在左右兩旁。

在家中，這根如「釘子」一般的露台會對空間造成限制，成為將公共空間與私人空間連在一起的接點。而這份露台，分別可以從公共空間與私人空間進出，是利用家中與露台所形成的「洄遊路線」。

這種類型的露台，重點在於從公共空間與私人空間都可以進出，白天當作公共空間的延伸，夜晚則可以當作私人空間的一部分。使用起來非常的靈活，是很好用的設計。

格局內位在客廳跟臥房之間的露台，白天被融入客廳的一部分，屬於公共的空間。夜晚將門窗鎖起來之後，則可以當作屬於臥房的私人空間來使用。

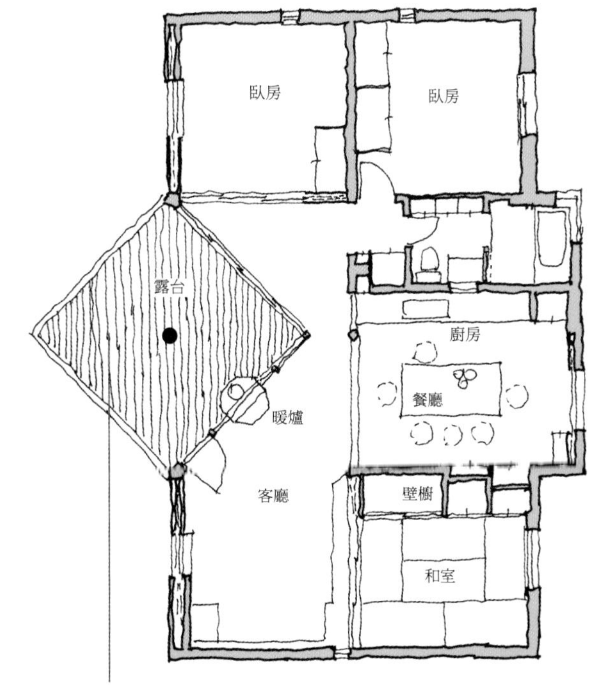

佔用客廳一部分的露台。這種造型讓客廳出現凹凸，明確區分出公共與私人的空間。

1F
1:150

有「露天外廊」的住家 134

一棟住宅是和風還是西式，應該用什麼樣的基準來判斷呢？

大致上可以用感覺來判斷的部分是，如果採用地板、開口處有窗簾或百葉窗的話，屬於「西式風格」。如果鋪有疊蓆、開口處是障子(紙門)的話，則判斷是「日式風格」。這種判斷方式雖然算不上是錯誤，卻也不一定正確。在某些「西式」的住宅之中，仍舊可以看到疊蓆跟紙門。

此處所介紹的「濡緣(露天外廊)」，是和風住宅所擁有的設備。但如果說擁有濡緣的住宅都是日式建築的話，則不一定都是如此。「濡緣」確實是傳統日式建築才會出現的設備。它具有重要的機能，可以順利連接室內與室外的空間，同時也是進出時所使用的「式台(台階)」，是方便又好用的「構造」。

這種方便又好用的「構造」，不會一直都是和風建築專用的設計。疊蓆跟紙門也是一樣，容易使用又具有良好機能性的「構造」，不論是屬於哪一種文化的建築，都會廣泛的被採用。

「濡緣」擁有跟「木製露台」相似的機能，按照製作方式的不同，有時會很難區分。雖然也沒有必要勉強進行區分，但在這份案例的場合，使用寬度較長的木板，鋪設的方向跟開口呈垂直，很明顯的是「濡緣」特有的構造。

南側較長的構造就是「濡緣」。對傳統和風住宅來說相當常見的這種露天外廊，在現代住宅之中是越來越罕見。居住者可以在此操作遮陽板，或是在庭院工作時來此休息一下、將各種物品攤在此處，具有難以捨棄的魅力。

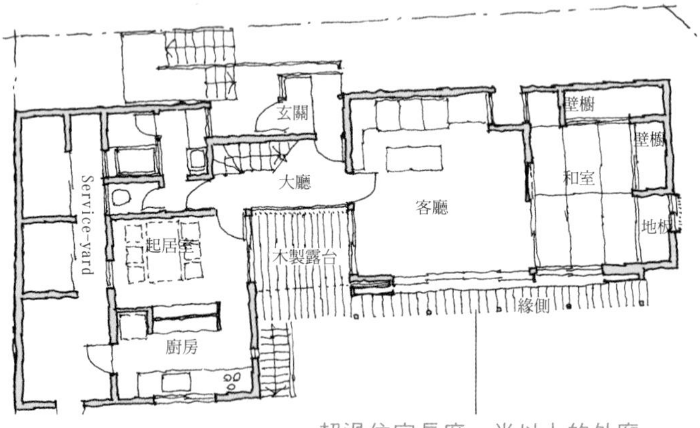

1F
1:200

超過住宅長度一半以上的外廊。搭配住宅的氣氛擁有較為現代的造型，但就構造來看跟日式的濡緣沒有什麼不同。

濡緣給人的印象，是跟地面較為接近，可以像板凳一樣讓人坐下。這間格局是蓋在傾斜的用地上，因此東側的露台浮在半空中。西側的露台則是位在建築的外側，會被雨淋濕，跟傳統的濡緣擁有同樣的性質。

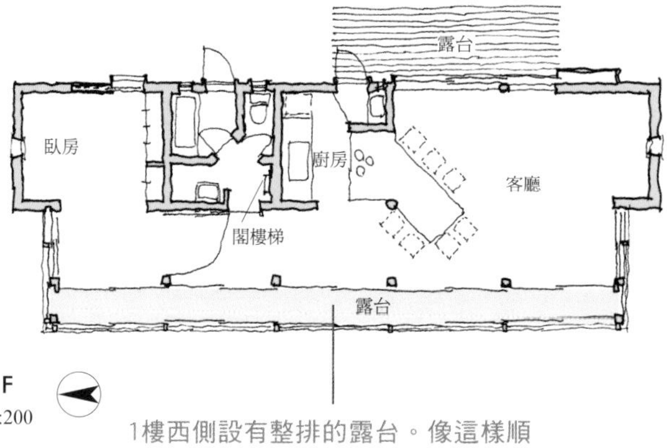

1F
1:200

1樓西側設有整排的露台。像這樣順著細長的建築物延伸出去，果然還是會形成濡緣(露天外廊)的氣氛。

135 如何善用「地下室」

講到「地下室」的時候，出現在腦中的景象，大多是位在地下、陰暗又潮溼的場所。但是按照建築基準法的規定，地下室也可以是讓風吹入、有陽光照射的空間。「地下室」的特徵，首先是位在地面之下，但只要達到一定程度的條件，就算房間來到地面上，也可以當作「地下室」來看待。

建築基準法(建蔽率、容積率)會將建坪、地板面積與用地面積的比率限制在一定程度以下。以維持良好居住環境為目的的地區，這項基準會設的特別嚴格，要是沒有充分的用地規模，很難建造出擁有理想面積的住宅。

但在另一方面，也有一些緩和的條款存在。要是能設計出滿足一定條件的「地下室」，則可以讓「地下室」的面積從「容積率」的計算之中刪除。在設計格局的時候，理所當然的必須活用這點。就算有來到地面上的部分，仍舊屬於地下室(我們將此稱為半地下)，當然也能創造出舒適的空間。

此處所介紹的案例，就是利用這個「緩和條款」所設計的格局。位在斜坡地的建築物，判斷空間是否屬於地下室的時候，會將平均地面高度當作基準，因此就算沒有跟地面接觸，在法律上也有可能屬於地下室。法律偶爾會像這樣，造成奇怪的現象。

小孩房　和室　臥房　中庭

1F

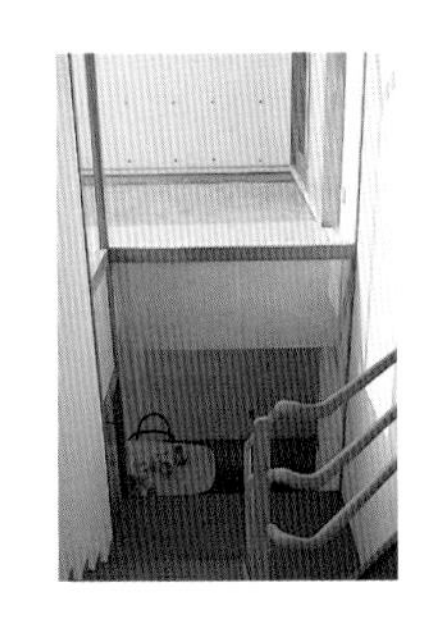

玄關　機房　大廳　客廳　廚房

地下室
1:200

設置的休閒區是客廳的一部分，就建築物來說雖然位在1樓，卻是屬於地下室。

這棟住宅，將通常的1樓當作底層，客廳的部分有一半位在地面下。利用建地傾斜的角度，就算這樣浮在半空中，法律上也算是「地下室」。

玄關　倉庫　和室　大廳　壁櫥　客廳　倉庫　小孩房

1F
1:150

位在傾斜的用地上，以小孩房為中心的這個部分，有一半是在地下。玄關的位置是地面高度。

設計這份格局的時候，有「空地率」這個相當於現在「容積率」的法律存在。兩者的內容非常類似，一樣有「地下室」不用算在地板面積內的緩和條款存在，被拿來活用在格局的設計上。

獨棟的住宅，也有居住性建築應該擁有的「樣式」存在。因為有樣式的存在，才能配合家中成員與生活形態等各個家庭的差異，來整理出一個家應該擁有的格局。

但反過來看，店舖或集合性住宅等，居家內部也有可能出現不同目的、不同使用方式的設施。雖然算是住宅，卻有店面等設施存在。在這種場合，兩者的格局有可能無法順利得到整合。對於雙方的使用方式無法折衝或讓步，此時不需要勉強的將兩者結合在一起，而是反過來將兩種要素完全分開。

此處所介紹的案例，是獨棟的住宅與公司宿舍的複合性建築。在此將宿舍的底層架空(Pilotis：用獨立的支柱來架空的構造)，並在下方插入獨棟的住宅。

在這個場合，為了讓兩者都能舒適的使用，住宅歸住宅、宿舍歸宿舍，兩者分開來設計的同時，也會注意1樓周圍玄關的位置跟出入口的路徑。這份案例雖然使用相同的進出方向，但是將日常進出較為頻繁的住宅玄關擺在前方。另外很重要的一點是，樓上宿舍的排水管、自來水管跟住宅的部分沒有互相干涉，兩者的維修作業互相獨立。

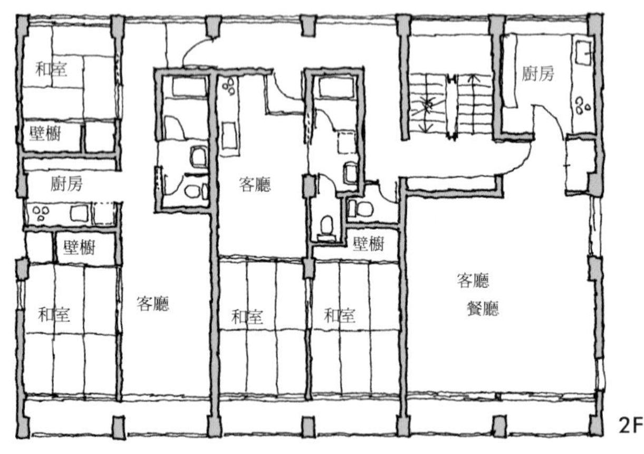

佔用1樓絕大部分的工作室，跟2樓居住用的空間分別以不同的玄關進出，採用完全分開的設計。

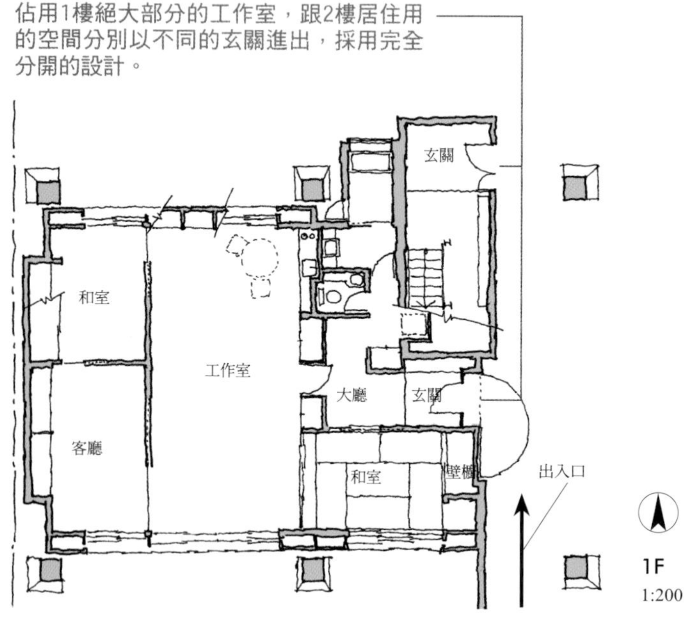

這棟建築的1樓是委託人的住宅，2樓以上是公司的員工宿舍。雖然將兩種不同的用途擺在同一個場所，異質的部分卻沒有進行融合，包含結構體在內完全的分離。

137 擁有「工房」

擁有「工房」的建築計劃，光是聽到就會讓人雀躍不已。跟「飲食」還有「睡眠」等住宅必備的日常行為無關，而是將「工房」擺在多出來的剩餘空間。這種計劃上比較可以自由發揮的部分，或許是設計起來讓人特別興奮的主要原因。

「工房」或著工作室(Atelier)是用來創作的場所。此處所要製作的作品、進行哪種類型的作業，將決定這個房間的格局應該怎樣設計。

「工房」雖然也可能是「工場」或「工作室」，但在此處進行的「工作」與「作業」並非以商業為目的，因此不像「公司兼住宅」那樣，必須以訪客為優先。另外，作業地點共通的問題，是作業的時候有可能會產生噪音或異味、塵埃跟垃圾。程度雖然會隨著作業內容而變化，但前提依舊是不可以影響到居住的部分，最好是進行分離，隔離到「庭院的小屋」等地點。作業內容有可能會需要自來水、瓦斯、電力等設備。若是設有專用的廁所，則使用起來會更加方便。

此處所介紹的格局，是將工房擺在「半地下室」的案例，跟擺在「中庭小屋」的案例。移動時必須從玄關外繞過去，因此設有專用的廁所。

總共4層樓的建築，2樓以上為居住空間，最下層是車庫跟工作室的格局。此處為半地下室，擁有沉穩的氣氛。跟居住的部分完全分離，可以專心的進行創作。

車庫
工作室
採光區
地下室
1:200

此處的工作室被當作陶藝工房來使用。另外設有專用的廁所。

由個人使用的工作室，有可能會產生噪音、振動、異味，作業的時間也可能會持續到深夜(特別是當作畫室的工作室)。在這種場合，像這樣跟居住的空間分離，對家人跟本人來說都會比較方便。

廚房
和室
玄關
工作室
中庭
客廳
1F
1:200

設在中庭另一邊的工房，就算不是職業畫家，委託人若是喜歡畫畫，還是會想要類似這樣的房間。

這份格局的工房，準備有各種電動工具，可以進行較為專門的加工。同時也會產生各種噪音，所以設計成「獨立的小屋」，擺在停車位的旁邊，要將器材搬入的時候相當方便。

收納
玄關
大廳
廚房
暖爐
工作室
露台
客廳
餐廳
1F
1:200

構造有如獨立小屋一般的工房，讓人想要以工作室來稱呼。

「併用住宅」這個建築用的術語，是指同一棟建築之內，有居住的部分跟工作用的部分，兩者沒有明確區分存在的格局設計。在日本商店街常常可以看到，店舖跟住宅一體成型的「店舖兼住宅」就是屬於這種建築。

運用電腦等情報傳輸機器在家中設置小型辦公室，被稱為SOHO(Small Office/Home Office)的形態，也是「併用住宅」的一種。

「併用住宅」會按照委託人「工作」的內容，設計出各種不同的居住形態，因此設計這種格局的第一步，要先理解預定在此處進行的「工作」。比方說是否會用來款待外來的訪客、訪客數量的多寡等等，這些都會讓格局產生決定性的變化。

此處所介紹的案例之一，是必須款待許多訪客的屋主所擁有的「併用住宅」。將工作的場所擺在客人比較容易進入的1樓，居住的部分被放在2樓以上，兩者分別擁有自己的玄關。住宅與工作場所之間，會透過室外的樓梯來移動。

另一個案例，則是不需要面對訪客的工作性質。在這個場合，工作場所位在玄關的旁邊，跟住宅共用同一個玄關。也沒有為工作室準備衛浴。雖然說是「工作室」，卻跟住宅內其他的房間沒有什麼不同，移動起來就像是在家中一樣。

「併用住宅」有各種不同的形態，這份案例的委託人是攝影師，住宅內設有工作用的攝影棚。攝影棚的性質與公司行號較為接近，因此擺在1樓。

玄關
客廳
餐廳
廚房
2F

名目上雖然是工作室，實際上卻是照相用的攝影棚。跟2樓居住的部分擁有不同的玄關，可以從停車位直接進入。

工作室
1F
1:200

W.I.C
廚房
餐廳
臥房
陽台
起居室
挑高
臥房
2F

工作的內容如果是一張桌子就能進行，則可以像這間格局一樣，跟住宅整合在一起。考慮到進出的方便性，將工作室擺在玄關附近。

和室
壁櫥
大廳
後門
攝影棚
玄關
1F
1:200

住宅之中用來工作的場所，如果不需要特別的設備，像這樣的空間就可以充分的利用

工作室與居住地點較為接近的終極形態，是像這間格局一樣，讓工作室融入住宅之中。考慮到工作有可能會持續到深夜，特別將臥房擺在旁邊。

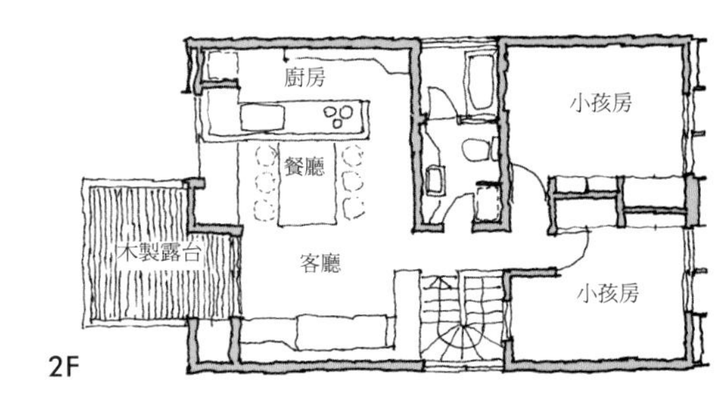

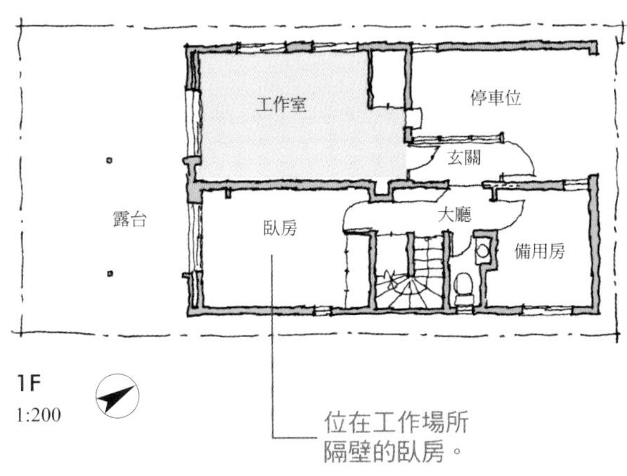

位在工作場所隔壁的臥房。

地下1樓到3樓的鋼筋混凝土的建築。地下跟1樓是工作室，款待訪客的機會也比較多。居住空間位在2樓跟3樓，跟工作室共用同一個樓梯。在這個場合，樓梯的性質比較接近出入口(通往玄關的小徑)。

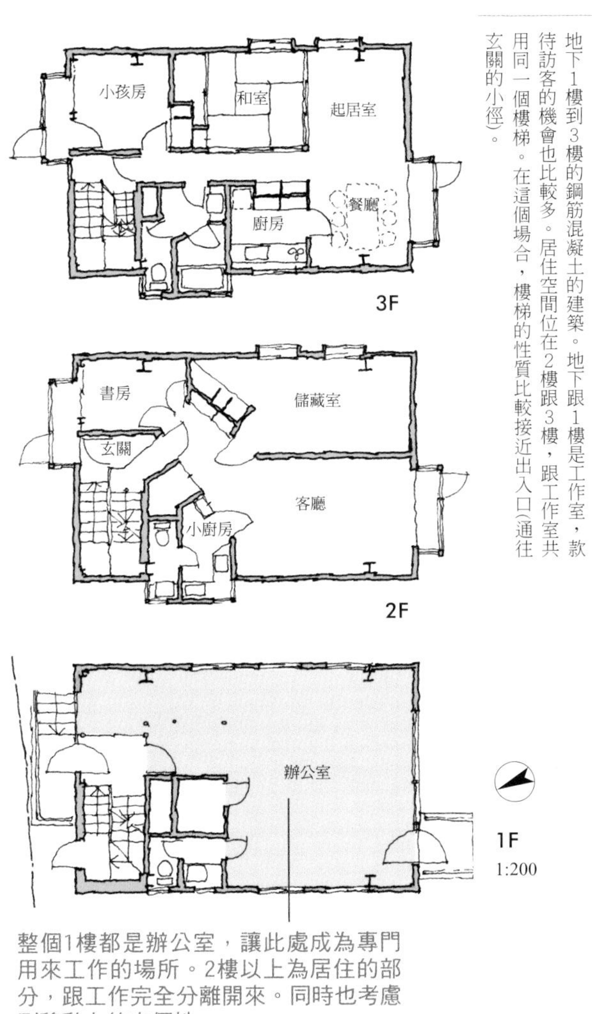

整個1樓都是辦公室，讓此處成為專門用來工作的場所。2樓以上為居住的部分，跟工作完全分離開來。同時也考慮到移動上的方便性。

這份住宅同時也兼任診療所。住宅位在轉角地，分別設有給客人與家人專用的玄關跟出入口。結構上來看，則是2樓的居家建築附設平房的診療所。

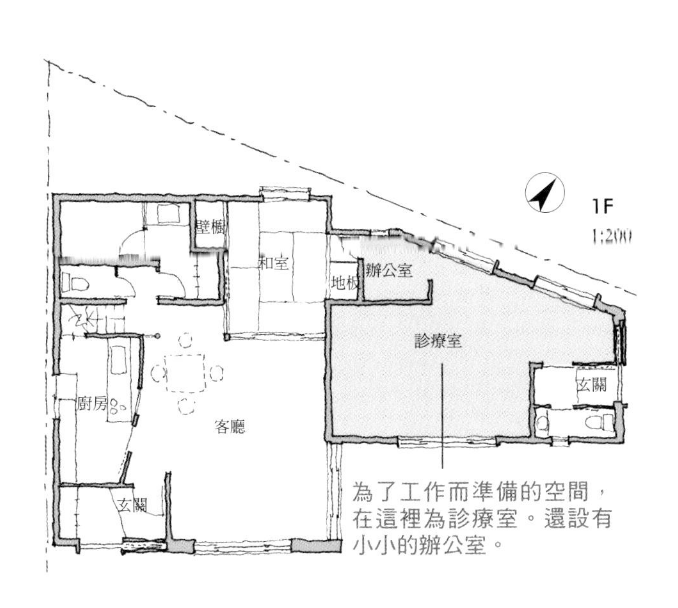

為了工作而準備的空間，在這裡為診療室。還設有小小的辦公室。

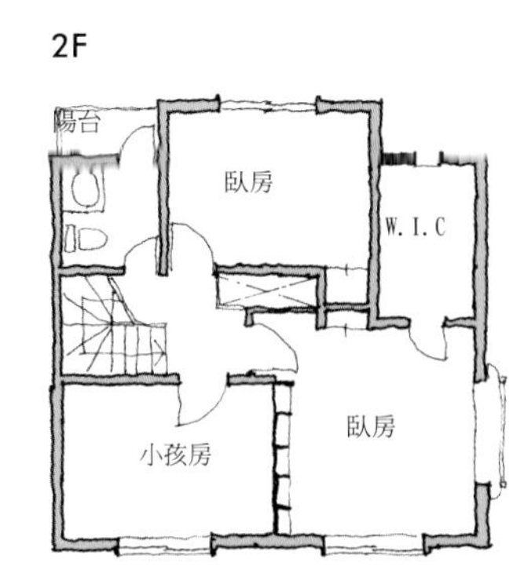

融入「停車位」139

思考格局的時候，總是會先去劃分公共與私人的區塊，把焦點擺在住宅的內部。但如果要確實設計出良好的格局，則必須連同室外(稱為外部構造或Exterior)也一起進行考量。也就是說「室內(Interior)」與「室外(Exterior)」必須一起進行思考。

「室外」對於格局(室內)擁有不小的影響力，它所擁有的因素包含有庭院、小徑，以及「停車位」。這些部分的造型，會受到用地與道路的位置關係、用地形狀、高低落差所影響。

在「室外」的各種要素之中，又以「停車位」對室內造成的影響最大。這是因為此處需要較大的空間，再加上必須顧及道路的位置，設計時所能擁有的自由度較低。

此處所介紹的案例，顧及道路、用地、建築物等三者的位置關係，將「停車位」融入建築物內，設計成格局的一部分。以這種方式來設置停車位，在計算建築物的地板面積時，必須將停車位也計算在內。可是在計算容積率的時候，以規定的比率為上限，停車位的部分可以不用計算進去。

在1樓建築的旁邊，設有停車位的格局。建築的南側敞開，以此來確保庭院的空間。這個停車位用建物的外牆跟用地的圍牆包圍起來，讓整體建物的相貌更加威風。

玄關
Utility
停車位
和室
客廳
廚房
餐廳
1F
1:200

停車用的空間跟1樓的建築物排在一起，兩側為建築物的外牆跟用地邊緣的圍牆。

已經登場過好幾次的這份格局，擁有多樓層的構造，並且依照用途來進行區分。停車用的空間理所當然的位在最下層，此處有一半是在地面下，剛好可以容納車輛，是名符其實的車庫。

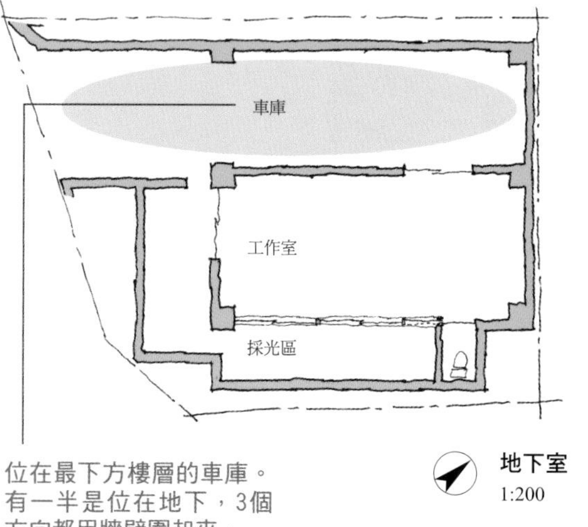

位在最下方樓層的車庫。有一半是位在地下，3個方向都用牆壁圍起來。

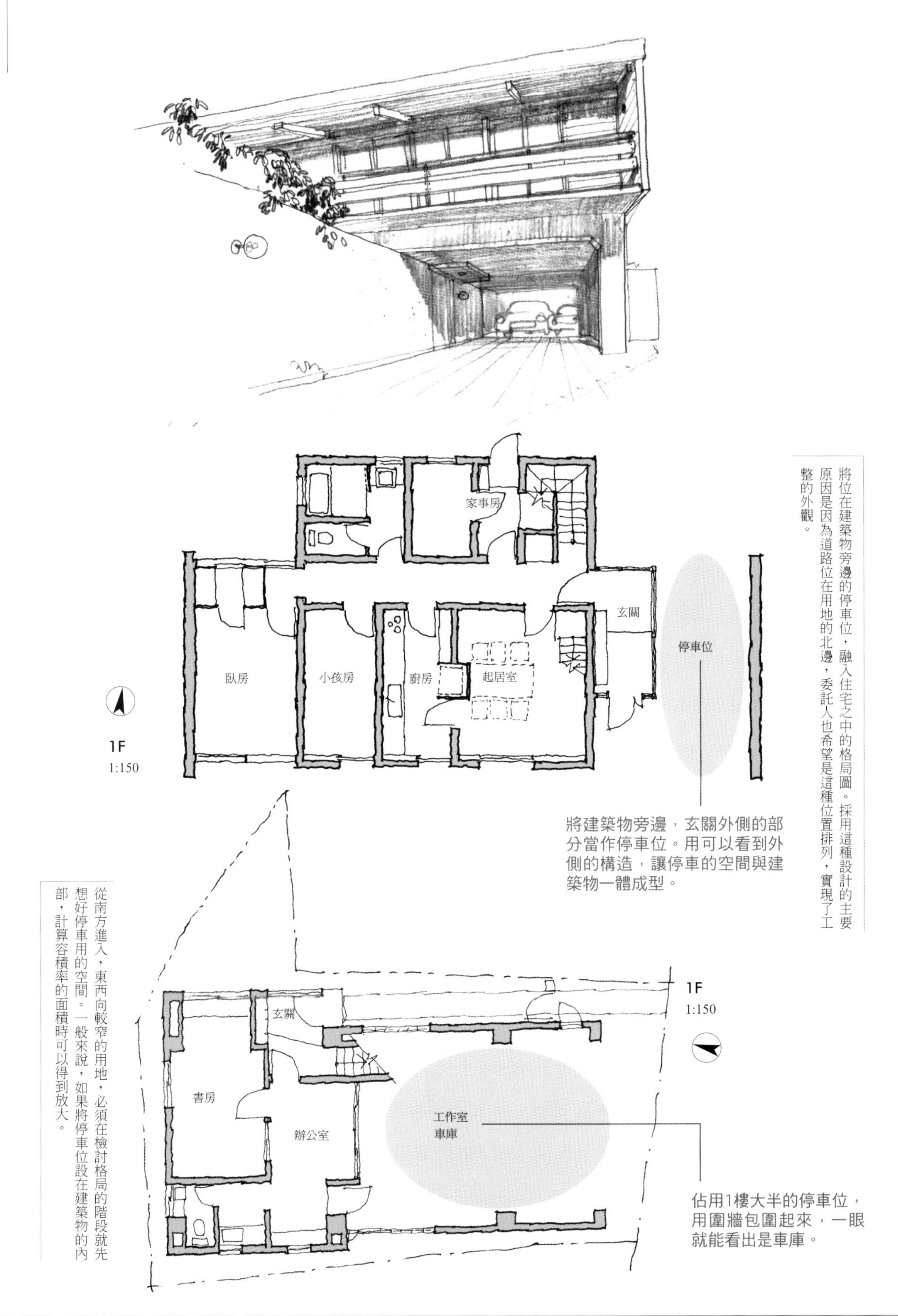

將位在建築物旁邊的停車位，融入住宅之中的格局圖。採用這種設計的主要原因是因為道路位在用地的北邊，委託人也希望是這種位置排列，實現了工整的外觀。

將建築物旁邊，玄關外側的部分當作停車位。用可以看到外側的構造，讓停車的空間與建築物一體成型。

從南方進入，東西向較窄的用地，必須在檢討格局的階段就先想好停車用的空間。一般來說，如果將停車位設在建築物的內部，計算容積率的面積時可以得到放大。

佔用1樓大半的停車位，用圍牆包圍起來，一眼就能看出是車庫。

度假屋

到此為止，我們看了超過一百份的格局圖。宮脇檀建築研究室經手設計的住宅，數量更為龐大，但其中比較具有代表性的案例，在本書之中大多都有提到。從這些格局之中，應該不難看出宮脇先生為了讓居住者渡過快樂的生活，所下的各種苦心。

從生活上樂趣這個觀點來思考「格局」，一般住宅雖然也有這些因素存在，但是跟「度假屋（Second House）」相比，還是相差一段距離。宮脇檀建築研究室經手設計的度假屋不在少數，它們的格局圖在前幾個章節也有登場，每一間都有不同的樂趣存在。從留下來的許多格局圖之中可以看出，不光是居住者，就連設計者在進行設計的時候，一定也覺得此處充滿了「非日常性」的樂趣。相信宮脇先生在幫人設計度假屋的時候，一定都是放手揮毫，盡情的追求充滿樂趣的格局。

最後讓我們將宮脇檀建築研究室經手設計的，充滿獨創性的Second House的格局，依照規模的順序排列出來。相信您也能體會到，光是擺在眼前就能感覺到喜悅的「格局」。

這份格局給人的印象，與其說是度假屋，還不如用小屋來形容會比較貼切。不過，這同時也是它設計的主題，可以讓人遮風避雨的掩體。內部構造只有一般用來「睡覺」的床鋪，跟勉強可以讓人坐下來「用餐」的客廳。在這個最低限度的空間內，只放有兩張床鋪跟衛浴設備，但仍舊在南側設有露台，勉強的維持一般度假屋的體面。

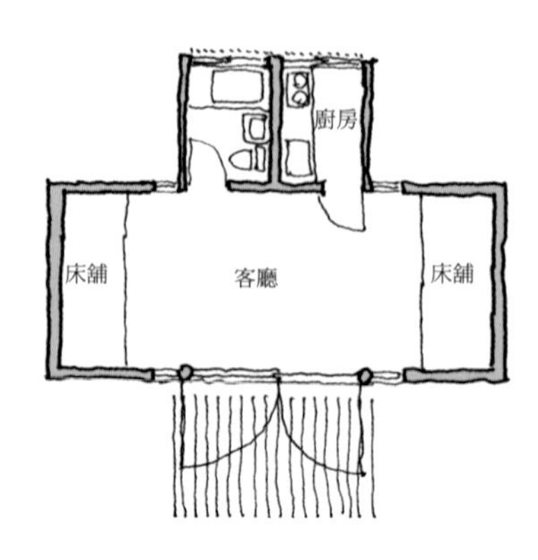

1F
1:150

讓我們在此重新確認，住宅所追求的最基本的性能。住家必須可以安心的用餐、放心的休息，這兩點跟動物的「巢穴」所擁有的機能相同。特別是度假屋，只要確保這兩項機能，格局就可以成立。

這份案例是小規模的度假屋的格局，幾乎可以用小屋來形容。形狀有如飯糰一般，因此被取名為「飯糰之家」。名副其實的，只有一個用來「吃」跟「睡」的One Room空間。不過就算是到了現代，世界各地仍舊可以看到類似這樣的居所，比方說蒙古包，它們一樣都是用來讓「人」的生活可以擋風避雨的掩體(Shelter)。

讓這種格局成立的先決條件，是以下的使用方式。趁天還亮的時候，透過車輛或電車等抵達此處。將行李放到客廳之後，馬上拿著隨身物品到附近散步或觀光，按照美食情報在外用餐，回來之後可以馬上休息。早上起來之後將昨天買來的麵包跟牛奶當作早餐，迅速打掃完畢、鎖上門窗，前往另一個地點觀光之後回家，結束行程。

要是受到其他因素的影響，讓行程產生變化，比方說一整天都下大雨，則有可能得在這個小屋內浪費掉一天的時間。內部格局完全只限於「吃」跟「睡」，要是陷入那種狀態的話，要打發時間可能會相當痛苦。

141 「吃」跟「睡」＋活動據點的機能

這份格局雖然也是小屋的延伸，但面積稍微的增加，可以用來當作活動的據點。「睡覺」的部分變成獨立的空間，讓人可以用其他部分來計劃接下來的行程，或是在雨天等無法外出的時候玩遊戲。跟右圖相比，很明顯的給人比較寬鬆的感覺，其中最大的進步，是客廳跟臥房被分開來。

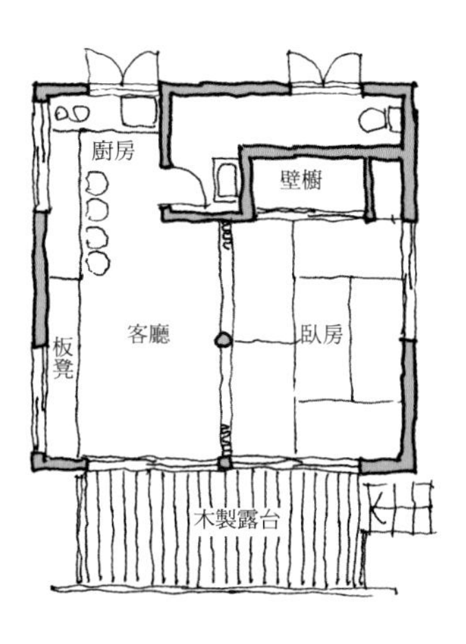

1F
1:150

跟上一頁的格局進行比較，這棟住宅雖然只多了3㎡的面積，但這些許的面積，卻讓使用上的方便性增加了不少。

整體的規模雖然還擺脫不了山中的小屋，構造也相當精簡，但「吃」跟「睡」的機能變得較為充裕。請想像一下實際上的使用方式，應該可以感受到運用上的方便性。這個大小為6張疊蓆的房間，因為鋪有疊蓆的關係，使用起來相當的靈活，可以隨著人數來調整用途。另外，地板房間也有6張疊蓆左右的大小，讓整體的用途也變得相當廣泛。

這種格局的使用方式，原則上是「吃」跟「睡」以外，全部都在外面渡過。但空間變得稍微比較寬廣，感覺起來機能比較像是活動上的據點。讓人可以利用此處來策劃3天2夜的旅行，或是前往比較遙遠的觀光景點。另外，就算途中下大雨，最後一天不得不在此處渡過的話，只要擁有這種規模的空間，也會讓人覺得比較有辦法可以打發時間。

格局的設計很不可思議，光是增加些許的面積，只能用來遮風避雨的小屋，就能升級成活動用的據點，有如山中的小屋一般。

屬於自己的「場所」＋屬於伙伴的「場所」 142

這棟建築雖然以度假屋來進行設計，但使用者並不只限於委託人的家族，另外還有家中成員的朋友們，預定給來自一個以上的家庭成員們共同使用。實際使用的時候，預定會將此處當作據點，再前往比較遠的地方遊玩，或是在途中往返工作地點，以1個禮拜為單位來策劃行程。在這個場合，無法像先前的山中小屋那樣，準備單純的One Room就能了事。

首先，為了讓2個以上的家庭同時使用，所以準備了兩間臥房。用這兩個房間將客廳夾住，以拉門跟牆壁進行區隔，來維持最基本的隱私。就算如此，為了保存度假屋特有的開放性氣氛，讓欄間的部分敞開，用巨大的屋頂將整個建築覆蓋，整合成大型的One Room構造。

建築物中央的客廳有大約17.28㎡(10張疊蓆多一些)的大小，要是天公不作美，沒有辦法出去外面玩，或是一起渡過秋天漫長的夜晚，也能利用這個空間來進行各種活動。客廳中的暖爐具有象徵性的意義，成為讓大家悠閒渡過時間的舞台。這個暖爐當然也具有實質性的機能，特別是在度假屋，會希望擁有如此的設備。

1F
1:150

度假屋的樂趣之一，是跟親密的好友一起渡過愉快的時間。除了屋主跟他的家人所使用的臥房之外，還準備可以讓同伴(客人)們使用的空間，是運用起來較為靈活的度假屋，足以對應各種不同的狀況。跟前兩個案例相比，已經完全屬於度假屋的規模，擁有度假屋應有的多元性。

143 足以「長期停留」的形態

住在首都圈等建築物密集的地區內，綠地跟寧靜的環境總是遙不可及，為了填補這個缺憾，會讓人想要盡情的沉醉在大自然之中。

這棟建築的委託人，夫妻兩人的工作性質都比較容易有長期性的休假，因此設計出可以長期停留的格局，讓他們可以在大自然之中渡過一整個夏天(或一整個冬天)。

雖然是度假屋，但如果要在此長期的生活，則應該具備跟一般住宅一樣的機能。因此格局上不須讓使用者忍耐不便，而以出其不意的驚喜為優先。

這棟建築的格局，就算拿來給都市內一般的住宅使用，也不會有什麼問題。就算如此，只有度假屋才會擁有的特色，還是隨處可見。

比方說主臥室是鋪有疊蓆的房間，不論是誰、在什麼時候使用都沒有關係。這種以靈活對應為優先的設計，就算是親戚跟朋友一起前來也沒問題。另外，挑高構造最高處的部分，設有閣樓型的臥房。只是必須經由特殊、陡峭的樓梯前往，為這份格局增添一點玩樂的元素。另外，將門窗打開之後，透過露台來進出的生活方式，也是位在大自然之中的度假屋才能擁有的格局。

如果有這份格局的大小，則可以設計出在生活自由度上更能活用的住宅。名符其實的屬於度假屋，讓人在夏季或冬季的時候，可以到此渡過1到2個月的時間。可以從露台進出的構思，是這份格局中「身為度假屋」的特色。

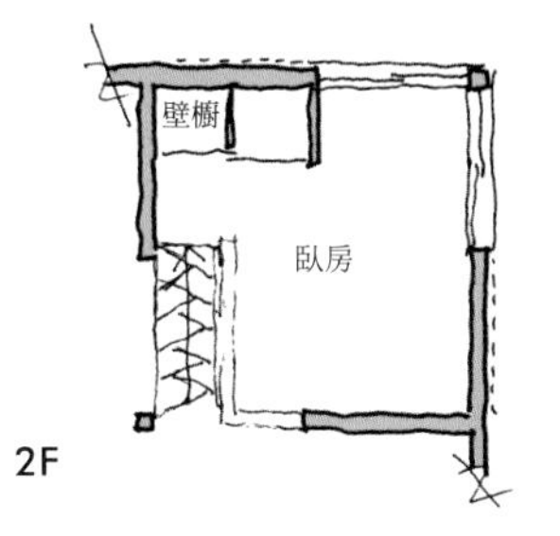

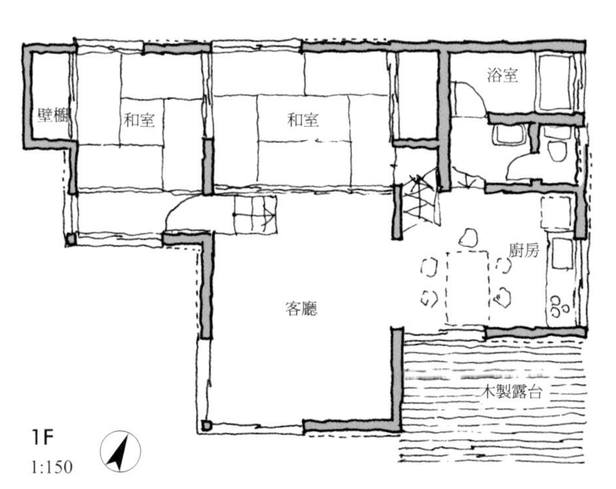

個人房，也就是「睡眠」場所的數量增加，讓整體變得更為寬敞。規模到了這種程度，就算長期的逗留也不會有任何問題。

設計度假屋的時候，千萬不可以忘記，要用什麼樣的方式來表現出「非日常」的狀況，以及要表現到什麼程度。

包含我們在內的許多人，都以上班、上學的方便性為理由，選擇都市的住宅來展開日常的生活。如果這棟住宅是位在市中心的話，周圍會有其他住宅聚集，或是集合性住宅的區塊存在，自然環境非常有限。

平時住在這種環境之中，理所當然的會想要在休假的時候到山上或海邊，在大自然中悠閒的轉換氣氛。度假屋(別墅)可以成為很重要的「非日常性」的因素，就是因為它在設計的階段，就預定成為用來享受「日常」之中沒有的體驗，或是當作據點來進行類似的旅程。

比方說在這個案例之中，讓屋頂的結構直接與室內相連，形成One Room的大型空間。為了與大自然一體成型、讓人體驗大自然的氣氛，建築物的主軸朝向可以瞭望景觀的方向，並在大型的開口設置露台，成為前往大自然的出發點。要是因為樹木太過密集，無法看到遠方的景觀時，可以在陽光從樹木之間射入，有如光庭一般的位置設置露台。內部的空間也不是單純的四角型，或是傾斜或是扭轉，變化豐富的構造，讓人享受住在閣樓一般的樂趣。

這份住宅，在小規模的空間內盡情的表現出非日常性的氣氛。這份不可思議的設計，光是從格局圖內就可以看出。一般住宅不會出現的構造，在這份格局圖中可以發現各種樂趣。構造上跟周圍牆壁區分開來的1樓，及位在地下跟中2樓的臥房等等，光是這些就充滿非日常性的氣氛。

木製露台
起居室
客廳
暖爐
廚房
備用房
1F
1:200

臥房
地下室

臥房
中2F

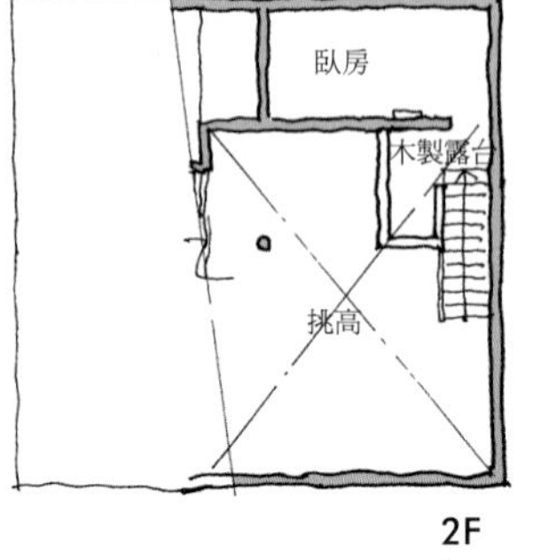

2F

閣樓

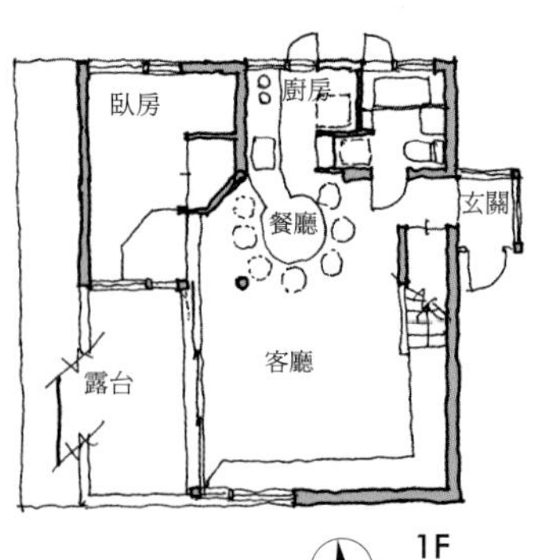

從格局圖的這3個部分有看出來嗎？這棟住宅的外表，剛好是三角形的造型。用來享受非日常的度假屋，若是外觀也擁有度假屋的氣氛，就可以給人帶來更進一步的喜悅跟興奮。

以1樓為基礎，按照順序的進行觀察，可以發現越往上越細。採用三角形的構造時，會形成像這樣的格局圖。這也是一般住宅很少會看到的造型。

145 以「不特定之多數人」來思考格局

由個人所擁有的「度假屋」，使用者基本上是本人跟他的家人。但有時也會邀請朋友的家人，或是只由小孩跟他們的朋友來使用，甚至是招待不認識的人。要對應這些狀況，除了準備給主人跟他的家人所使用的房間之外，還要準備可以給不特定多數的客人使用的房間。要是能採用鋪設疊蓆的房間，則運用起來可以更加的靈活。

但如果建築物的持有者不是個人，而是企業或組織的話，則狀況又不一樣。使用者的種類、人數、時間都不一定，甚至有可能會出現多個團體，季節與狀況也都很難確定。在這種時候，可以準備種類各不相同的房間。

在這份案例之中，建築物被分割成有暖爐存在的客廳區，有浴室、廚房、盥洗室集中在一起的衛浴區，有個人房間集中在一起的宿舍區，以及小小的涼亭，以這幾棟建築來將開放式的露台圍住。

住宿的區塊為兩層樓的構造，1樓是9張疊蓆的大房間，用來對應多人數的場合。2樓則是準備了兩間樣式不同的臥房，給少數人使用。如果再加上客廳跟露台的區塊，則可以形成相當大的空間，要是人數很多，或是有多個團體前來的時候，可以將此處當作聚集的場所。

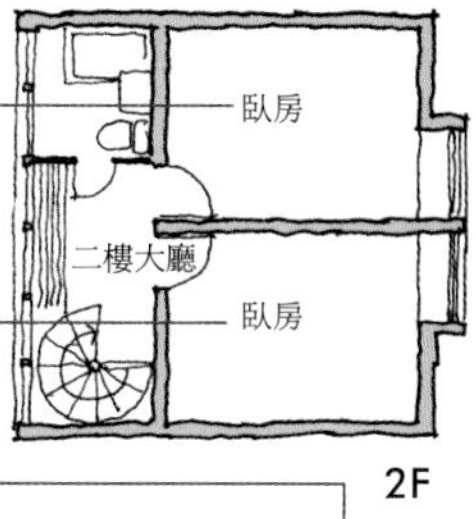

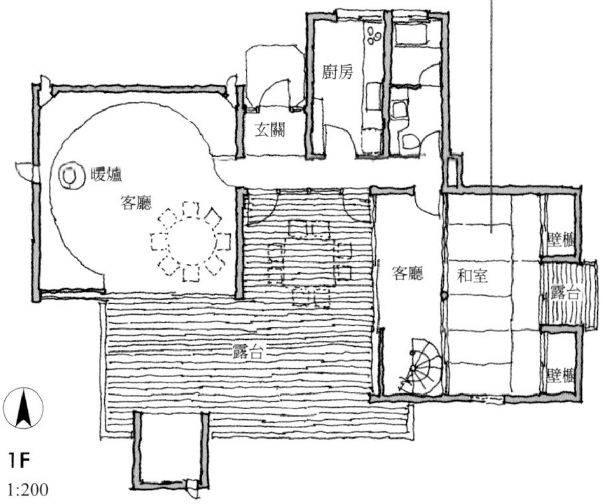

所有權人是法人的度假屋，先決條件是使用者不定，人數也屬於未知數。在這個時候，可以像這份格局這樣，準備造型跟大小各不相同的「用餐」跟「睡覺」的場所，以多數個房間來進行對應。

在宿舍區塊的樓房內，準備有風格各不相同的「睡眠」用的房間。就算規模不大，只要像這樣設計出可以靈活運用的構造，就能實現多元的使用方式。

臥房
二樓大廳
臥房
2F
廚房
玄關
暖爐
客廳
客廳
和室
壁櫥
露台
壁櫥
露台
1F
1:200

度假屋的使用方式跟享受的方法，大家各不相同，沒有任何「非得這樣不可」的規定存在。唯獨一點例外，那就是希望可以在度假屋實現日常之中無法做到的項目。或多或少，這種願望一定都會存在。

那麼，要是委託人覺得「想要在休假的時候享受美食，跟食物一起來渡過一整天」，這可以成為享受度假屋的方式。在此介紹介紹的案例，就是以此為出發點來設計，把廚房跟餐廳當作格局的重點。

在這種場合，大多不會明確的區分，是專門享用還是負責烹飪。喜歡美食的人也會自己動手做菜，或是反過來享受一下他人的作品。設計格局的時候，會以此來當作出發點。首先，廚房採用「開放式」的構造，讓人可以輕鬆的進出，交換位置的時候也比較方便。

另外，「開放式」的廚房若是搭配「吧檯式」的餐桌，做菜的人跟享用的人隨時都可以面對面的交談，讓對話持續下去。讓對方看到作菜的人手邊的狀況，一起討論從當地市場買來的食材，相信可以成為不錯的話題。也可以將餐桌擺在「露台」上，讓大家一起來慢慢的享用餐點。

在度假屋所能享受的樂趣之中，飲食佔相當大的比率。廚房的運用方式雖然也很重要，但餐廳則有助於炒熱氣氛。這棟住宅用4根柱子圍出具有象徵意義的場所，讓人可以在此享受「餐點」所帶來的美好時光。

臥房　玄關　廚房　客廳

1F
1:200

這棟規模較大的建築，把餐桌擺在1樓的中心，讓這個空間成為兩層樓中最為重要的部分。

這份格局用餐的地點，是在距離入口最深處的位置，同時也是地板最高的位置。也就是將「用餐」的場所擺在氣氛最為沉穩、可以看到整個室內的最佳場所。

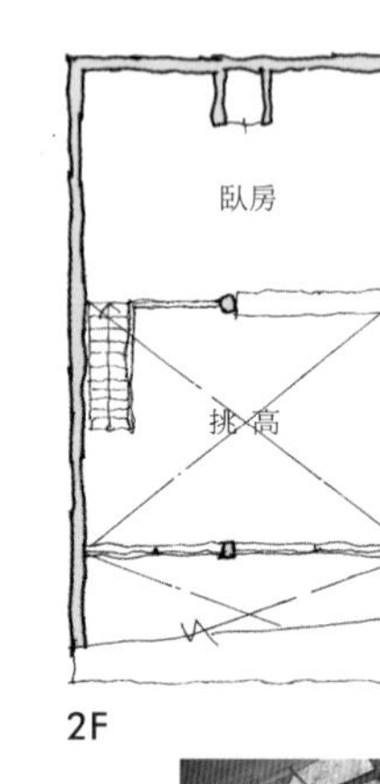

廚房　餐廳　客廳　露台　臥房　挑高

1F
1:200

2F

從客廳的樓梯前往廚房跟餐廳。在格局圖內也能明顯的看出，此處是這棟建築的中心。

這份格局的中心，是在於設有吧檯型餐桌的廚房周圍。上方為挑高的構造，利用空間來形成高揚的氣氛。這是將度假屋最大的樂趣「飲食」擺在第一的結果。不妨自己模擬一下，除了吧檯式的餐桌之外，還可以在哪個地方用餐。

1F
1:200

後門　廚房　客廳　和室　露台

客廳雖然擁有充分的空間，但如果以「用餐」為中心來思考的話，則會出現更加多元的使用方式。

147 度假屋才能實現的「關門」方式

住宅性能評估制度之中，有跟防盜相關的項目存在，同時也對防盜機能優良的建築零件進行認證。設計一般住宅時，會以此來當作防盜機能的基準，「度假屋」也不例外。

可是「度假屋」跟一般住宅相比，沒有人使用的時間、時期較長，必須採用「度假屋」獨自的防盜對策。

比方說門窗等開口處，雖然也能像一般的住宅一樣，採用鐵門或隔板，但如果能採用更不容易突破、更為堅固的門窗，則可以讓屋主更加的安心。

此處所介紹的案例，就是以這種思考來進行設計。比方說採用可以外掀的「露天平台」，離開度假屋的時候將露台的板子掀起來，就能成為將開口處擋住的牆壁。或是在所有開口的部位，準備跟外牆同樣規格的外開式門窗，離開時全部關起來，就會成為沒有任何窗戶，從外側看來只有牆壁的構造。

像這樣子，度假屋如果可以採用堅固的保全設計，在沒有人使用的時候也能放心。但是開合的部分如果太大、太重的話，在裝設的時候必須慎重選擇五金跟操作方式。

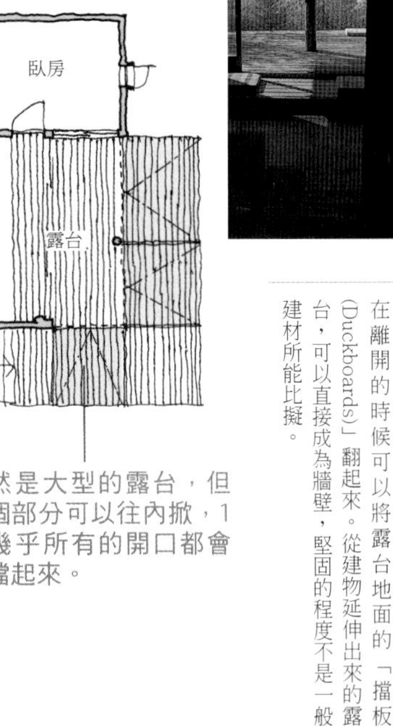

雖然是大型的露台，但這個部分可以往內掀，1樓幾乎所有的開口都會被擋起來。

請看這張格局圖來想像一下，這棟度假屋在離開的時候可以將露台地面的「擋板(Duckboards)」翻起來。從建物延伸出來的露台，可以直接成為牆壁，堅固的程度不是一般建材所能比擬。

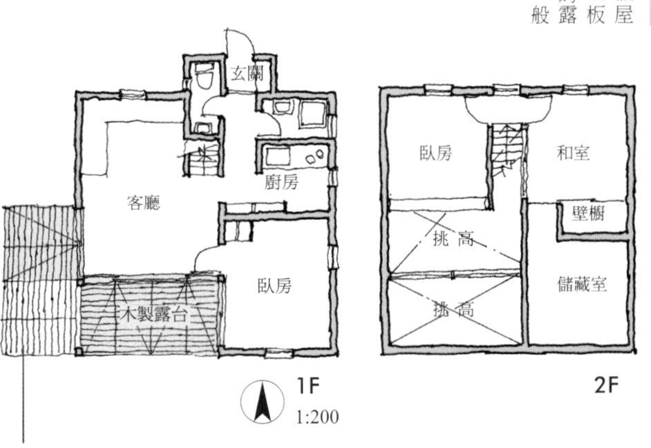

這份格局的露台，也是採用可以外掀起來的構造。1樓跟2樓加在一起，幾乎沒有任何的開口存在。

這間度假屋也採用將露台翻起來的構造，防盜機能比一般的建築零件更好。但重量超乎想像，考慮到操作性，很難稱得上是最佳的答案。度假屋的保全設計總是讓人傷透腦筋。

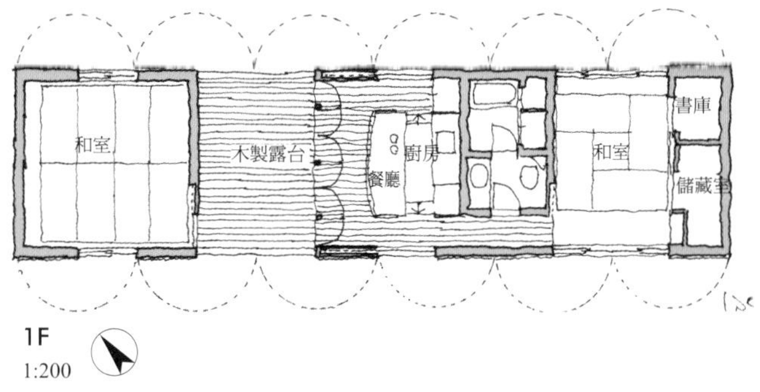

在細長建物的周圍設有大型的門板，全部都關起來的話，外表看起來就好像是要塞一般。

這棟度假屋準備有12扇單向開合的大型門板，全部都關起來的話，外表看起來沒有任何的開口，就像是只有牆壁的倉庫一般，將所有入侵的路徑阻斷，是只有度假屋才能使用的保全方式。

注重「保全」的形態 148

在檢討「度假屋」的保全機能時，除了對門窗的鎖跟建材的防盜機能進行挑選之外，也必須考慮到建築物的造型跟周圍環境的處理方式。

一般來說，提高建築物保全機能的方法有

◎可以從道路清楚的被看到

◎沒有死角存在

◎使用像閃光燈一樣的照明

◎鋪設可以加大腳步聲的砂粒

◎注意建築物周圍是否有可以踩或攀登的物體等方法。

但除了最後一項，注意不可以有能夠攀登到建築物內部的物體，其他幾個項目對於「度假屋」來說，效果並不彰顯。

用設計格局的觀點來看「度假屋」的「保全」問題，都是像此處所介紹的幾個案例一樣，讓幾乎沒有開口的1樓擁有較小的構造，將格局的大半移到懸空的2樓以上的部位。只要注意建築物周圍樹木的位置，外人就無法輕易的接近2樓開口，讓構造本身得到良好的防盜機能。就算沒有在開口處準備隔板，也可以讓人安心。在這種構造之中，1樓尺寸較大的開口只剩下玄關大門，可以將保全的資源全都集中在此。

度假屋的防盜對策，除了門跟窗戶的上鎖方法之外，還可以考慮監視系統。但大原則是不可以有容易被入侵的弱點，必須像這棟建築這樣，將1樓等跟地面相接的部分減到最小，在建築設計方面下功夫。

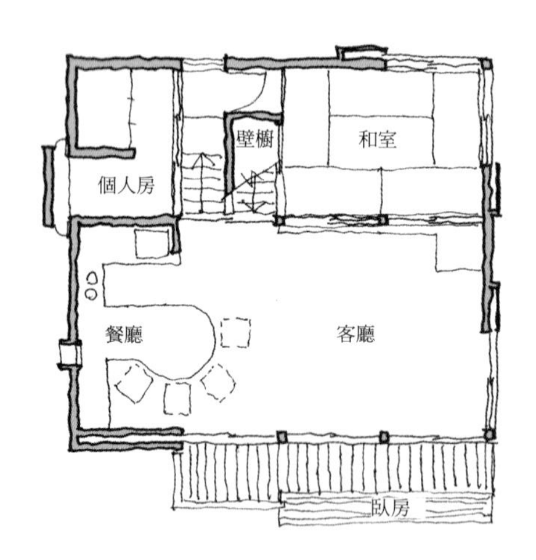

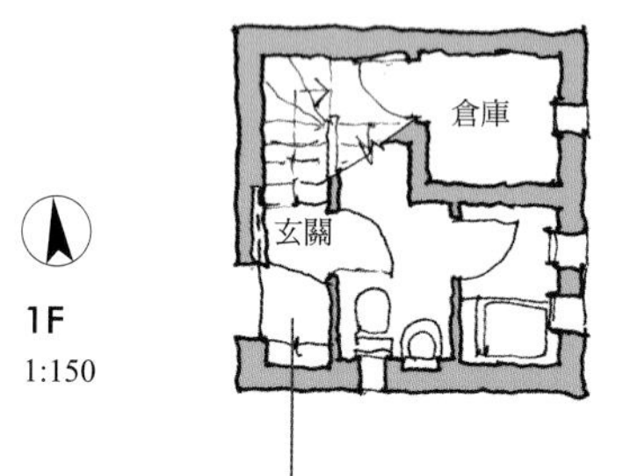

除了玄關之外，沒有入侵點存在的1樓構造。將1樓開口的這個弱點，減到最低的格局。

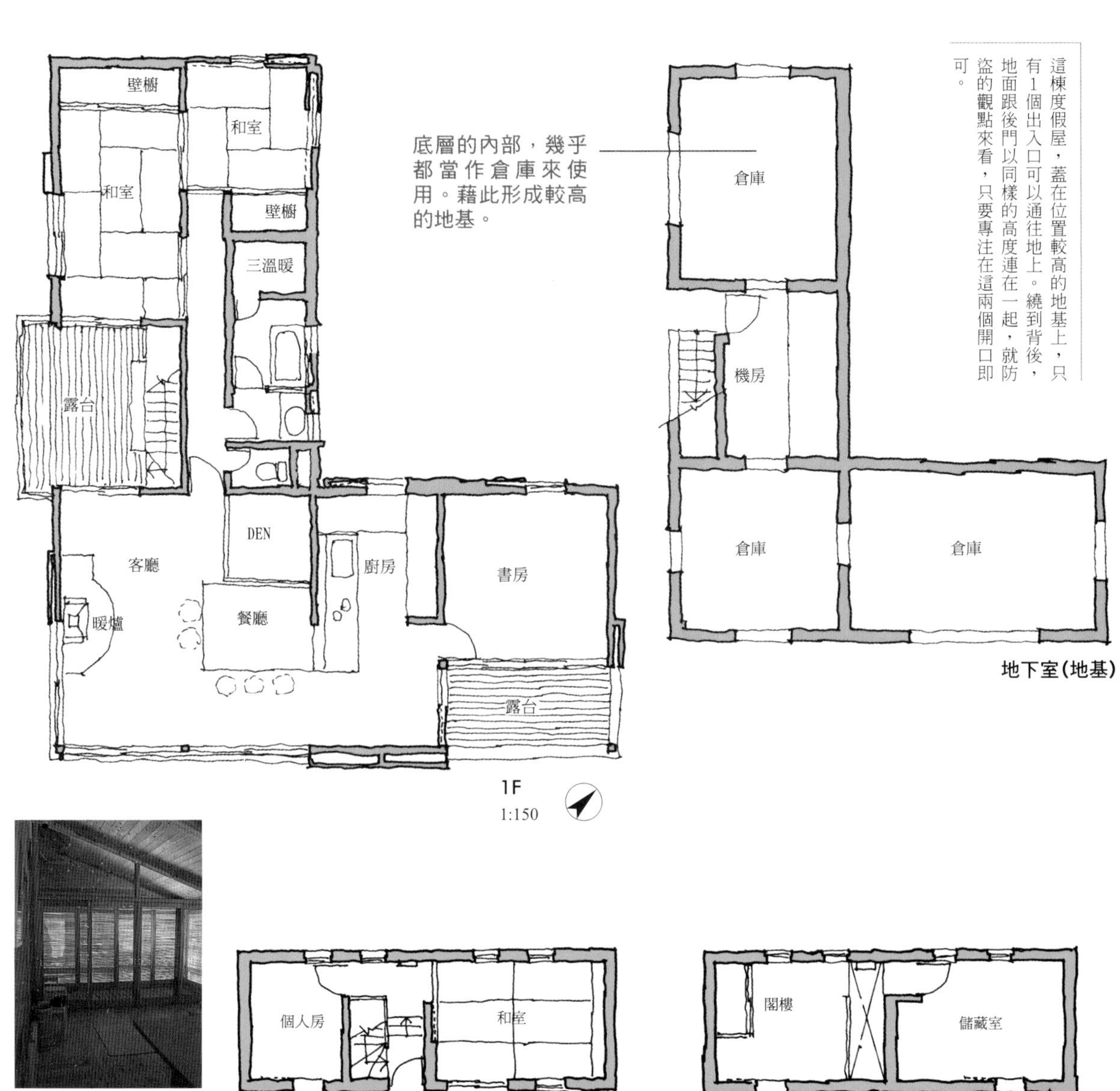

底層的內部，幾乎都當作倉庫來使用。藉此形成較高的地基。

這棟度假屋，蓋在位置較高的地基上，只有1個出入口可以通往地上。繞到背後，地面跟後門以同樣的高度連在一起，就防盜的觀點來看，只要專注在這兩個開口即可。

這份格局的1樓開口，除了玄關之外，只有廁所跟浴室的小窗戶。這是考慮到長時間沒有人使用的度假屋的保全問題。容易入侵的1樓，只設有最低限度的開口。

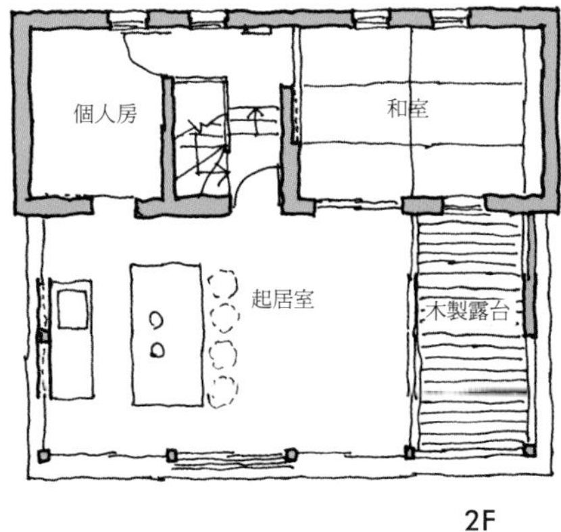

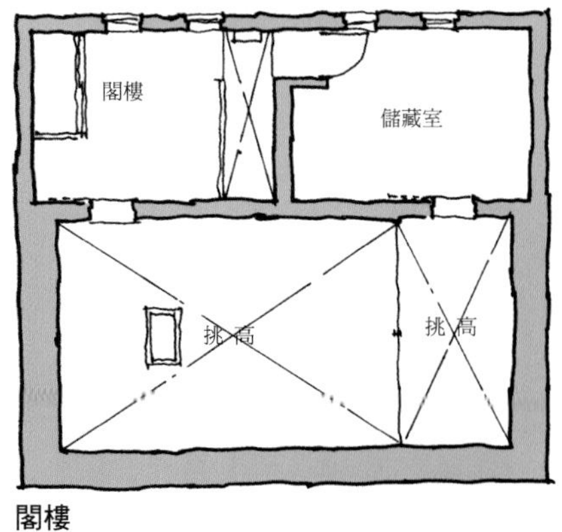

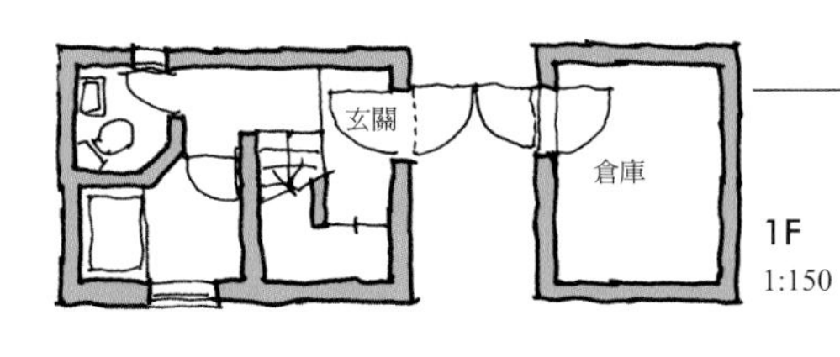

光看格局圖或許會覺得很奇妙，但這就是1樓所有的空間。樓梯間跟廁所、浴室，另一邊則是獨立的倉庫。

用各種「區塊」圍起來的One Room 149

「度假屋」大多擁有精簡的格局，建築物的規模不會太大，設計成One Room的必然性也跟著增加。就算如此，整合成One Room構造的理由，並不只是為了得到精簡的構造。

會在此處生活的人數不定，有可能是當作據點出外遊玩，也可能是把大量的書本搬到此處，一整天埋在書本之中渡過。度假屋的使用方式非常的多元，為了讓居住者使用起來沒有任何的限制，必須要有足以讓人靈活運用的空間。為了對應各種不同的使用方式，當然要有多種的設備，所以這個One Room的構造當然也不是空無一物，而是設有各種類型的「區塊」。

此處所介紹的這份案例，是將「區塊」排列在One Room構造的各面牆壁上，從南邊的露台開始順時鐘的，設有長板凳、閣樓的樓梯、出入口、廁所、浴室、廚房、餐廳、睡覺的場所等等，其中有一部分採用壁龕(Alcove)的構造，來將區塊的空間包圍起來。

像這樣在單一的空間內，準備各種用途的設備，除了可以實現度假屋應有的「非日常性」之外，似乎還可以得到預想不到的樂趣。另外一點則是One Room的空間具有凹凸等豐富的變化，視覺上的樂趣也可以增加。

臥房
木製露台
挑高
2F
閣樓

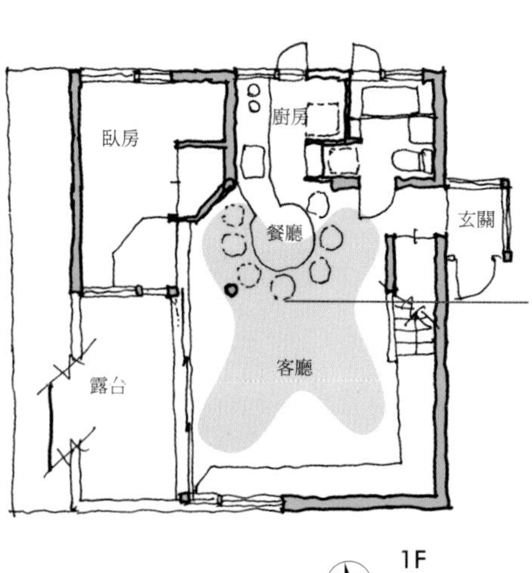

在1樓正方形的四個角落，是分別擁有不同用途的區塊。配置有各個用途所需要的設備。

這份格局1樓的部分，有各種「區塊」存在。廚房、客廳、露台、臥房等設備，環繞在1樓這個空間的周圍。家人幾乎一整天都會在此渡過，為了對應多元的使用方式而採用這種設計。

150 「度假屋」希望可以擁有的機能

「度假屋(Second House)」也被稱為「週末住宅(Weekend House)」。在週末假期暫時告別都會的工作，或是在長期的休假時來到這棟住宅，在大自然中讓身心休息，轉換一下心情。

來到此處的人數跟性質，取決於這棟建築的持有人，夫婦、家族、小孩或是關係比較親密的朋友等等。

來到此處之後享用各種餐點、透過交談來加深關係，以各種活動來渡過快樂的時光。在某個案例之中，跟女主人討論格局的時候，出現了「為什麼到度假屋去渡假，還得負責煮飯」這樣的意見，讓人頓時恍然大悟。

正如這位太太所說的，來到度假屋是為了從日常之中解放出來，要是還得進行日常性的工作，則失去渡假的意義。那應該怎麼處理呢？經過討論之後得到的結論，是在廚房裝設大型的冰箱跟微波爐。

可以事先在家煮好之後帶來，也可以購買冷凍食品，放到度假屋的冰箱內，想吃的人自己加熱。

「大型冰箱」跟「微波爐」，正因為是「度假屋」，才更應該準備這些設備。

露台
暖爐
客廳
和室
壁櫥
餐廳
DEN
三溫暖
和室
壁櫥
廚房
露台
書房

廚房背後的空間。在度假屋的話可以配置冷凍庫和微波爐。

1F
1:200

倉庫
機房
倉庫
倉庫

地下室

想要盡情的體驗非日常性的生活，不想到了此處也將時間花在日常反覆性的工作上。基於這種思考，在廚房設置大型冰箱跟高速微波爐。餐點的內容以事先準備好、可以保存的冷凍食品為主。

後語

宮脇先生說「在各種建築之中，最喜歡的就是住宅。希望能以獨棟的住宅為中心，秉持慢工出細活的精神，來設計小規模的集合性住宅跟住宅用地」。本書的「格局圖」是宮脇先生身體力行後的成果，一間又一間，是否有讓您體會到花上充分的時間所創造出來的「舒適性」呢？

宮脇先生一但動手工作，總是能在轉眼間就畫好一份格局。但工作並非這樣就結束。隔天在桌上又會出現另外一份格局。以這種方式畫出好幾份格局之後，宮脇先生會放置一段時間。就像是等待葡萄酒或威士忌成熟一般。是否還有更好的答案存在，希望在時間內盡量以不同的觀點來追求。一直到可以充滿自信的說出「這就是最妥善的方案」之前，大多得花上3個月的時間。這段期間內所思考、決定的一切，將成為這棟住宅的骨幹，決定這棟住宅的完成度。

宮脇先生會以這份提案來跟委託人協商，委託人的狀況有可能在中途改變，甚至有一直到兩年後才正式決定的案例存在。就算面對這種狀況，宮脇也絲毫不心急的陪同對方。對於這個重要階段的工作，宮脇先生總是會說「這是我的工作，必須由我來完成」，不願意交給其他員工負責。

在這之後，還必須繪製建築物的詳細結構，來決定這棟建築的外觀。就連這份詳細圖，宮脇先生也說是「自己的工作」。但工作越來越是繁忙，仍舊有一些案例必須交給員工負責，當時那充滿遺憾的表情，我永遠都不會忘記。開始動工之後，宮脇先生也非常喜愛到現場跟師傅們討論各種事項，無法親手繪製圖面的時候，會在這個部分多下功夫來彌補。

宮脇先生如此用心創造出來的，就是本書所介紹的一份又一份的格局圖。希望看到這裡的您，可以再一次的觀察他畢生所留下來的結晶。

製作本書的時候，得到池田彩小姐很大的幫助，在此表達心中的感謝。

2012年初冬　山崎建一

【作者簡介】

山崎　建一（YamaZaki KenIchi）

１９４１年出生於新潟縣。１９６６年，畢業於工學院大學建築系。
１９６６年~１９６９年，擔任中央工學校建築設計系講師。
１９６３年，加入宮脇檀建築研究室。
１９９０年~１９９７年，擔任工學院大學建築學科兼任講師。
１９９８年，隨著宮脇檀先生的辭世，就任宮脇檀建築研究室代表。
２０００年，就任山崎・榎本建築研究室創設代表。
２００８年，創設山崎建築研究室。

曾經擔任職業能力開發促進中心　建設、造型系講師，日本木造住宅產業會研修講師，住宅生產團體連合會研習營講師等職務。

主要著作有『宮脇檀的住宅設計』(X-Knowledge)、『建築調和的１００條基本規則』(X-Knowledge)、『低成本優良住宅傑作選（別冊家庭畫報）』（世界文化出版社）、『想要打造格局優良的小住宅（別冊家庭畫報）』（世界文化出版社）、『舒適生活的小住宅傑作選Ⅰ（別冊家庭畫報）』（世界文化出版社）、『５００件希望能夠擁有的木製家具（別冊家庭畫報）』（世界文化出版社）、『能夠享受料理的廚房』（彰國出版社）等等。

TITLE

宮脇檀「格局」圖鑑

STAFF

出版 瑞昇文化事業股份有限公司
作者 山崎健一
譯者 高詹燦 黃正由

總編輯 郭湘齡
責任編輯 黃雅琳
文字編輯 王瓊苹 林修敏
美術編輯 謝彥如
排版 六甲印刷有限公司
製版 明宏彩色照相製版股份有限公司
印刷 桂林彩色印刷股份有限公司
法律顧問 經兆國際法律事務所 黃沛聲律師

戶名 瑞昇文化事業股份有限公司
劃撥帳號 19598343
地址 新北市中和區景平路464巷2弄1-4號
電話 (02)2945-3191
傳真 (02)2945-3190
網址 www.rising-books.com.tw
Mail resing@ms34.hinet.net

初版日期 2014年4月
定價 600元

國家圖書館出版品預行編目資料

宮脇檀「格局」圖鑑 / 山崎健一著 ; 高詹燦, 黃正由譯. -- 初版. -- 新北市 : 瑞昇文化, 2014.03
208面 ;18.2 X 28.7公分
ISBN 978-986-5749-30-9(平裝)

1.家庭佈置 2.室內設計 3.空間設計

422.5 103003383